漓江流域会仙岩溶湿地中有机氯农药的归趋及其风险评估

梁延鹏　曾鸿鹄　覃礼堂　著

中国环境出版集团·北京

图书在版编目（CIP）数据

漓江流域会仙岩溶湿地中有机氯农药的归趋及其风险评估 / 梁延鹏，曾鸿鹄，覃礼堂著. -- 北京 : 中国环境出版集团，2025. 5. -- ISBN 978-7-5111-6266-3

Ⅰ. X592.02

中国国家版本馆 CIP 数据核字第 2025QK8336 号

责任编辑 殷玉婷
封面设计 宋 瑞

出版发行 中国环境出版集团
（100062 北京市东城区广渠门内大街 16 号）
网 址：http://www.cesp.com.cn
电子邮箱：bjgl@cesp.com.cn
联系电话：010-67112765（编辑管理部）
发行热线：010-67125803，010-67113405（传真）
印 刷 北京建宏印刷有限公司
经 销 各地新华书店
版 次 2025 年 5 月第 1 版
印 次 2025 年 5 月第 1 次印刷
开 本 787×1092 1/16
印 张 13.5
字 数 280 千字
定 价 80.00 元

前 言

漓江流域是珠江水系的重要水源涵养地，是我国南方生态屏障的重要组成部分，是维系区域生态安全的主要载体；漓江流域的保护是桂林市经济社会和旅游可持续发展的根本。2021 年 4 月，习近平总书记视察广西桂林时指出："要全力保护好桂林山水，继续做好当地生态环境修复治理工作，特别是要抓好漓江流域生态环境保护，让这一人间美景永续保存下去。"会仙岩溶湿地属于以岩溶湖泊、河流、草本沼泽为主的多类型综合自然湿地，是漓江流域的重要组成部分，贯通了柳江和桂江两个水系，有涵养水源、净化水质、蓄洪抗旱、维护生物多样性等极为重要的生态调节功能，被誉为"漓江流域之肾"和"桂林之肾"。会仙岩溶湿地是我国岩溶湿地的典型代表，也是亚热带低海拔地区最大的岩溶湿地，在中国乃至全球都具有重要的生态价值和研究意义，因此，我们对会仙岩溶湿地的保护具有全国性乃至世界性的示范作用。

然而，由于缺乏有效的保护和管理，核心区湿地面积逐渐减少，同时湿地周边密集型农业种植产生的面源污染加剧了湿地水环境的恶化，导致脆弱的岩溶湿地生态系统进一步退化。目前针对会仙岩溶湿地生态系统的研究，主要集中于湿地系统的形成演化、生态环境调查及生态旅游开发、生态问题与湿地保护、土壤及底泥变化、水化学昼夜动态变化、生物多样性和富营养化等方面，关于岩溶湿地系统中农药污染物的分布特征及其混合物的生态风险鲜有报道。会仙岩溶湿地内及其周边农业生产活动极为频繁，曾大量地施用了六六六、滴滴涕等有机氯农药（Organochlorine Pesticides，OCPs），因此，开展会仙岩溶湿地 OCPs 农业面源污染相关研究及其生态风险评估，对会仙岩溶湿地的水体净化与修复、生态功能恢复都具有举足轻重的作用。

本书以漓江流域会仙岩溶湿地为研究对象，基于野外调研、主成分分析(PCA)和多元线性回归（MLR）等方法，较系统地调查研究了会仙岩溶湿地环境介质中OCPs复合暴露水平、时空分布特征、源解析和迁移归宿；利用微孔板毒性分析法测试了OCPs单一及混合物毒性效应，基于组合指数法识别了OCPs混合物的相互作用，利用混合物各组分的毒性单位 TU_i 识别混合物联合毒性效应的主要驱动因子；采用风险商和质量基准法评估了会仙岩溶湿地中OCPs混合物的生态风险和健康风险，探索了协同作用和拮抗作用的混合物生态风险评估新方法。因此，本书可为流域自然湿地的有机农药污染识别、水生态安全评估和水环境治理等工作提供参考依据。

本书的编写和修改得到了桂林理工大学朱义年教授、王敦球教授、陈余道教授、刘杰教授、李艳红研究员、莫凌云研究员、于晓章教授、代俊峰教授、李海翔教授、陈文文副教授和宋晓红高级实验师的帮助。本书的研究工作得到了梁丽营博士研究生，钱丽、符鑫、宋严、曾莎莎、张健威、邓杨、吴仲坚和陆燕青等硕士研究生的帮助。本书的研究和编写过程中，参考了大量国内外有关文献资料并在书中引用，在此谨向这些文献的作者表示感谢。

本书的研究和出版得到了国家自然科学基金重点项目——基于再生水循环代谢过程的城市水环境生态风险控制机理与方法（项目编号：51638006）的资助，同时得到了环境科学与工程广西一流学科、广西环境污染控制理论与技术重点实验室、流域保护与绿色发展广西高校工程研究中心、广西农业面源污染综合治理工程研究中心、广西生态环境保护与低碳治理科技创新合作基地、水污染控制国家级实验教学示范中心和环境污染防治与生态保护国家级虚拟仿真实验教学中心等平台的资助，在此一并致谢。

由于作者理论水平和实践经验有限，书中难免有不妥之处，敬请读者批评指正。

梁延鹏　曾鸿鹄　覃礼堂

2024年7月于桂林理工大学

目 录

第 1 章
绪　论

1.1　研究意义

有机氯农药（OCPs）属于典型的持久性有机污染物[1]，也是典型的“三致（致癌、致畸、致突变）”污染物，具有长半衰期、高生物蓄积和难降解等特性，可长期残留在自然环境中，对人类健康和生态环境危害极大。OCPs 污染是目前备受关注的全球性环境问题[2]。2001—2015 年，共有 15 种有机氯农药被列入联合国环境规划署组织签署的《关于持久性有机污染物的斯德哥尔摩公约》，成为世界各国严加控制的持久性有机污染物[3]，世界上越来越多的国家将其列为环境优先控制污染物。

尽管从 20 世纪 70 年代起，世界上绝大部分国家和地区开始陆续禁止 OCPs 的生产和使用，但由于 OCPs 的历史生产量和使用量很大，同时它们在环境中降解极其缓慢、亲脂疏水性很强、具有半挥发性，可通过大气长距离迁移，还能在不同环境介质中迁移交换，在全球范围内，仍能在大气、水体、土壤、沉积物、动植物等介质中大量检出 OCPs[4-6]，甚至在牛奶、水果、蔬菜、小麦、稻米和鱼类等食品中也曾检出 OCPs[7-11]，对人类健康构成威胁。我国是一个农业生产大国，在 20 世纪 50—80 年代生产和使用了大量的有机氯农药，尤其是六六六（HCHs）和滴滴涕（DDTs），对我国的虫害防治和粮食生产产生了重要作用。有机氯农药在施用后仅约 10%的药量到达目标生物发挥杀灭作用，其余部分将直接进入大气、土壤或水体中，并可通过大气的干湿沉降、地表径流、冲刷侵蚀等进入江、河、湖、海，还可通过淋滤作用进入深层土壤甚至地下水中，因此，目前 OCPs 在全球各地的江、海、湖泊和地下水中仍有不同程度的检出[12,13]。由于 OCPs 具有很强的亲脂疏水性，进入水环境中的 OCPs 极易与有机质体或悬浮颗粒物通过分配、吸附或沉降等作用富集于沉积物中，因此沉积物被认为是水环境中 OCPs 的主要归宿之一[14]。吸附在沉积物中的 OCPs 在一定条件下既可通过解吸和再悬浮作用重新进入水体，引发二次污染，又可通过水生生物富集和食物链传递与放大作用而威胁人类健康[15]。

目前针对会仙岩溶湿地生态系统的研究，主要集中于湿地系统的形成演化[17]、生态环境调查及生态旅游开发[18]、生态问题与湿地保护[16,18]、土壤及底泥变化[19,20]、水化学昼夜动态变化[21]、生物多样性[22]和富营养化[20,23,24]等方面，关于岩溶湿地系统中农药污染物的分布特征及其混合物的生态风险的研究鲜有报道。因此，开展会仙岩溶湿地农业面源污染相关研究及其生态风险评估，对会仙岩溶湿地的水体净化与修复、生态功能恢复具有举足轻重的作用。

岩溶湿地与非岩溶湿地的显著区别是岩溶地下湖泊、河流或其他水文洞穴系统交织发育，地下、地表河（或湖泊）交替出现或共存[25]。由于地下洞隙密集发育的特点，污染物的环境归趋因岩溶地质作用更为复杂，潜在的生态环境风险评估具有特殊性。尽管关于污染物在环境中的迁移转化规律有较多研究报道，但这些研究结果在用于评估岩溶湿地系统中的生态风险时存在较大的局限性。因此，开展岩溶湿地污染物转归及其生态风险研究具有重要的理论价值和不可替代性。

会仙岩溶湿地区域的农业生产活动频繁，1950—1990 年，耕地面积由 425 hm^2 增加至 1 900 hm^2 有余，在农业生产过程中大量施用 HCHs 和 DDTs 等典型有机氯农药。但至今尚无相关研究探讨有机氯农药在会仙岩溶湿地中的残留状况、迁移转化、时空分布和环境归宿，多种有机氯农药共同暴露于湿地中产生的风险是否大于单个物质的风险？这些农药之间是否发生加和作用与协同作用？如何评估实际环境中农药混合物联合作用产生的风险？这些问题都值得深入研究。因此，本书通过研究区域环境中有机氯农药残留特征，识别有机氯农药及其混合物的生物毒性，充分考虑农药混合物的相互作用信息，进而准确评估农药混合物在会仙岩溶湿地的生态风险，为农药面源污染控制及其水生态修复提供科学依据。

本书围绕有机氯农药在会仙岩溶湿地系统中的暴露水平和时空分布特征展开研究，揭示了农药混合物类型及其在会仙岩溶湿地中的迁移归宿；识别会仙岩溶湿地有机氯农药混合物的加和作用与协同作用，以传统 CA 模型和 IA 模型为基础，利用混合物组分的浓度-效应曲线等信息，评估会仙岩溶湿地中 OCPs 混合物的生态风险和健康风险，对湿地农业面源污染控制、生态环境保护和饮用水安全等具有重要意义。

1.2 有机氯农药污染研究进展

1.2.1 有机氯农药的由来及理化特性

有机氯农药是一类氯代芳香烃的衍生物，是迄今被最早发现和使用的人工合成的有机农药。20 世纪 30 年代末，瑞士科学家 Muller 首次发现了人工合成新型农药滴滴涕的杀虫特效。随后，滴滴涕被投入农业生产。在二战期间，滴滴涕因高效消灭携带病毒的虱子，快速地遏制了人类史上首次斑疹伤寒病的蔓延而名扬世界。随后具有相似药效的HCHs、氯丹（Chlordane）、七氯（Heptachlor）、艾氏剂（Aldrin）、狄氏剂（Dieldrin）、异狄氏剂（Endrin）、硫丹（Endosulfan）、六氯苯（HCB）、甲氧滴滴涕（Methoxychlor）等其他有机氯农药也相继被成功研发。目前在环境介质中仍普遍被检出的有机氯农药的物理化学性质如表 1.1 所示，化学结构式如图 1.1 所示。

表 1.1 有机氯农药的主要物理化学性质

OCPs	CAS 号	分子式	分子量	溶解度 S/（mg/L）	亨利常数 K_b/（$Pa·m^3/mol$）	正辛醇-水分配系数 K_{OW}	蒸气压 P_v/mmHg
α-HCH	319-84-6	$C_6H_6Cl_6$	290.83	2.0	$1.22×10^{-5}$	$6.61×10^3$	$4.5×10^{-5}$
β-HCH	319-85-7	$C_6H_6Cl_6$	290.83	0.24	$4.40×10^{-7}$	$6.03×10^3$	$3.6×10^{-7}$（20℃）
γ-HCH	58-89-9	$C_6H_6Cl_6$	290.83	7.3	$5.14×10^{-6}$	$5.25×10^3$	$4.2×10^{-7}$（20℃）
δ-HCH	319-86-8	$C_6H_6Cl_6$	290.83	10（20℃）	$4.29×10^{-7}$	$1.38×10^4$	$3.5×10^{-5}$
七氯	76-44-8	$C_{10}H_5Cl_7$	373.32	0.18	$2.94×10^{-4}$	$1.26×10^6$	$3.0×10^{-4}$
环氧七氯	1024-57-3	$C_{10}H_5Cl_7O$	389.32	0.2	$2.10×10^{-5}$	$9.55×10^4$	$1.95×10^{-5}$（20℃）
艾氏剂	309-00-2	$C_{12}H_8Cl_6$	364.91	0.017	$4.40×10^{-5}$	$3.16×10^6$	$1.2×10^{-4}$
异狄氏剂	72-20-8	$C_{12}H_8Cl_6O$	380.91	0.24（20℃）	$6.36×10^{-6}$	$1.58×10^5$	$2.0×10^{-7}$
cis-氯丹	5103-71-9	$C_{10}H_6Cl_8$	409.78	0.056	$3.47×10^{-4}$	$1.26×10^6$	$3.0×10^{-6}$
α-硫丹	959-98-8	$C_9H_9Cl_9O_3S$	406.93	0.51	$7.09×10^{-6}$	$6.76×10^3$	$1.0×10^{-5}$
β-硫丹	33213-65-9	$C_9H_9Cl_9O_3S$	406.93	0.45	$3.91×10^{-7}$	$6.76×10^3$	$1.0×10^{-5}$
p,p'-DDE	72-55-9	$C_{14}H_8Cl_4$	318.03	0.04	$4.16×10^{-5}$	$3.24×10^6$	$6.0×10^{-6}$
p,p'-DDD	72-54-8	$C_{14}H_{10}Cl_4$	320.04	0.09	$6.60×10^{-6}$	$1.05×10^6$	$1.6×10^{-7}$
p,p'-DDT	50-29-3	$C_{14}H_9Cl_5$	354.49	0.025（20℃）	$8.32×10^{-6}$	$8.13×10^6$	$1.35×10^{-6}$
甲氧滴滴涕	72-43-5	$C_{16}H_{15}Cl_3O_2$	345.65	0.1	$2.03×10^{-7}$	$1.20×10^5$	$1.4×10^{-5}$

数据来源：化学信息数据库（https：//chem.nlm.nih.gov）、农药特性数据库（https：//sitem.herts.ac.uk/aeru/iupac/）和化合物毒性数据库（www.atsdr.cdc.gov）。

注：溶解度 S 为化合物在水中的溶解度（25℃）；蒸气压 P_v 为化合物在 25℃的饱和蒸气压。

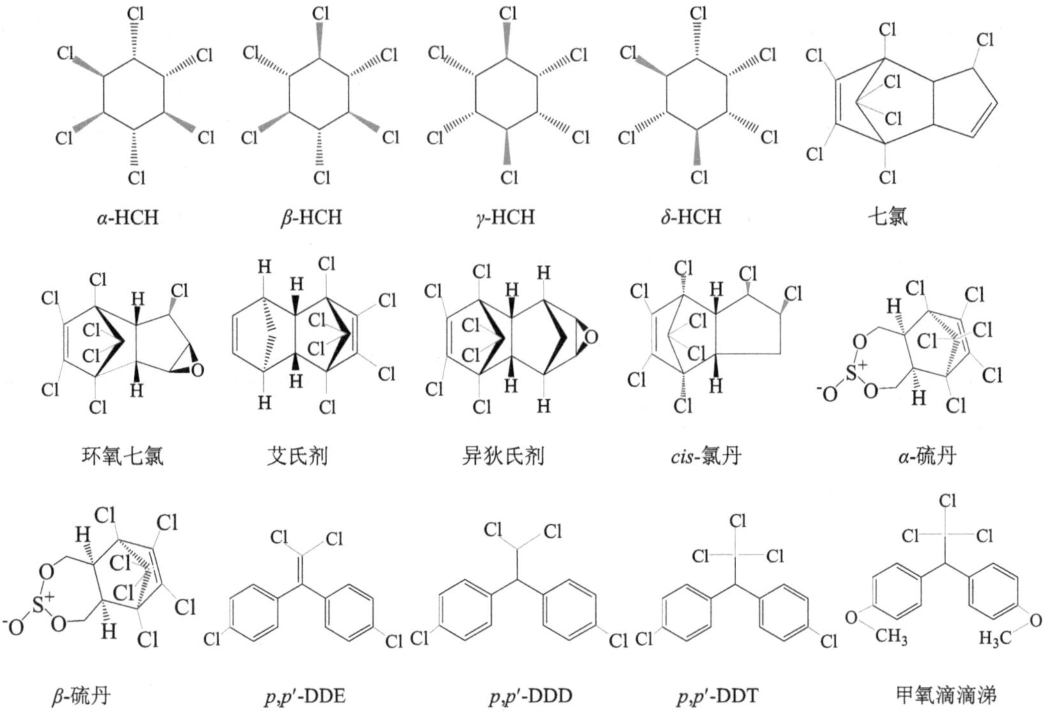

图 1.1 常见有机氯农药的化学结构式

六六六（又称六氯环己烷）通常包含 α-HCH、β-HCH、γ-HCH 和 δ-HCH 等 4 种异构体。工业 HCHs 为白色或淡黄色粉末，主要由 α-HCH（65%～70%）、β-HCH（5%～6%）、δ-HCH（6%）和 γ-HCH（12%～14%）构成；林丹为无色细小晶体，主要成分为 γ-HCH（99%），可通过 α-HCH 和 γ-HCH 含量的比值来判断环境中 HCHs 的来源[14,26]。由表 1.1 可知，与其他有机氯农药相比，HCHs 的水溶解度和蒸气压均较高，更易残留于水体和大气中，在水体和土壤中的半衰期分别大于 2 年和大于 1 年。从图 1.1 所示的结构式中可以看出，HCHs 的 4 种同分异构体中，β-HCH 所有 Cl 原子均处在同一碳架平面内，且蒸气压和水溶性均较低，使其在环境介质中很稳定[27]。研究表明，4 种异构体在环境中的降解速率依次为 γ-HCH＞α-HCH＞δ-HCH＞β-HCH[28]。另外，在 HCHs 的 4 种同分异构体中，γ-HCH 通过光化学作用可转化成 α-HCH，α-HCH 具有很强的挥发性，易于挥发至大气中形成长距离迁移，α-HCH 和 γ-HCH 均可降解转化为 β-HCH，而 β-HCH 和 δ-HCH 在环境中较为稳定，难以生物降解[29]。

滴滴涕是一类无味无臭或有微淡芳香味的无色晶体或白色粉末。工业滴滴涕是异构体混合物，其中 p,p′-DDT 约占 75%、o,p′-DDT 约占 15%、p,p′-DDE 约占 5%、p,p′-DDD 低于 5%，还含有少量其他杂质[30]。不同介质中的 p,p′-DDT 在不同的条件下可降解为不同的产物，在厌氧条件下可降解转化为 p,p′-DDD，在好氧条件下可降解转化为

p,p'-DDE[31]。与其他有机氯农药相比，DDTs 具有更高的正辛醇-水分配系数（K_{OW}），易溶于有机溶剂而难溶于水，使 DDTs 更易富集在土壤、沉积物或生物脂肪中，不易溶入水体而随着水流迁移。DDTs 因不易被环境中微生物或高等生物体内的酶彻底破坏，可以长期稳定地存在于各种环境中，在土壤中的半衰期可达 15 年，而在大气中半衰期约为 7 天[32]；降解产物 DDEs 比母体 DDTs 呈现出更高的稳定性[31]。

氯丹是一种无色或呈淡黄色的液体，其蒸气压和水溶解度均较低，因此较易沉积在沉积物和土壤中。工业氯丹是由包括约 13%的顺式氯丹（*cis*-Chlordane）、约 11%的反式氯丹（*trans*-Chlordane）、约 5%的七氯（Heptachlor）和约 5%的反式九氯（*trans*-Nonachlor）等 140 多种化合物组成的混合物[33]。氯丹在环境中的降解速率十分缓慢，在土壤环境中的半衰期为 2～4 年，常通过蒸气脱离土壤而进入大气。氯丹的生物富集和生物放大效应因化学结构不同而存在较大差异，其中含氧环的氯丹更易产生生物放大作用。

硫丹为白色晶体，粗制品呈棕色无定形粉末状，难溶于水，易溶于丙酮、正己烷、二氯甲烷和氯仿等有机溶剂。硫丹具有 *α*-硫丹和 *β*-硫丹两种同分异构体，工业硫丹中两者的比例为 7∶3，在加工过程中发生化学反应可形成硫丹硫酸盐。*α*-硫丹具有很强的挥发性，易从土壤挥发至大气中，再随气流运动进行长距离迁移[34]，而 *β*-硫丹可以较稳定地吸附在土壤中，它们均可通过光降解和生物作用转化为硫丹硫酸盐。与其他种类的有机氯农药相比，硫丹进入环境后较易降解，*α*-硫丹和 *β*-硫丹的降解半衰期分别约为 35 天和 150 天；施用于植物表面的硫丹可快速分解为硫丹硫酸盐，通常 3～7 天植物上的硫丹即会减半。

1.2.2　有机氯农药的危害和防控

有机氯农药因具有药效高、成本低、用途广及残效长等优点，20 世纪 50—60 年代在全球范围内被大量使用，在防治虫害、提高农作物产量以及控制疟疾、斑疹伤寒疾病等方面发挥了重要作用。但随着使用量和使用范围的不断增加，有机氯农药在自然环境中的残留累积量急剧增加，由于其具有持久性（长期残留性）、难降解性、半挥发性、长距离迁移性、高毒性和可生物蓄积性等持久性有机污染物的典型特性，其对自然生态环境和人类健康的负面影响与作用也逐渐凸显。

已有研究表明，有机氯农药能引发生物体的生殖及免疫机能失调、内分泌紊乱、肾脏衰竭、神经行为和发育紊乱以及癌症等严重疾病[35-37]。人类长期或大量接触林丹（*γ*-HCH）会导致贫血、白细胞减少或增多、粒细胞增多、嗜酸性粒细胞增多、单核细胞增多或血小板减少等血液疾病[38,39]，还会损害神经系统，导致头晕、头痛、癫痫发作、抽搐直至死亡等[40]。血液中 *β*-HCH、DDTs 和 DDEs 的浓度水平与糖尿病患病率增加密切相关[41]。OCPs 可触发男性抗雄激素作用和女性抗雌激素作用[42]。还有研究发现，摄入中等水平的艾氏剂或狄氏剂会引起烦躁、头痛、头晕、慢性惊厥、呕吐和无法控制的肌肉运动等，摄入高剂量的艾氏剂或狄氏剂则会引起抽搐或其他神经系统疾病，并损害肾脏[43,44]。七氯可诱发小鼠和大鼠的肝肿瘤，已被列为 2B 类致癌物[45]。氯丹化合物会导致人体产生偏头痛、呼吸道感染、糖尿病、焦虑症和抑郁症等[46]。

生物学家蕾切尔·卡逊在 1962 年首次出版的《寂静的春天》中描述了施用 DDTs 等农药导致鸟类和其他动物数量明显减少，破坏了生物多样性和生态平衡，给人们敲响了警钟。科学界和各国开始陆续关注并重视有机氯农药的环境危害和健康威胁，并采取相应措施减少和控制有机氯农药的使用。从 20 世纪 70 年代开始，美国、加拿大、瑞典等西方发达国家和地区陆续停止生产和施用 DDTs、HCHs 等有机氯农药，中国和印度两个农业大国分别直至 1983 年和 1989 年才禁止 DDTs 等有机氯农药的生产和使用。

2001 年 5 月，包括中国在内的 100 多个国家和地区签署了《关于持久性有机污染物的斯德哥尔摩公约》（以下简称《斯德哥尔摩公约》）。首批被禁用的 12 种持久性有机污染物中包含滴滴涕、氯丹、六氯苯、艾氏剂、七氯、狄氏剂、异狄氏剂、灭蚁灵（Mirex）和毒杀芬（Toxaphene）等 9 种有机氯农药[47]。《斯德哥尔摩公约》于 2004 年 5 月 17 日正式实施生效，中国于 2004 年 11 月 11 日正式执行。此外，美国、加拿大和欧洲等 32 个国家和地区共同签署了《关于长距离越境空气污染物公约》，在提出的 16 种加以控制的持久性有机污染物中除上述 9 种 OCPs 以外，还增列了有机氯农药林丹（γ-HCH）；2011 年，硫丹及其异构体也被增列入该公约[48]。截至 2015 年，共有 15 种有机氯农药被列入《斯德哥尔摩公约》。

然而，在以农业经济为主体的发展中国家，有机氯农药的禁用时间不仅比发达国家晚了 10 多年，甚至目前仍有些国家通过施用有机氯农药来提高农作物的产量和防治疾病的传播。因此，全球范围内的有机氯农药防控仍任重道远，需要各国家和地区持续重视。

1.2.3 环境中有机氯农药的污染现状

据不完全统计，有机氯农药从开始使用到被禁用的几十年间，全球大约生产和使用了 150 万 t DDTs[49]和 970 万 t HCHs[50]。这些有机氯农药使用后，大量残留于各种环境中，通过挥发、大气干湿沉降、地表径流和淋溶渗透等各种途径在环境介质中迁移、转化和扩散，形成了全球性的污染，不仅在人类活动频繁的陆地、江湖、河流和海洋，甚至远离农业活动的沙漠、南北极地区都能发现残留的 OCPs。自 20 世纪 70 年代开始，各国家和地区陆续对水体、土壤、沉积物、大气和生物体等环境介质中 OCPs 的残留状况进行调查研究，相对而言，欧美等发达国家和地区的研究较为全面、系统和深入，而发展中国家的相关研究工作正在不断展开，有待持续深入。

对环境介质中 OCPs 的研究主要集中在污染现状、浓度水平、组成特征和时空分布特征等方面，美国、英国、德国等发达国家的相关研究报道主要集中在 20 世纪 90 年代以前，近年来相关研究报道极少；目前的研究报道多在 OCPs 防控相对较晚的中等发达国家和发展中国家。Bidleman 和 Leone 研究发现，美国亚拉巴马州、路易斯安那州和得克萨斯州的 30 个不同农场大气中 DDTs、狄氏剂、毒杀芬和反式九氯浓度与对应区域土壤中的浓度呈显著正相关，顺式氯丹呈弱相关性，而反式氯丹和 γ-HCH 则无明显关系[51]。Thiombane 等调查研究了意大利中南部城市和农业地区土壤中 24 种 OCPs 的分布、来源和污染水平，发现硫丹和 DDTs 为城市区域 OCPs 的主要组分，Drins①和 DDTs 为农业地区 OCPs 的主要组分，DDTs 为历史残留，但在农业地区 HCHs 和硫丹近期有明显的使用输入[52]。Núñez-Gastélum 等研究发现介于美国和墨西哥间的农业土壤中 p,p'-DDE 和 p,p'-DDT 的检出率仍很高，虽然浓度值未超过土壤国际标准限量值，但它们的潜在不利影响仍不可忽视[53]。马来西亚的森勃朗湖盆地农业区水体中 OCPs 的浓度范围为 5.7～346.45 ng/L，α-HCH/γ-HCH 和 4,4-DDE/4,4-DDT 浓度的比值显示近期可能有新的输入[54]。阿根廷 Quequén Grand 河农业流域土壤中 OCPs 的浓度范围为 1.57～4.22 ng/g、河水中硫丹的浓度为 227 ng/L，土壤中的中型动物可富集大量的 OCPs，DDTs、HCHs、氯丹和硫丹的组分特征显示它们均源于历史残留[55]。Buah-Kwofie 等对大圣卢西亚地区不同湿地沉积物[56]和鱼类[57]的 OCPs 残留特征进行研究发现，沉积物 HCHs 和 DDTs 的浓度范围分别为 26.29～282.5 ng/g 和 34.49～262.4 ng/g，是 OCPs 污染物的主要组分，硫丹和七氯源于历史残留，而 HCHs、艾氏剂和异狄氏剂在部分地区近期有明显的新输入；鱼体脂类中 OCPs 的浓度可达 2 953～8 740 ng/g，其中 HCHs、DDTs、Drins、氯丹类和硫丹的浓度均超过欧盟建议的最大残留限量（MRLs）。另外，Buah-Kwofie 等对南非蔬菜和花生等农作物富集 OCPs 的调查研究发现，农作物中 OCPs 的浓度范围为 190～240 ng/g，所有农作物样品均受到了污染，大部分样品的 OCPs 残留量高于最大残留限量[58]。2015 年黎巴嫩 Akkar 农业地区地下水中 OCPs 浓度高达 58.9 μg/L，HCHs 和 DDTs 的平均浓度分别为 0.3 μg/L 和 0.39 μg/L，且明显高于该地区 2014 年的浓度水平以及其他地区[59]。Samidurai 等对印度泰米尔纳德邦地区的淡水鱼中 OCPs 的残留水平分析显示，HCHs 在各种鱼类中的检出率最高，HCHs 和 DDTs 的主要组分分别为 β-HCH 和 p,p'-DDT，鱼类间 OCPs 的浓度差异未达到显著性水平，但存在区域间和季节性的显著差异[60]。可见，环境中的 OCPs 通过介质不断迁移交换，最终会转运富集到生物体中。

我国是农业生产大国，为了防治虫害提高农作物产量曾大规模生产和使用六六六、滴滴涕、六氯苯、硫丹和氯丹等有机氯农药，导致很多地区受到不同程度的污染。在过去的 30 多年中，我国采取了积极的削减和防控措施应对有机氯农药的污染，学术界也持

① 在这篇文献中，作者把狄氏剂、艾氏剂和异狄氏剂统称为 Drins。

续开展调查研究，为合理地防控有机氯农药提供科学依据和技术支持。赵玲等对杭州、北京、天津、武汉和重庆等城市有机氯农药原生产场地及周边土壤的污染调查发现，不少污染场地土壤中 HCHs 和 DDTs 的残留量仍然很高；HCHs 各同分异构体的检出率和残留浓度差异较大，依次为 β-HCH＞α-HCH＞δ-HCH＞γ-HCH；DDTs 主要滞留于表层土壤，其浓度随着土壤深度增加而急剧下降[61]。有关黄河流域[62]、太湖流域[63]、九龙江流域[64]、韩江流域[65]、新疆开都河流域[66]和永定河流域[67]等不同地区流域的水体、土壤、沉积物等不同环境介质中有机氯农药的残留污染特征研究表明，各流域介质中均可检出十余种 OCPs，HCHs 和 DDTs 为主要组分，OCPs 主要来源于历史残留，但部分地区存在新的输入；土壤和沉积物中 OCPs 残留水平明显受相应介质的总有机碳（TOC）影响；时空分布因时因地而异，垂直分布多表现为“表聚性”。

近年来，国内学者对岩溶区 OCPs 的污染研究主要集中在重庆老龙洞地下河和青木关地下河以及湖北宜昌黄粮地区的岩溶农业区。重庆老龙洞地下河流域水体中的 OCPs 浓度范围为 32.13～319.53 ng/L，呈现为枯水期高于丰水期的明显季节差异[68]；水体中 HCHs 的主要成分为 α-HCH，主要来源于大气长距离传输，DDTs 的主要成分因地而异[69]；表层土壤中 OCPs 含量范围为 5.57～2 618.57 ng/g，采样点含量空间分布差异较大，氯丹类和 DDTs 是 OCPs 的主要组分[70]；表层沉积物中 OCPs、HCHs 含量表现为丰水期＞枯水期，DDTs 则与之相反，空间分布为上游大于下游[71]。重庆青木关地下河水体中 OCPs 的浓度范围为 0.61～46.97 ng/L，其主要来源于地下河进口附近的农田排水[72]；表层土壤中 OCPs 的含量范围为 7.29～222.42 ng/g，HCHs 和 DDTs 的检出率均为 100%，HCHs 来源于工业 HCHs 和林丹的混合残留，DDTs 为工业 DDTs 的非法使用，且仍有新的 DDTs 输入[73]。湖北宜昌黄粮地区典型的岩溶农业区水体中检出了 29 种 OCPs，含量范围为 1.73～497.81 ng/L，呈现为地下水中 OCPs 的种类多于地表水，地表水中 OCPs 的含量高于地下水[74]。

为更科学地保护国家的湿地资源和生态系统平衡，学术界针对自然湿地环境中 OCPs 的污染状况也开展了大量的研究。肖春艳等对黄河湿地孟津段水体及沉积物中 OCPs 的分布特征进行研究发现，水体中 HCHs 残留量较高，沉积物为 DDTs 的最终归宿，表层水体及沉积物中 OCPs 含量呈现为丰水期＞平水期＞枯水期[75]。研究显示，西溪湿地地表水中 OCPs 含量表现为枯水期＞丰水期，HCHs 含量明显高于 DDTs[76]；而底泥中 DDTs 浓度明显高于 HCHs，受河流交汇及人为因素影响，表层底泥中 OCPs 空间分布不均衡，HCHs 和 DDTs 垂直浓度峰值的深度不同[77]。盖楠等对若尔盖高原湿地地表水与大气干湿沉降中 OCPs 的研究表明，地表水中 ΣHCHs①、ΣDDTs②和 ΣHCB③平均浓度分别为

---

① 本书中 ΣHCHs 为 α-HCH、β-HCH、γ-HCH、δ-HCH 浓度的加和。
② 本书中 ΣDDTs 为 p,p'-DDT、p,p'-DDD、p,p'-DDE 浓度的加和。
③ 本书中 ΣHCB 为六氯苯的浓度。

0.90 ng/L、1.36 ng/L 和 0.95 ng/L，大气降水中 OCPs 平均浓度为 0.363 ng/L，高原型降雪中持久性有机污染物（POPs）的沉积通量高于降雨沉降通量[78]。洪湖湿地地表水中 OCPs 的含量表现为丰水期＞枯水期，表层沉积物中 HCHs 和 DDTs 的含量范围分别为 2.54～16.92 ng/g 和 1.84～27.52 ng/g[79]。还有研究发现，DDTs 是洪湖湿地水鸟肝脏中 OCPs 的主要组分，占比为 38.3%～93.0%，七氯和氯丹类农药有新的输入，艾氏剂、异狄氏剂和狄氏剂可能通过大气传输或其他方式进入湿地[80]。据报道，白洋淀湿地的水生植物和沉积物中 OCPs 含量分别为 4.72～11.19 ng/g 和 3.60～11.12 ng/g，DDTs 易于富集在沉积物上，而 HCHs 易于积累在水生植物中，沉积物中艾氏剂和异狄氏剂残留较高可能是近期仍有使用所致[81]。扎龙湿地表层沉积物中 HCHs、DDTs、硫丹、七氯、艾氏剂和甲氧滴滴涕的浓度范围分别为 10.44～41.97 ng/g、ND～211.88 ng/g、ND～69.89 ng/g、ND～28.10 ng/g、9.81～623.83 ng/g 和 ND～3.99 ng/g，垂直剖面沉积物中 HCHs 和 DDTs 的含量范围分别为 ND～136.00 ng/g 和 ND～214.06 ng/g，表层沉积物中多种 OCPs 的含量与 TOC 含量显著相关[82]。Zhi 等对鄱阳湖湿地水体中的 OCPs 进行研究发现，OCPs 的含量范围为 19.10～111.78 ng/L，主要组分为硫丹类、氯丹类和 HCHs，占比分别为 21.96%、24.6%和 24.65%；源解析表明 DDTs 源于工业 DDT 和三氯杀螨醇的使用，HCHs 则为工业六六六和林丹的混合源[83]。渤海湾永定新河湿地和滨海湿地表层沉积物中 HCHs 和 DDTs 残留量均较高，浓度范围分别为 69.81～379.28 ng/g 和 98.32～129.10 ng/g，具有高等生态风险效应[84]。丁洋等研究了广州南沙红树林湿地水体和沉积物中 OCPs 的残留特征，发现 HCHs 和 DDTs 检出率均为 100%，且近期有 HCHs 和 DDTs 的新输入，HCHs 来源于林丹的使用，DDTs 来源于工业 DDTs 和三氯杀螨醇的共同输入[85]。综上所述，目前我国许多自然湿地依然受到 OCPs 不同程度的污染且具有季节性变化特征，其中扎龙湿地和渤海湾河口湿地污染较严重，各湿地表层沉积物中 OCPs 的残留量与总有机碳的含量呈显著相关性，组分特征源解析显示 OCPs 主要为历史残留，但多个湿地可能存在新的输入。

近年来，有关我国不同地区粮食、蔬菜、鱼类、贝类等食品中 OCPs 的残留特征研究表明，OCPs 在各种食品中仍有较高的检出率，甚至存在超出食用安全标准的情况。马玉霞等[86]分析了冀中典型农业区农作物中 OCPs 的生物富集特征，发现玉米和小麦籽粒中 OCPs 含量范围分别为 20.66～33.33 ng/g 和 19.14～34.57 ng/g，HCHs 在小麦和玉米中的富集能力均强于 DDTs。上海青浦和崇明的稻米中共检出 24 种 OCPs，DDTs 和 HCHs 为主要组分，源解析显示近期可能仍施用了三氯杀螨醇和林丹[87]。在环鄱阳湖区蔬菜中有 12 种 OCPs 被检出，基地蔬菜和农家蔬菜中 OCPs 残留量范围分别为 16.74～77.05 ng/g 和 22.17～41.09 ng/g[88]；上海嘉定、江苏昆山和太仓等地区[11]蔬菜中 OCPs 的浓度范围为 0.1～42.8 ng/g，虽然均低于最大残留限量，但通过食物链的传递和放大效应不可忽视。食用鱼类中 OCPs 的残留特征受到普遍关注，已有研究调查了固城湖[89]、辽东半岛海域[90]、汉江流域[91]、保安湖[92]、广东沿海[93]和泉州湾[94]等水域中食用鱼类体内 OCPs 的残留水平。研究显示，各地区食用鱼类体内均能检出 10 种以上的 OCPs，HCHs 和 DDTs 为主要组分，受到的污染程度有所不同；辽东半岛海域受 HCHs 和 DDTs 严重污染的鱼类分别为 6 种和 10 种，其中大黄鱼、梭鱼、黑鱼和鳙鱼体内 HCHs 残留量明显超过了国家水产品再残留限值［《食品安全国家标准食品中农药最大残留限量》（GB 2763—2012），水产品中 HCHs 和 DDTs 的再残留限量值分别为 0.1 mg/kg 和 0.5 mg/kg］[90]；保安湖鲫鱼体内 HCHs 含量和草鱼体内 DDTs 含量分别超标 0.9 倍和 2.8 倍，鲫鱼和草鱼体内 OCPs 达到重度污染[92]。

1.2.4 环境中有机氯农药的迁移交换

有机氯农药施用进入各种环境后，既可发生小尺度范围的介质界面间迁移交换，如大气-水体、大气-土壤、水体-沉积物（土壤）等两相间的交换，也可随着气流和水流发生大尺度远距离的迁移，如跨区域、跨流域或跨海拔的迁移。

1.2.4.1 大气-水体间迁移交换

大气中 OCPs 常以蒸气和颗粒两种形式存在，故可通过气溶胶微粒干沉降和降雨的湿沉降等方式进入地表水体；而水体中 OCPs 可通过水分蒸发和自身的挥发进入大气。因此，现实环境中 OCPs 在大气与水体两种介质间的迁移交换主要是通过扩散作用和沉降作用完成的[95]，当外界条件发生变化导致 OCPs 在两相中的化学平衡被打破时，两介质中的 OCPs 就会发生迁移交换。

目前，大多数研究采用两相中有机污染物的逸度比或交换通量来描述和预测其在两种介质间的迁移趋势。Khairy 等采用低密度聚乙烯被动式取样器对北美洲五大湖地区 OCPs 的大气-水体交换研究结果显示，γ-HCH、环氧七氯、α-硫丹和 β-硫丹呈现为净沉积，沉降通量范围在−33～−0.02 ng/（m^2·d）；而七氯、艾氏剂、反式氯丹和反式九氯呈现为净挥发，挥发通量范围在 0.0～9.0 ng/（m^2·d）[96]。Ruge 等研究发现，北美洲苏必利尔湖地区 α-HCH 的空气-水交换倾向于平衡或从湖面向大气挥发，而 α-硫丹则始终表现为由大气向地表水沉积，导致整个湖面出现强烈的净沉降[97]。Bigot 等对印度洋-太平洋地区 OCPs 的空气-海水逸度比进行研究表明，γ-HCH、狄氏剂和毒死蜱的净沉积量范围分别在−3 600～−900 pg/（m^2·d）、−6 400～−400 pg/（m^2·d）和−1 400～−200 pg/（m^2·d），反映出在当前的气候条件下，该地区海面是 OCPs 的环境汇而不是大气 OCPs 的来源[98]。Khuman 等对印度胡格里河不同区域 OCPs 的大气-地表水交换特征进行研究显示，在排放点区域 OCPs（γ-HCH 除外）呈现为由地表水向大气挥发，而在非排放点区域则为从空气向地表水的静沉降[99]。总体来看，OCPs 在大气-水体间的迁移交换既受农药自身的理化性质影响，又受其在两种介质中的浓度以及环境温度和风速等气候条件的影响。

1.2.4.2 大气-土壤间迁移交换

研究表明，近年来有机氯农药在环境中的迁移和归宿在很大程度上受大气-土壤交换过程的影响[100]。大气中的 OCPs 可通过分子扩散和干湿沉降途径进入土壤，而土壤中的 OCPs 则通过挥发扩散作用进入大气，大气-土壤间 OCPs 迁移交换取决于 OCPs 在两相中的逸度差，即它们的分配差异。土壤理化性质、OCPs 的理化性质及其在两相中的浓度和环境气候条件直接影响 OCPs 在大气-土壤间的分配和迁移，因此，区域大气和土壤均有可能是 OCPs 源或 OCPs 汇。

目前国内外针对大气-土壤间 OCPs 的交换规律开展了大量研究，为揭示持久性有机污染物迁移归宿提供了重要的科学依据。在中国华中地区背景地金沙，采用逸度模型研究大气-土壤间 OCPs 交换行为，结果显示，土壤是 *p,p′*-DDT 和硫丹等大多数 OCPs 的重要来源；OCPs 大气-土壤交换方向与化合物的挥发性密切相关，如 HCHs 主要从土壤挥发到空气中，而 DDTs 的降解产物主要沉积在土壤中[100]。利用被动式空气采样器监测青藏高原中部牧场区 OCPs 的大气-土壤交换特征发现，在夏冬两季，OCPs 均表现为从大气向土壤沉降，土壤是 OCPs 的汇，其中 α-HCH、γ-HCH 和 *o,p′*-DDT 的平均沉降通量分别为 0.72 pg/（$m^2 \cdot h$）、0.24 pg/（$m^2 \cdot h$）和 0.54 pg/（$m^2 \cdot h$）[101]。Fang 等对江苏某农药生产场地及周边区域 OCPs 的土壤-大气交换规律进行研究显示，OCPs 均呈现从土壤向大气挥发的趋势，大气中 OCPs 含量明显高于其他地区[102]。在中国皖南地区 DDTs、α-硫丹和 γ-HCH 均呈明显的净气相沉积，α-HCH 在黄山地区中有明显的净挥发，而在长江流域 α-HCH 的挥发和沉积都有可能发生[103]。Qu 等对意大利南部贝内文托地区 OCPs 在大气-土壤间的交换通量进行研究表明，DDTs 基本处于大气-土壤平衡状态，但受区域填埋场等污染点空气传输的影响，土壤可能是 DDTs 的汇；而蒸气压较高、挥发性相对较大的 HCHs、HCB 和 α-硫丹呈现为从土壤向大气挥发的趋势；HCB、HCHs 和 DDTs 的土壤-大气交换通量平均值分别为−1.59 ng/（$m^2 \cdot d$）、−0.72 ng/（$m^2 \cdot d$）和 0.10 ng/（$m^2 \cdot d$）[104]。Bajwa 等的研究表明，巴基斯坦印度河流域 OCPs 的土壤-大气交换处于净平衡状态[105]。

1.2.4.3 水体-沉积物（土壤）间迁移交换

OCPs 水溶解度较低、吸附系数（K_{OC}）较高，具有较强的亲脂疏水性，水体中的 OCPs 极易与有机质体或悬浮颗粒物通过分配、吸附或沉降作用进入沉积物或土壤中，导致沉积物中 OCPs 含量高出水体中几个数量级[106]，因此，沉积物被认为是水环境中 OCPs 的主要归宿之一；而土壤和沉积物中的 OCPs 可通过解吸、再悬浮作用和地表径流冲刷向地表水迁移，或通过淋溶作用向地下水迁移。研究表明[107]，溶解度在确定水和土壤（沉积物）之间农药的分配方面起着至关重要的作用，其中溶解度超过 10 mg/L 的农药大部分残留于水相中，而溶解度低于 1 mg/L 的疏水性农药（如 DDTs 和硫丹等）则大部分与土壤（沉积物）颗粒结合；上覆沉积物/土壤的水力梯度和电导率、沉积物/土壤的特性、农药的水溶性和吸附倾向等性质，均会对 OCPs 淋溶作用和过程产生重要影响。

国内外对水体-沉积物（土壤）界面 OCPs 的分配和迁移特征开展了很多研究。Dai 等对我国白洋淀的 HCHs 在水体-沉积物间的迁移交换进行研究发现，HCHs 的沉积物-地表水和沉积物-上覆水逸度系数平均值分别为 11.4 和 3.0，明显大于平衡状态（1.0），呈现出从沉积物到水体净释放，沉积物是水体 HCHs 的二次来源；而沉积物-孔隙水间的 HCHs 接近平衡或从孔隙水逸出到沉积物；水体和沉积物中 HCHs 的浓度差异是影响沉积物-水体平衡状态的主要因素[108]。Liu 等利用逸度模型对中国汉江流域水体与沉积物间 HCHs 和 DDTs 的交换研究显示，HCHs 和 DDTs 正从水体向沉积物迁移，仍没有达到沉积物和水体之间的平衡状态[109]。Ali 等以有机碳和黑碳为分配介质，构建了双碳 Freundlich 吸附模型，并成功地解释和描述了 OCPs 在巴基斯坦印度河沉积物-水体间的分配迁移特征，发现对沉积物中的黑碳组分产生了强烈的影响[110]。Oliveira 等研究表明，巴西雅瓜里比河河口沉积物是该地区 OCPs 的一个汇，分配在沉积物中七氯、γ-HCH 和 HCB 的浓度取决于沉积物的有机碳和无机碳含量，而 p,p'-DDE、p,p'-DDD、p,p'-DDT 和 α-硫丹的浓度仅取决于沉积物的有机碳含量[111]。

1.2.4.4 环境多介质的迁移归趋

自然生态系统是一个由水体、大气、土壤、生物等多种介质构成的综合体，有机污染物进入生态系统后，不仅在两相间进行迁移交换，更多的是在多介质中进行不同尺度的循环迁移和交换。目前，基于水体、大气、土壤和沉积物等环境介质中 OCPs 的残留水平和环境参数以及 OCPs 的理化性质，多采用 Level Ⅲ和 Level Ⅳ逸度模型来预测模拟 OCPs 在各区域多种环境介质中迁移和归趋的情况。

有研究采用 Level Ⅳ非稳态多介质逸度模型模拟了天津地区 p,p'-DDT 禁用前后的归宿和迁移，发现大气、水体、土壤和沉积物中的 p,p'-DDT 浓度在 20 世纪 80 年代达到最大值随后下降，大气沉积和扩散是大气-水体和水体-沉积物界面间的主要迁移途径，p,p'-DDT 消除途径主要是其在土壤和沉积物中的降解[112]。任娇等利用 Level Ⅲ逸度模型量化了青藏高原纳木错流域 α-HCH 和 p,p'-DDT 在大气—土壤—湖泊—沉积物系统中的迁移和归趋。结果显示，大气沉降是 OCPs 输入土壤和湖泊的主要途径，介质中降解损失为该区域 OCPs 的主要输出途径，土壤和沉积物是 OCPs 的最终归宿，影响 OCPs 在环境介质中分布的关键因素为环境温度、大气中 OCPs 的浓度及其理化性质[113]。高梓闻等建立了 Level Ⅳ环境多介质逸度模型，以模拟 p,p'-DDT 与 γ-HCH 在珠三角地区多介质环境中的迁移归趋，结果表明，两种典型 OCPs 在多介质中的迁移规律为由大气向土壤和水体、土壤向水体、水体向底泥传输，土壤和底泥是它们的归宿，其中 p,p'-DDT 与 γ-HCH 的排放量及其土壤和底泥中的降解速率、K_{OC}、K_{OW} 和温度是该模型的敏感参数[114]。

综上所述，OCPs 在自然界多介质环境中迁移、分配和交换是一种极为复杂的动态过程，受到 OCPs 在介质中的残留水平、环境介质的理化性、温度和水气流等环境因子以及地理环境等诸多因素的影响，因此，获取各环境介质中 OCPs 的真实浓度和各环境参数是准确判断 OCPs 环境迁移与归趋的关键。

1.3 有机氯农药风险评估研究进展

污染物进入自然环境后，有些污染物会较快降解，有些污染物则非常稳定，能持久地残留在环境中。这些持久性污染物与生态系统中的动植物长期接触，可直接引发生态毒性；富集积累在生物体内则会通过食物链进入人体造成健康风险。因此，开展对持久性污染物的生态风险和健康风险评估尤其重要。

1.3.1 环境污染混合效应的风险评估

通常，环境中的混合物以较低的浓度水平存在。虽然并不是所有的混合物都会有生态毒性，但现实中有很多混合物会对野生动植物造成严重伤害。环境中的混合物有大量的潜在组合，测试所有混合物的生态毒性效应显然是不容易实现的，因此需要强有力的方法来评估毒性效应[115]。而传统的方法基于混合物的单个组分低于某些毒性或浓度阈值来判定整个混合物的安全性，并不总是与现实情况相匹配，如果混合物的成分存在相互作用，对环境生物的总体风险可能比预期的大得多或小得多[116]。研究表明，一些农药在混合物中的毒性比根据其化学成分所预测的毒性要大，因此利用传统的评估方法可能导致错误地估计农药混合物对环境造成的风险[117]。农药混合物对两栖动物在水体和陆地生命周期阶段都存在暴露风险，研究发现，杀虫剂混合物可显著提高蛙种的死亡率[118]并使幼虫生长缓慢[119,120]。许多农药在环境中持久性存在，研究表明，残留农药的含量仍然能够造成生态毒性[121]。生物可能会暴露在具有生态毒性的农药混合物中，因此对混合物安全性的评估需引起重视。

国外相关机构如美国国家环境保护局（US EPA）[122]，欧盟化学品注册、评估、许可和限制（REACH）法规[123]，欧盟食品安全局（EFSA）[124]和德国联邦环境署[125]等已初步建立了混合物风险评估方法。然而，我国尚未建立混合物风险评估导则或方法，实际环境中混合物的风险评估鲜有文献报道。混合物风险评估方法可分为整体混合物方法和基于组分方法[122,125-127]。整体混合物方法利用现有混合物的毒性数据进行风险评估，基于组分方法利用混合物中组分的毒性数据通过数学模型进行风险评估。整体混合物方法包括“完全相同”混合物、“足够形似”混合物和“相似”混合物。基于组分方法首先确认混合物包含的化学品，然后根据现有单个化学品的毒性数据或测试单个化学品获得毒性数据，最后利用数学模型评估混合物风险。

在数学模型中，剂量加和（CA）[128]和独立作用（IA）[129]是常用的两个模型。这两个模型基于混合物组分的浓度-响应信息，依据各组分的毒性和剂量综合评估混合物风险。CA 和 IA 已被用于混合物毒性预测和混合物风险评估[130-136]。CA 模型假设混合物组分具有完全相同的作用机理（MOA）或相同的作用位点，IA 模型假设混合物组分具有完全不同的 MOA 或不同的作用位点[137]。基于 CA 模型，结合风险指数（HI）、靶标器官毒性剂量、参考点指数/偏离点指数（PODI）、相对效力因子（RPF）、毒性等价因子（TEF）方法和累积风险因子（CRI）等[138]评估混合物产生的风险。对于多个化学品具有相异 MOA，首先估计混合物中所有组分发生的毒性响应概率，然后将每个组分的毒性响应概率相加并估计混合物联合暴露的总风险。

现实环境中混合物各组分间的相互作用复杂多样，一些组分可能具有相似 MOA，另一些组分则具有相异 MOA，混合物组分之间可能发生协同或拮抗等相互作用，因而应用单一的传统毒性评估模型（如 CA 和 IA）只能评估相似 MOA 和相异 MOA 的特殊混合物[137]。已有研究表明，CA 和 IA 模型有可能低估或高估混合物毒性[139]。CA 和 IA 模型仅适用于那些无相互作用的混合物，对于具有相互作用（协同或拮抗）的混合物，这两个模型的预测结果偏离了实际观测的浓度-效应数据。在多年理论研究和实验验证的基础上，Chou 等提出了基于半数效应方程但不依赖于作用模式的组合指数（CI）来评估混合物毒性相互作用[140]；与 CA 和 IA 模型相比，CI 能同时定性和定量且更准确地评估环境混合污染物毒性的相互作用。近年来，CI 已被应用于多种环境介质混合污染物的生态毒性相互作用评估[141-143]。

1.3.2 有机氯农药的生态风险评估

生态风险评估是一个预测外源环境污染物对生态系统或其中某部分可能产生有毒有害影响的过程。US EPA、英国环境部和加拿大环保局将生态风险评估划分为危害识别、剂量-反应评价、暴露评价和风险表征 4 个步骤，具体的风险表征方法主要有风险商（RQ）值法、物种敏感度分布曲线法（SSD）、Aquatox 模型和暴露-反应法等[144-146]。其中，风险商值法是一种判定某浓度环境污染物是否产生潜在有毒有害影响的半定量生态风险评估方法，通常根据实际环境中某污染物检出浓度（MEC）与该污染物的预测无效应浓度（PNEC）比值进行计算。物种敏感度分布曲线法是以污染物环境暴露浓度和污染物物种敏感度为随机变量，通过建立污染物暴露浓度与生态系统中不同指示生物物种毒性数据的概率分布曲线，分析污染物对生物的危害程度，进而预测污染物对整个生态系统的风险评估方法。阳宇翔等利用 SSD 分析了我国粤、桂地区的 7 个水源地水体中 8 种 OCPs 对该区域水生生物潜在的生态效应毒害和敏感性差异，并结合安全阈值法表征了其生态风险[147]。

由于无须构建复杂的模型、收集或测量大量参数、运用较为简单，RQ 被广泛应用于预测评估水环境中残留有机氯农药的潜在生态风险。有研究基于 CA 的风险评估方法，分别利用 RQ_{Algae}、RQ_{Crust}、RQ_{Fish}、RQ_{MST} 和 RQ_{WQO} 对瑞典 6 条河流中检测到的农药混合物进行了环境风险评估和表征，结果显示，使用 RQ_{WQO} 对单个农药进行评估，73%的样品的环境风险超过了可接受的水平，藻类是最敏感的生物类群，但低估了农药混合物对甲壳类和鱼类的风险，农药混合物的风险通常由其中 1～3 种化合物引起；而 5 种不同 RQ 评价体系存在本质上的区别，当使用不同的生态毒理学数据、评估因子和暴露情景时，需要突出数据收集和浓缩算法的透明度，以便核查[148]。Baqar 等利用 RQ 研究了巴基斯坦 Ravi 河流中残留的 OCPs 对淡水鱼类的生态风险，发现在季风前后两个季节，河流中所有 OCPs 的风险商平均值之和（RQ.m）、最大值之和（RQ.ex）均超过 1，具有高等生态风险；其中 *α*-硫丹和异狄氏剂在季风前和季风后的风险估计中分别占总风险的 93%和 88%，是 OCPs 单一组分中产生风险最大的[12]。尼日利亚埃多州 Owan 河流中环氧七氯、硫丹Ⅰ、硫丹Ⅱ、硫丹醛、*p,p′*-DDT、异狄氏剂和狄氏剂等 OCPs 的风险商（RQ）≥1，可能对水生生物造成不良影响，具有潜在的生态风险[149]。Wang 等对我国 6 个省份 11 个不同渗滤液处理厂出水的 OCPs 生态风险评估结果显示，DDTs 的风险商 RQ_A 和 RQ_C 平均值分别为 6.8～46.2 和 0.03～23.7，具有高等潜在生态风险；而 HCHs 的短期和长期风险均为中等，其中 *γ*-HCH 具有高等长期潜在风险，可能对生态造成长期影响[150]。有研究发现，我国沙颍河流域地表水和地下水中残留的 OCPs 中，*γ*-HCH、七氯和狄氏剂的 RQ 值均大于 1，对研究区水生生物具有极高的生态风险，其中地表水中 *γ*-HCH 和七氯的 RQ 平均值分别为 5.24 和 9.59，地下水中的 *γ*-HCH 和七氯的 RQ 平均值分别为 5.72 和 13.97，因此研究区地下水生态风险高于地表水[151]。我国西江流域地表水中残留的 OCPs 对鱼类和大型溞的 RQ 值接近或大于 1，因此具有中高等级的潜在生态风险[152]。

目前，对于环境沉积物中有机污染物的风险评估尚未建立统一的评价标准体系，因此相关研究多采用 Long 等提出的风险评估值［风险评估低值（ERL）和风险评估中值（ERM）］和 MacDonald 修正的沉积物质量基准评价［Sediment Quality Guidelines，SQGs，即临界效应浓度（TEL）和必然效应浓度（PEL）］等两种方法评估某区域环境沉积物中残留 OCPs 的潜在生态风险。据已有文献报道，仅可查到 *p,p′*-DDE、*p,p′*-DDD、*p,p′*-DDT、异狄氏剂、*cis*-氯丹、七氯、环氧七氯和 *γ*-HCH 等 8 种 OCPs 的风险评估值或沉积物质量基准评价值，因此仅能针对沉积物中这几种 OCPs 开展生态风险评估。Buah-Kwofie 和 Humphries 采用 ERL-ERM 风险评估值分析了南非伊西曼格利索湿地沉积物中 OCPs 的生态风险，发现所有样品中 *γ*-HCH、91%的样品中 *p,p′*-DDE、43%的样品中 *p,p′*-DDT、96%

的样品中 DDTs、93%的样品中狄氏剂和 93%的样品中∑Chlors①的浓度值均超过了其相应的 ERM 值，具有高等水平的潜在生态风险[56]。对巴基斯坦 Ravi 河流沉积物中残留 OCPs 的生态风险评估发现，∑DDTs（95%，70%）②、七氯（93%，20%）、∑DDD（86%，23%）、γ-HCH（66%，50%）、异狄氏剂（50%，4%）、∑DDE（39%，20%）、狄氏剂（40%，14%）和氯丹（13%，11%）的浓度均超过各对应有机氯农药的阈值（ISQG）和 PEL 值，具有显著毒性水平，对水生态影响很大[12]。Liu 等对我国渤海湾永定新河湿地和滨海湿地表层沉积物中残留 HCHs 和 DDTs 的生态风险评估结果显示，DDTs 及其代谢产物的浓度均高于 ERL 值和 TEL 值，尤其是 *p,p'*-DDT 和∑DDTs 的浓度远高于 ERM 和 PEL，可能频繁发生不良的生物效应，具有高等生态风险水平，需加强管理[84]。卫亚宁等利用 SQG 沉积物质量标准评价了广东省柘林湾区域表层沉积物 OCPs 的生态风险，发现沉积物中的 *p,p'*-DDD、*p,p'*-DDE 和 *p,p'*-DDT 易频繁产生负面生态效应，尤其是 *p,p'*-DDD 具有高等生态风险，建议采取相应措施控制风险[153]。

综上所述，现有风险评估仅考虑单一物质与加和作用混合物的风险，而浓度加和模型无法准确评估具有协同或拮抗作用混合物的生态风险，因此，如何准确评估混合污染物生态和健康风险面临挑战。

1.3.3 有机氯农药的健康风险评估

健康风险评估是通过收集并整理污染物的毒性资料、相应的动物实验与流行病学研究数据以及环境中污染物检测数据，基于某种评估模型来表征特定剂量的污染物对人类健康造成危害的可能性以及程度。与生态风险评估一样，环境污染物的健康风险评估也包含鉴定危害、评定剂量-反应关系、暴露评价和表征危险度等 4 个步骤[154]。

目前，健康风险评估主要采用 US EPA 推荐的健康风险模型，又细分为致癌物质引起的致癌风险和非致癌物质引起的非致癌风险[155]。环境污染物可通过经口摄入（饮食或饮水）、呼吸吸入和皮肤接触等 3 种途径进入人体，危害人体的身心健康。非致癌风险指数（HI）和致癌风险指数（R）的计算公式如下：

$$\mathrm{HI} = E / \mathrm{RfD}$$

$$R = E \times \mathrm{SF}$$

式中，E 为污染物的长期日均暴露剂量，mg/（kg·d）；RfD 为非致癌污染物质的参考剂量，mg/（kg·d）；SF 为环境致癌污染物的致癌斜率因子，kg·d/mg。

① 本书中∑Chlors 为七氯类有机氯农药的浓度。
② ∑DDTs（95%，70%）代表检测样品中有 95%的∑DDTs 浓度值超过了 DDTs 类农药的阈值，70%的∑DDTs 浓度值超过了 DDTs 类农药的 PEL 值；下同。

日均暴露剂量 E 根据不同的暴露途径和年龄段人群，又有不同的计算方法；污染物的 RfD 和 SF 参数可通过查询已被国际癌症研究机构（IARC）和世界卫生组织（WHO）官方认定的权威数据库获得。对于混合物的健康风险评估，当前尚不考虑混合物协同或拮抗作用引起的风险，仅按加和方式预测估算混合物健康风险，即分别计算混合物污染物各组分的非致癌风险指数 HI_i 和致癌风险指数 R_i 之和，来表征混合污染物的非致癌风险和致癌风险[156-158]。还有研究通过计算污染物经饮食或饮水摄入、呼吸和皮肤接触等途径的风险总和来表征污染物以多种途径共同暴露于人体可能引发的总健康风险[159,160]。

目前，国内外基本采用 US EPA 的健康风险评估模型，评估各研究区域环境介质中残留 OCPs 对人体可能造成的健康风险。研究表明[158]，非洲许多国家多数鱼类样品中 OCPs 的非致癌健康风险指数均高于 1.0，食用鱼类存在严重的健康威胁；鱼类中 OCPs 的ΣR①值高于国际辐射防护委员会（ICRP）推荐的可接受致癌风险水平上限（1×10^{-4}），食用这些鱼类存在罹患癌症的严重风险；艾氏剂和狄氏剂在非致癌风险评估中贡献最高，而ΣDDTs、ΣHCB 和ΣHCHs 占淡水和海水鱼类致癌风险的 90%以上；鱼类 OCPs 的人类健康风险评估显示，尼日利亚是非洲受影响最严重的国家。Robinson 等[161]调查了巴基斯坦印度河不同鱼类中 OCPs 对人类健康的风险，在 OCPs 的 50%和 95%浓度下致癌风险指数均大于 1，因此通过食用受污染鱼类摄入 DDTs 和 PCBs 会引起致癌风险；而非致癌风险指数均小于 1，说明鱼类中非致癌 OCPs 组分对当地居民无健康威胁。Wei 等对我国华南地区 9 个饮用水水源地中 OCPs 的健康风险评估结果显示[162]，水体中 DDTs 和 HCHs 的非致癌风险指数远小于 1.0，DDTs 和 HCHs 通过沐浴皮肤接触的致癌风险指数的范围为 1.1×10^{-12}～5.4×10^{-12}；α-HCH 和 β-HCH 通过饮水摄入的致癌风险指数的范围分别为 1.8×10^{-7}～8.1×10^{-7} 和 0.2×10^{-7}～2.1×10^{-7}，远高于其他 OCPs 组分，因此，这些饮用水水源地中 OCPs 的健康风险较低，作为日常用水和饮用水都处于安全范围内。有研究采用 US EPA 的健康风险评估模型，评估了冀中典型农业区小麦和玉米中 OCPs 的食用健康风险，发现经食用摄入玉米和小麦中 OCPs 致癌总风险指数均超过 1×10^{-6}，另外，小麦中 OCPs 的非致癌总风险和致癌总风险均大于玉米，故应优先考虑 OCPs 对小麦所造成的食用安全问题[86]。陈卫平等运用 US EPA 的污染物暴露模型评估了北京市地下水中 OCPs 可能引起的健康风险，结果显示北京市成年男性和女性经饮水摄入 OCPs 的非致癌风险指数的范围分别为 3.1×10^{-6}～4.6×10^{-6} 和 3.6×10^{-6}～5.4×10^{-6}，致癌风险指数的范围则分别为 2.6×10^{-10}～3.9×10^{-10} 和 3.0×10^{-10}～4.6×10^{-10}，女性比男性更敏感，但所有风险指数均小于 ICRP 推荐的最大可接受水平，地下水中 OCPs 经饮用途径摄入引起的健康风险较低[163]。

① 本书中ΣR 指致癌风险指数之和。

1.4 研究目的、研究内容、研究技术路线和创新点

1.4.1 研究目的

（1）会仙岩溶湿地有机氯农药农业面源污染研究尚属空白。本书系统研究了会仙岩溶湿地中有机氯农药在自然湿地水体、沉积物、稻田土壤、水生植物和地下水中的暴露水平，能够揭示农药污染物在岩溶湿地系统中的残留特征和环境归趋。

（2）明确实际环境浓度混合物相互作用对准确评估有机氯农药混合物生态风险至关重要。本书基于会仙岩溶湿地系统的有机氯农药污染物种类及其暴露水平，开展有机氯农药及其混合物的毒性效应研究和风险评估，为农药的农业面源污染防控及水生态修复提供科学依据。

1.4.2 研究内容

（1）会仙岩溶湿地环境介质中有机氯农药的残留特征

针对会仙岩溶湿地的农业面源污染问题，选取沟渠、农田、自然湿地、湿地植物和地下水等作为研究对象，按春汛期、丰水期、平水期和枯水期等不同水期进行采样，测定有机氯农药混合物在湿地各环境介质中的浓度水平和组分构成，鉴别并分析农药污染物特征及其来源，探讨湿地系统中有机氯农药的时空变化特征。

（2）有机氯农药在会仙岩溶湿地系统中的迁移归趋

采用介质逸度系数研究有机氯农药在会仙岩溶湿地水体和沉积物（底泥）间的交换特征，根据农药混合物在会仙岩溶湿地水体、底泥、植物及其地下水中的浓度水平和污染物理化属性，分析污染物的归趋路径，揭示农药混合污染物在岩溶湿地系统中的迁移规律。

（3）有机氯农药及其混合物的毒性效应

从现有数据库和文献中获取有机氯农药及其混合物对不同指示生物（大型溞、藻类和鱼等）的急性和慢性浓度-响应数据、半数效应浓度（EC_{50}）、半致死浓度（LC_{50}）和无观测效应浓度（NOEC）等。对于缺乏浓度-响应数据的农药及其混合物，利用微孔板毒性分析法，测定单个污染物及其混合物对绿藻的急性毒性和慢性毒性，获取单个污染物及混合物的浓度-响应数据，为生态风险评估提供基础数据。

（4）会仙岩溶湿地有机氯农药及其混合物的风险评估

通过有机氯农药的理化性质、暴露水平、急性和慢性毒性浓度-响应数据等信息，基于组合指数法分析会仙岩溶湿地有机氯农药混合物的相互作用（加和作用、协同作用和

拮抗作用），运用沉积物质量基准值和风险商（RQ）评估会仙岩溶湿地有机氯农药及其混合物的生态风险和健康风险，为会仙岩溶湿地系统的有机氯农药阻控与水生态修复提供科学依据。

1.4.3 研究技术路线

本书以会仙岩溶湿地残留的有机氯农药为研究对象，将野外调查与室内毒性实验研究相结合，探讨有机氯农药在会仙岩溶湿地的时空分布特征、迁移规律以及混合物生物毒性效应，进而揭示有机氯农药在湿地系统中的环境归趋及其对生态环境和人类健康的潜在危害，为自然湿地的有机农药污染防控提供理论依据，具体研究思路和技术路线如图 1.2 所示。

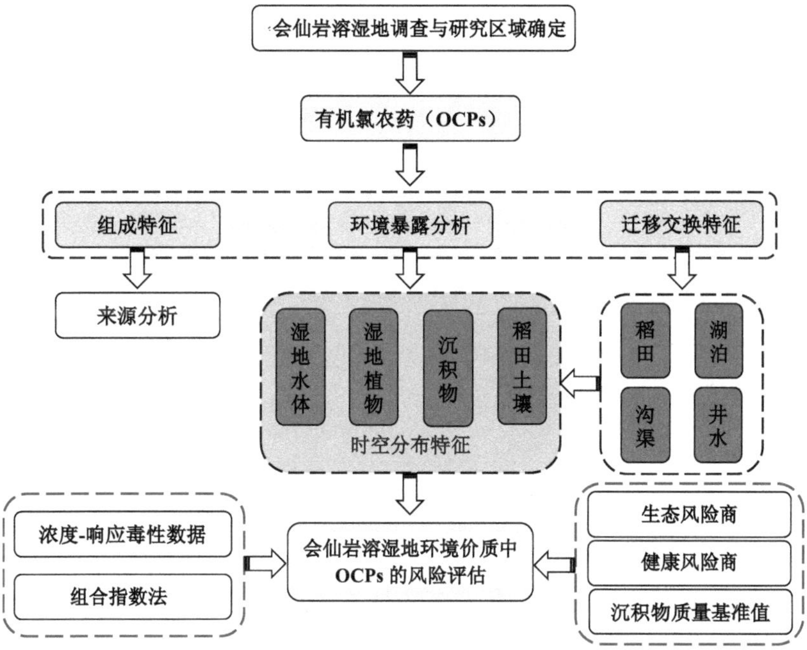

图 1.2 研究思路和技术路线

1.4.4 研究创新点

（1）基于会仙岩溶湿地地表水、沉积物、土壤、植物和地下水等各介质中有机氯农药的污染特征，明确了有机氯农药在会仙岩溶湿地环境介质中的时空分布特异性，提出运用主成分分析（PCA）和多元线性回归（MLR）方法进行源解析及估算贡献率，揭示了会仙岩溶湿地有机氯农药的迁移模式和环境归趋。

（2）基于组合指数法评价了会仙岩溶湿地有机氯农药混合物的相互作用（加和作用、

协同作用和拮抗作用)，提出利用混合物各组分的毒性单位 TU_i 揭示混合物联合毒性效应的主要驱动因子，为污染物精准治理与管控提供理论依据。

（3）现有混合物风险评估仅将各组分的生态风险值进行简单相加，其结果未考虑各组分之间的协同作用或拮抗作用的影响，本书引入可定性和定量表征相互作用的组合指数（CI）作为修正因子，建立了基于 CI 修正混合物风险商（$RQ_{CI修正}$）模型的生态风险评估新方法，为准确评估环境复合污染协同作用和拮抗作用的真正风险提供了新的技术手段。

第2章
研究区域概况

2.1 自然地理概况

会仙岩溶湿地地处广西壮族自治区桂林市临桂区会仙镇，呈狭长地形，东西向长约6 km，南北向宽约 2.8 km，东抵分水塘东渠，西接相思江，南至七星村，北至狮子山后山渔场，涉及会仙镇的睦洞、新民、山尾、四益、文全 5 个行政村。具体地理位置为北纬 25°04′54″～25°7′22″、东经 110°09′55″～110°14′13″，海拔高度为 148～155 m。会仙岩溶湿地位于桂江与柳江分水岭区域上的低洼地带，通过会仙河、良丰河、相思江贯通了柳江和桂江两条水系，起到调洪分流和蓄洪削峰的作用。

会仙岩溶湿地的地形低洼、地势平坦，具有全国乃至全球独特的岩溶峰林平原风貌，是最具研究价值的典型岩溶湿地。据历史文献记载，明、清时期会仙岩溶湿地面积有100 km^2 以上；遥感监测显示，近 50 年来会仙岩溶湿地水域面积逐渐减小，湿地的结构组成由自然湿地逐渐向人工湿地（主要是水田、鱼塘）转变[164]。过去几十年来，因缺乏科学的管理和保护，围湖造田种植、围湖造塘养殖等人类活动的加剧，会仙岩溶湿地的自然沼泽和湿地生态系统遭到了严重破坏，到目前为止，仅留下了以睦洞湖、冯家湖和分水塘为中心的自然湿地，面积不足 6 km^2。

为有效保护会仙喀斯特地貌原生态湿地，持续发挥其涵养水源、净化水质、蓄洪抗旱、维护生物多样性等重要的生态调节功能[16]，会仙岩溶湿地于 2012 年被国家林业局正式列入国家湿地公园试点建设，2017 年验收通过后正式命名为“广西桂林会仙喀斯特国家湿地公园”。湿地公园规划总面积 586.75 hm^2，其中湿地面积为 493.59 hm^2（分为湖泊湿地、河流湿地、沼泽湿地和人工湿地等四大类，其面积分别为 25.85 hm^2、16.98 hm^2、58.65 hm^2 和 392.11 hm^2）。

2.2 地质地貌特征

会仙岩溶湿地处于桂林喀斯特地貌的核心区，在桂林弧形构造带中部，经历了印支、燕山和喜马拉雅等构造发展阶段，区内构造较简单，构造线方向为北东向，主要发育毛家向斜及毛家断层[165]，具有峰丛洼地、孤峰平原和残丘平原 3 种类型地貌。

湿地北部的大长山、文全、黄插塘一带属于峰丛洼地地貌，面积约为 3.30 km^2，海拔为 151.0～544.3 m，大长山为该区最高点，该区域地层岩性主要为灰岩，是岩溶发育区。湿地东、西部属于孤峰平原地貌，面积约 3.70 km^2，海拔为 146.2～157.8 m。湿地东部以狮子岩为核心，山峰标高 176.8～292.0 m；西部以九头山、凤凰山为核心，山峰标高 172.6～407.4 m。该区域地层岩性主要为灰岩、白云质灰岩及泥质灰岩，岩溶发育相对较弱。残丘平原贯穿凤凰山、督龙村、睦洞村、斗门村一带，面积约 28.2 km^2，是湿地的主体，海拔为 149.2～155.5 m，地形狭长，地势较为平坦，该区域上覆第四系红黄色黏土层，厚度 1～5 m，下伏石炭系岩关组泥质、炭泥质灰岩，为燕山构造运动期形成的岩溶蓄水构造盆地，构成了会仙岩溶湿地天然的相对隔水底板[166]。湿地的南面为驾桥岭山地，岩溶地貌发育不甚明显。

2.3 地表水文气候特征

（1）水文特征

会仙岩溶湿地水文系统相对封闭。受毛家村构造盆地影响，毛家村周边形成一个库容较大的地下水库，而湿地内分布有地下洞穴、地下河，并与地表水系连通，形成地表、地下双层水文结构，因此湿地的地表水与地下水在丰水期和枯水期进行可逆的相互补给。

湿地内贯穿着古桂柳运河、睦洞河、会仙河等河流水系，分别位于湿地中部、南部，呈东西走向。会仙岩溶湿地核心区域的水具有 3 个流向，其中分水塘的水经过分水陡，由古桂柳运河向东流入良丰河、向西流入相思江；睦洞湖水经过睦洞河流出，汇入相思江。分水塘设分水陡、东陡、西陡 3 座分水陡，水量经过分水陡进入运河东渠、西渠，运河东段在雁山区良丰村蒋家坝附近汇入良丰河，在拓木附近注入漓江；运河西段在会仙镇睦洞村莫家附近汇入会仙河，在大湾附近注入相思江[165]。

古桂柳运河即相思埭古运河，于公元 692 年（唐朝长寿元年）开凿。古运河位于湿地中南部，全长 14.54 km，以分水塘为分界点划分为东、西两渠，东渠由分水塘经新民村、竹园村入良丰江，长 7.3 km，该段设陡门 11 座，桥梁 4 座；西渠则由分水塘经新民村、睦洞村在莫家入会仙河后注入相思江，长 7.24 km，该河段设陡门 6 座，桥梁 10 座。

分水塘的主要作用是蓄水调节运河水量，分水塘范围包括冯家村一带的集水塘及相应的沼泽地，集雨面积约 13 km²，一年四季泉水不断，水量随季节变化，但随着近年来沼泽地的消失，分水塘开始出现干涸的现象[165]。古桂柳运河虽然有利于柳江和漓江之间通航，但是破坏了湿地内部的水循环系统和水量平衡，强化了湿地水体的向外排泄，进而加速了自然湿地的退化。

睦洞河又名神龙溪，发源地为睦洞湖，流经凤凰山北部、九头山南部向西注入相思江，总长约 4.38 km，集雨面积约 23.14 km²。它是湿地主要蓄水区、相思江洪水的滞洪区，也是湿地地表径流的主要排泄带。

会仙河的源头在桂林市临桂区六塘镇石头厂村，全长 32 km，集雨面积 104 km²。中下游河面宽约 20 m，水深 1～2 m，水面比降 0.33‰，洪水比降下游为 0.15‰，中游为 0.45‰。沿河设有堰坝 12 座，用于灌溉农田，其中小江、大破口等水库控制面积 27 km²，会仙河较深且陡，有堰坝阻水，所以出槽淹田的情况并不严重。

除上述主要河流发育以外，会仙岩溶湿地遍布着水塘、湖泊、沼泽等大小不一的水体，共有 15 处，包括睦洞湖、龙山湖、神龙塘、督龙塘、分水塘、老陡沼、毛家鱼塘沼、水东沼、冯家水田沼、黄塘沼、龙东沼、安龙沼、文全水田沼、神龙桥沼和九头山草地，总面积约 6.6 km²[166]。

（2）气候特征

会仙岩溶湿地位于北回归线附近，处于低纬度，属于典型的中亚热带季风气候区，冬无严寒，夏无酷暑，因受太阳强热辐射和季风环流影响，四季分明，热量丰富，雨量充沛。夏日长而湿润，盛行偏南风，多雨；冬日短而干燥，盛行偏北风，低温少雨；冬夏季风交替规律明显；春秋两季气温相当，秋季温度略高于春季，每年 10 月天气晴朗少雨，秋高气爽，气候宜人。

据桂林市气象局和临桂区气象局资料，会仙岩溶湿地位于广西多雨地带的桂北暴雨中心，降水量非常丰富，多年平均降水量约为 1 863.2 mm，年最大降水量为 2 452.7 mm，年最小降水量为 1 313.3 mm；3—8 月为雨季，降水量占全年的 80%，其中 5—7 月为暴雨多发期，降水量约占全年的 50%，暴雨年均 7.6 次，易出现涝灾。多年平均蒸发量约为 1 589.9 mm，每年 7 月蒸发量最大，可达 199 mm，占全年总蒸发量的 12.67%。多年平均日照时数为 1 588.5 h；多年平均气温为 19.2℃，1 月最冷，平均气温为 8.6℃，7 月最热，平均气温为 28.9℃，历年极端最高气温和最低气温分别为 38.8℃和−3.3℃；多年平均水汽压 18.4 hPa，多年平均相对湿度为 76%，最小相对湿度为 7%；多年平均风速为 2.0 m/s，最大风速可达 18 m/s，最多风向为北风和东北风。

2.4 水文地质条件

会仙岩溶湿地的形成得益于其优越的水文地质条件：由多个岩溶发育强烈、地下连通性好、储水空间优良的中-强岩溶含水层组、隔水层在印支期和燕山期两期地质构造活动的作用下，形成了以会仙睦洞为核心的大型岩溶封闭储水地质体，这是会仙岩溶湿地形成的地质基础[167]。会仙岩溶湿地具有典型的富钙偏碱性岩溶地球化学特征和岩溶水土循环机制。在会仙岩溶湿地，存在多种湿地生态模式，包括峰丛洼地积水湿地、排泄不良的河口洪泛岩溶平原湿地、地表地下过渡型岩溶湖潭沼泽湿地、峰丛谷地河流沼泽湿地、峰林平原储水型湖泊沼泽湿地等。良好的岩溶储水结构和土壤结构，使湿地具有较强的蓄水调洪和调节水文过程的能力。会仙岩溶湿地地表和地下水转换以分散排泄为主，如冯家东面岩溶泉域沼泽水流速在 0.01 m/s 以下。地下河多受制于出口地形或地质结构，枯水季节水流量小、流速慢，多通过土层以渗流方式在水下补给湿地，湿地内部的湖水处于一种半停滞状态。雨季时地表季节性河流或地下河流流速较快，水动力变化具有湿地边缘流速快，靠近湿地中心流速逐渐变慢的特点。

会仙岩溶湿地地下水总体上自南、北向平原（盆地、湿地核心区）汇集，并通过东部良丰江、西部相思江河谷分别排向漓江和洛清江。地下水受信都组碎屑岩基底高程北高南低（黄村—马面背斜向南部湿地倾伏，基地在北部黄村、龙泉林场翘起并出露）的影响，总体向南运移，并在湿地边缘以地下河、岩溶泉的方式出露地表并补给湿地。典型的岩溶地下水系统有狮子岩地下河、福山地下河、峨底地下河和金全、全洞一带的岩溶泉。岩溶地下水受构造控制明显，主要沿黄村、马面背斜轴部及沿轴部发育的断层、破碎带发育。

2.5 自然生物资源

会仙岩溶湿地的湿地植被类型可分为 4 个植被型和 33 个群系类型，植物群落以挺水植物群落（挺水植物最多，共 77 种）和沉水植物群落为主，多为单优群落，多样性水平不高，群落的结构简单。会仙岩溶湿地的植物共有 39 科 78 属 133 种，其中苔藓植物 1 科 1 属 1 种，蕨类植物 4 科 4 属 4 种，被子植物 34 科 73 属 128 种，被子植物占绝对优势。被子植物中，双子叶植物 21 科 33 属 49 种，单子叶植物 13 科 40 属 79 种。优势科有禾本科和莎草科，分别包含 15 个属和 7 个属；优势属有蓼属、荸荠属和莎草属，各包含 6 个种。淡水藻类共有 7 门 35 科 56 属，具有较高的多样性，大多数藻类为淡水普遍种，少数种类为特有种[168]。

在湿地动物方面，目前调查发现鱼类有 5 目 13 科 31 属 35 种，其中，鲤形目 22 种（鲤科 16 种）、鲻形目 2 种、鲈形目 7 种、鲇形目 3 种、合鳃鱼目 1 种。鸟类 10 目、29 科、67 种，其中候鸟 35 种（冬候鸟 33 种、夏候鸟 2 种），旅鸟 2 种，留鸟 30 种；鸳鸯（*Aix galericralata*）、雀鹰（*Accipiter nisus*）、红隼（*Falco tinnunculus*）为国家二级保护鸟类，遇见率低、种群相当小[168]。底栖动物有 30 种，分属 3 门 6 纲，其中以水生昆虫居多，有 16 种；腹足类次之，有 4 种；甲壳类 3 种；寡毛类 3 种；瓣鳃类和蛭类最少，各有 2 种。浮游动物共有 26 科 59 属 95 种，其中原生动物 8 科 16 属 21 种，轮虫 8 科 24 属 51 种，枝角类 6 科 11 属 15 种，桡足类 4 科 8 属 8 种。

2.6　农药使用历史概况

水稻是会仙岩溶湿地的主要粮食作物，当地普遍采用喷洒农药来实现除虫稳产。20 世纪 50 年代初至 80 年代末，会仙岩溶湿地地区的水稻虫害农药防治特点可划分为以下 3 个阶段：

20 世纪 50 年代至 60 年代初期，水稻主要害虫有三化螟、负泥虫、稻纵卷叶螟、稻叶蝉、稻飞虱、稻苞虫，山边田间歇有稻瘿蚊；病害有胡麻叶斑病、稻瘟病，主要采用“三光除虫”、人工捕捉及喷施六六六等方法进行防治。

20 世纪 60 年代中期至 70 年代中期，会仙县水稻已由单季稻过渡到双季稻，三化螟大面积成灾，稻飞虱、稻纵卷叶螟也上升为主要虫害。防治药物以六六六为主，但逐步使用水剂农药滴滴涕、敌百虫、敌敌畏、乐果、1605 及防治病害的硫酸铜、稻瘟净等。

20 世纪 70 年代中期以后，水稻各种病虫害普遍发生。防治药物从粉剂过渡到水剂，从使用单一农药到使用混合农药，防治方法也从单纯的药物防治过渡到综合防治。农村实行家庭联产承包责任制后，农民已基本掌握了稻纵卷叶螟、稻飞虱、三化螟、稻瘿蚊等虫害的防治方法和综合防治稻瘟病技术。

中华人民共和国成立后，临桂地区农药的销售使用具体情况：1954 年，临桂县各供销部门开始经营农药六六六；1956 年销售农药六六六 1.6 万 kg；1965 年销售农药六六六 1.85 万 kg。20 世纪 70 年代后，县内使用的农药种类增多，杀虫剂有六六六、滴滴涕、敌百虫、敌敌畏、乐果、甲胺磷、叶蝉散、杀虫脒、杀虫双、呋喃丹、1065、1059、硫酸铜、杀螟松等，杀菌剂有稻瘟净、西力生、多菌灵等，除草剂有除草醚。1979 年销售农药 51.1 万 kg，其中六六六 33.74 万 kg、滴滴涕 1.37 万 kg、敌百虫 0.63 万 kg、敌敌畏 3.64 万 kg、乐果 0.79 万 kg、1065 乳剂 0.4 万 kg、硫酸铜 0.12 万 kg、稻瘟净 0.83 万 kg、杀螟松 0.1 万 kg、除草醚 0.12 万 kg、其他农药 9.36 万 kg。农村实行家庭联产承包责任制后，1982 年农药销售量比上年减少 14.68%，其中六六六、滴滴涕等毒性残留量大的农药销售量比上年减少 17.37%，稻瘟净、杀螟松等高效低毒农药销售量比上年减少 6.33%。1990 年，会仙县销售农药 43.6 万 kg，其中敌百虫 0.48 万 kg、敌敌畏 5.19 万 kg、乐果 0.77 万 kg、甲胺磷 9.79 万 kg、呋喃丹 1.63 万 kg、叶蝉散 3.73 万 kg、杀虫脒 9.16 万 kg、杀虫双 3.63 万 kg、杀菌剂 3.52 万 kg，其他农药 5.7 万 kg[169]。

综上所述，临桂地区会仙岩溶湿地地区在农业生产中曾大量地使用了六六六、滴滴涕等有机氯农药，其中六六六的使用量远大于滴滴涕，直至 20 世纪 80 年代末才基本停止销售和使用六六六、滴滴涕等有机氯农药。

第3章
有机氯农药在会仙岩溶湿地系统中的残留特征

3.1 引　言

有机氯农药（OCPs）曾在控制农作物病虫害、稳定产量和解决人类温饱问题等方面发挥了极其重要的作用。然而其具有致癌、致畸、致突变“三致”性，对环境生态系统和人类健康极具威胁，到目前为止，HCHs、DDTs、硫丹、七氯、艾氏剂和氯丹等 10 余种有机氯农药被许多国家列为优先控制的环境污染物。20 世纪 70 年代，OCPs 在全球范围内陆续被禁止使用，我国从 1983 年起禁止 OCPs 的生产和使用[170]，但因其具有高化学稳定性、低挥发性、高亲脂疏水性、可生物蓄积性和长距离迁移等特性，迄今为止，OCPs 在全球范围内的地表水、地下水、土壤、植物、动物和大气等多种环境介质中仍广泛残留[56,171-173]，甚至在牛奶、果蔬、鱼类和粮食等食品中也有检出[11,55,174-176]。

我国是一个农业生产大国，曾大量生产和使用有机氯农药，据不完全统计，有 40 余万吨 DDTs 和 490 余万吨 HCHs 被生产和使用于农业生产活动中[13]。据《临桂县志》记载，20 世纪 50 年代初至 80 年代末，临桂地区销售和使用的六六六和滴滴涕分别在 65 万 kg 和 2.5 万 kg 以上。而会仙岩溶湿地区域的农业生产耕地面积从 1950 年的 425 hm^2 增长到 1990 年的 1 908 hm^2，据此推断该地区也曾大量使用六六六和滴滴涕等有机氯农药。OCPs 通过农业生产进入会仙岩溶湿地区域后，会发生极为复杂的物理、化学及生物转化，通过气流、降雨、径流、沉降、吸附和渗透等方式在大气、水体、土壤、沉积物、生物体等介质中发生迁移转化或动态分配，对生态环境产生重要的影响。水体和沉积物中的 OCPs 可通过水生生物富集进入食物链，最终威胁该区域居民身体健康。因此，研究水体、沉积物、稻田土壤和植物等环境介质中 OCPs 的浓度水平与时空分布特征，对认识会仙岩溶湿地环境中 OCPs 的污染状况及环境归趋都具有十分重要的意义，并可为该区域有机氯农药的生态风险评估及健康风险评估提供科学依据。

3.2 样品采集与分析

3.2.1 采样点的布设

为了查清有机氯农药在会仙岩溶湿地水体、沉积物、稻田土壤和湿地水生植物等各种环境介质中的残留与分布特征以及污染来源，综合考虑会仙岩溶湿地地形地貌特点、农田和村庄的分布状况，布设各类采样点。其中，按古桂柳运河贯穿湿地的走向布设湖泊水、沉积物和植物等采样点（这 3 种介质采样点之间为对应关系）12 个（采样点点位为 S1～S12）；按灌溉排水渠与湿地连接关系布设沟渠水采样点 5 个（采样点点位为 C1～C5）；结合湿地区域农田分布特点采用网格法布设稻田土壤采样点 10 个（采样点点位为 D1～D10）；基于村庄分布和水井的使用情况以及地下岩溶水系统的流向，布设地下水采样点 5 个（采样点点位为 G1～G5），并满足紧靠会仙岩溶湿地核心区域、位于核心区域外围，通过水力作用补给会仙岩溶湿地中心区的特点，可以反映出湿地区域地下水运移特征。各采样点的具体信息和分布情况如表 3.1 和图 3.1 所示。

表 3.1 会仙岩溶湿地各介质采样点的地理信息

<table>
<tr><th>采样点类型</th><th>采样点编号</th><th>采样点名称</th><th>纬度（N）</th><th>经度（E）</th><th>采样深度</th></tr>
<tr><td rowspan="12">湿地湖泊水、湿地植物和湿地沉积物</td><td>S1</td><td>新陡门</td><td>25°5′32.96″</td><td>110°13′28.60″</td><td rowspan="13">水样采样深度为水面以下 0.2 m；沉积物采样深度为 0～20 cm</td></tr>
<tr><td>S2</td><td>新桥</td><td>25°5′45.29″</td><td>110°12′55.18″</td></tr>
<tr><td>S3</td><td>毛家荷花塘</td><td>25°5′48.84″</td><td>110°12′36.28″</td></tr>
<tr><td>S4</td><td>毛家码头</td><td>25°5′41.86″</td><td>110°12′20.55″</td></tr>
<tr><td>S5</td><td>龙头山</td><td>25°6′6.00″</td><td>110°12′43.44″</td></tr>
<tr><td>S6</td><td>睦洞湖</td><td>25°5′57.41″</td><td>110°12′25.60″</td></tr>
<tr><td>S7</td><td>木林沙</td><td>25°5′54.05″</td><td>110°12′13.27″</td></tr>
<tr><td>S8</td><td>三义码头</td><td>25°5′37.87″</td><td>110°11′53.73″</td></tr>
<tr><td>S9</td><td>竹红江</td><td>25°6′17.60″</td><td>110°11′58.53″</td></tr>
<tr><td>S10</td><td>三义荷花塘</td><td>25°6′2.18″</td><td>110°12′10.14″</td></tr>
<tr><td>S11</td><td>乾隆桥</td><td>25°6′25.62″</td><td>110°11′44.64″</td></tr>
<tr><td>S12</td><td>水中桥</td><td>25°6′26.44″</td><td>110°11′03.26″</td></tr>
<tr><td rowspan="5">沟渠水</td><td>C1</td><td>毛家码头路口</td><td>25°5′15.47″</td><td>110°12′06.58″</td></tr>
<tr><td>C2</td><td>高岸</td><td>25°5′54.09″</td><td>110°11′29.32″</td><td rowspan="4">水面以下 0.1 m</td></tr>
<tr><td>C3</td><td>黄插塘</td><td>25°6′44.79″</td><td>110°13′24.68″</td></tr>
<tr><td>C4</td><td>督龙新村</td><td>25°6′35.12″</td><td>110°12′53.08″</td></tr>
<tr><td>C5</td><td>青狮潭西灌渠</td><td>25°6′15.17″</td><td>110°13′9.43″</td></tr>
</table>

采样点类型	采样点编号	采样点名称	纬度（N）	经度（E）	采样深度
地下水	G1	大源头村	25°5′14.92″	110°12′46.41″	井深 10 m
	G2	三义村	25°5′37.87″	110°11′53.73″	井深 21 m
	G3	七星村	25°5′27.37″	110°11′51.75″	井深 15 m
	G4	松林村	25°5′30.07″	110°11′28.39″	井深 3.5 m
	G5	督龙新村	25°6′50.01″	110°12′36.98″	井深 12.5 m
稻田土壤	D1	旧村	25°5′2.52″	110°13′30.73″	0～20 cm
	D2	大源头	25°5′15.51″	110°12′52.41″	
	D3	毛家码头路口	25°5′17.28″	110°12′4.49″	
	D4	十字路口	25°5′47.17″	110°12′8.67″	
	D5	睦洞湖	25°6′1.41″	110°12′25.60″	
	D6	三义码头	25°5′37.80″	110°11′23.70″	
	D7	竹红江	25°6′17.60″	110°12′3.53″	
	D8	高桥	25°5′54.30″	110°11′9.14″	
	D9	乾隆桥	25°6′38.62″	110°11′44.64″	
	D10	督龙新村	25°6′46.87″	110°12′46.52″	

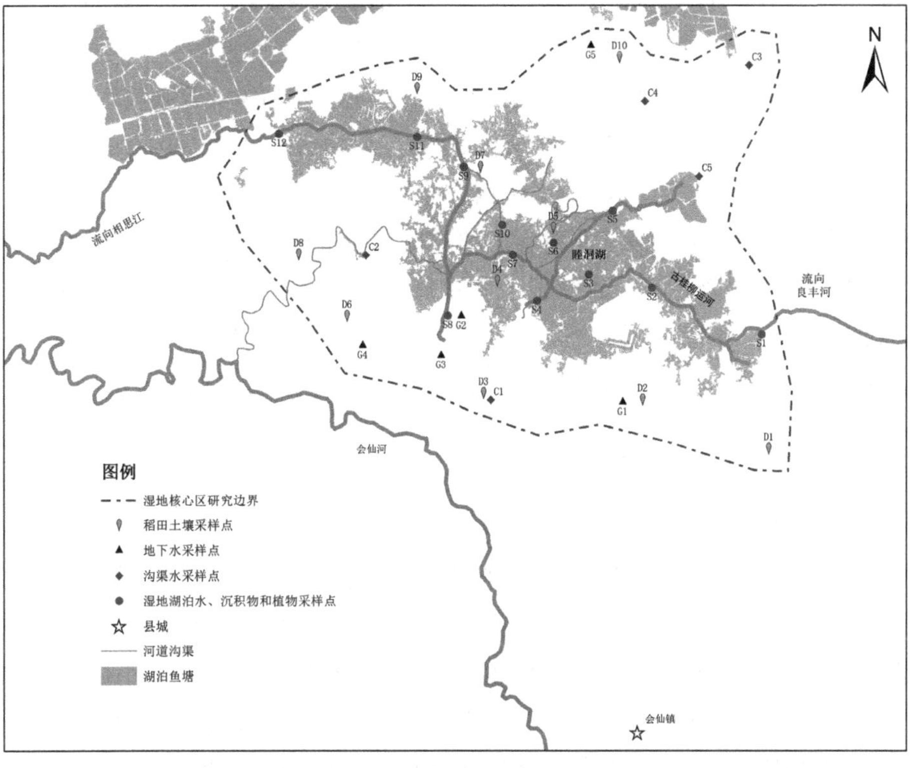

图 3.1　会仙岩溶湿地采样点分布示意图

3.2.2 样品的采集与保存

2015 年 10 月至 2017 年 12 月，每年按春汛期、丰水期、平水期和枯水期，通过 GPS 定位采集各环境介质样品。

水样的采集与保存：依据《地表水和污水监测技术规范》（HJ/T 91—2002）和《地下水环境监测技术规范》（HJ 164—2020）中相关技术方法采集湿地湖泊水、沟渠水和井水（地下水），根据会仙岩溶湿地的湖泊水体和沟渠水体的实际水深，分别采集了水面以下 0.2 m、0.1 m 深处的水样，并按水面 50 m^2 范围内多点采集混合原则采集水样。每个采样点采集水样 2.5 L，盛装于广口棕色玻璃瓶中，并现场检测水样的溶解氧（DO）、水温和 pH；随后立即用硝酸调节水样 pH 至 2 以下，再加入适量甲醇以保证有机氯农药维持在溶融状态。当天采样结束后样品立即送回实验室，置于 4℃的样品保存箱中保存，并于 48 h 内完成萃取和纯化前处理。

沉积物和稻田土壤样品的采集与保存：使用不锈钢柱状沉积物采样器采集不同深度的湖泊沉积物和稻田土壤，按多点采集均量混合方法采集样品。湖泊沉积物的采样点与湖泊水的采样点一致，按表层（0～5 cm）和次表层（15～20 cm）深度采集样品。2017 年 8 月采集了 D2、D3、D5、D6、D7 和 D8 等 6 个稻田土壤采样点 0～100 cm 的深层土壤剖面样品，其余采样批次均为 0～20 cm 的耕作层土壤。每个样点每次采集样品量为 1 kg，采样后即刻装袋密封并做好标记，送回实验室后挑出树枝和树叶等杂质，按四分法筛选适量样品进行冷冻干燥。冷冻干燥后的样品用陶瓷研钵研磨再过 100 目的金属筛，置于 −20℃冰箱冷冻保存至分析，尽量在一周内完成样品的提取和测试分析。

水生植物样品的采集与保存：选定的研究区域和采样点中的水生植物种类较单一，主要为沉水植物，如金鱼藻、竹叶眼子菜和扁草，因此在各采样点按均匀布点法采集 3 株沉水植物植株，清洗附着的淤泥，聚乙烯袋子封装样品，送回实验室后，依次用自来水、超纯水清洗干净，置于阴凉通风处晾干，再用粉碎机粉碎过筛，待用。

3.2.3 样品的提取与检测

3.2.3.1 仪器和材料

主要仪器：Clarus 600 气相色谱-质谱联用仪（配 63Ni-ECD 检测器，美国 PerkinElmer 公司）；AQUA Trace ASPE 799 型固相萃取装置（日本岛津仪器有限公司）；双频超声波清洗器（宁波心志生物科技股份公司）；24 位氮吹浓缩仪；Florisil SPE 小柱和 C_{18} 固相萃取小柱（1 g/6 mL，上海安普公司）；冷冻干燥机（北京博医康实验仪器有限公司）。

主要标准物质和试剂：有机氯农药标准物质由 α-HCH、β-HCH、γ-HCH、δ-HCH、p,p'-DDE、p,p'-DDD、p,p'-DDT、七氯、环氧七氯、艾氏剂、狄氏剂、异狄氏剂、异狄氏

剂醛、异狄氏剂酮、α-氯丹、β-氯丹、α-硫丹、β-硫丹、硫丹硫酸盐、甲氧滴滴涕共 20 种有机氯农药组成（美国 O2si Smart Solutions 公司）；实验所用有机溶剂正己烷、丙酮（美国 TEDIA 公司），二氯甲烷、乙酸乙酯（天津光复精细化工研究所），甲醇（西陇化工股份有限公司），均为农残级色谱纯；无水硫酸钠（分析纯，400℃灼烧 4 h），氯化钠（分析纯）；有机相针式过滤器/偏聚四氟乙烯（0.45 μm）。

3.2.3.2　样品的前处理

（1）水样的前处理

水样用抽滤机经 0.45 μm 滤膜过滤去除杂质后，再用固相萃取仪萃取富集，具体步骤：先依次用二氯甲烷/乙酸乙酯（V/V=1∶1）混合溶液（10 mL）、甲醇（10 mL）和超纯水（10 mL）淋洗 C_{18} 固相萃取柱以活化及净化填料；将 1 L 滤后水样以 10 mL/min 速率通过活化后的 C_{18} 柱进行萃取，上样萃取结束后用 10 mL 超纯水淋洗 C_{18} 柱；对上样后的 C_{18} 柱用高纯氮气加压抽真空 40 min，以干燥去除萃取柱中残留的水分；随后用 6 mL 二氯甲烷/乙酸乙酯（V/V=1∶1）混合溶液分两次洗脱目标组分，并收集洗脱液；最后将收集的洗脱液经 24 位氮吹浓缩仪氮吹至近干，并用正己烷定容至 1 mL，待测。

（2）沉积物、稻田土壤和植物样品的前处理

超声提取：采用 EPA 3550 法对样品进行前处理，准确称取 3.00 g 经干燥和研磨过筛处理好的沉积物/稻田土壤/植物样品和 1.00 g 无水硫酸钠于 50 mL 具塞三角瓶，加入 20 mL 丙酮和正己烷的混合溶液（V/V=1∶1），振荡摇匀，于 50℃、250 W 功率下超声提取 25 min，将提取液转入 50 mL 离心管中，加入 3.00 g 氯化钠振荡，静置后以 3 000 r/min 离心 3 min，将上清液转入 50 mL 玻璃浓缩管，滤渣先后用 15 mL、10 mL 提取溶剂按上述步骤重新提取两次，合并 3 次提取液，并用 0.45 μm 的聚偏氟乙烯（PVDF）滤膜过滤，最后在 40℃水浴中氮吹至约 2 mL。

净化和浓缩：先后用 6 mL 正己烷与丙酮的混合溶液（V/V=1∶1）、6 mL 正己烷淋洗 Florisil SPE 小柱，活化和平衡体系；将约 2 mL 的样品提取液转移至活化平衡后 Florisil SPE 小柱上；用 12 mL 正己烷与丙酮的混合溶液（V/V=7∶3）分两次淋洗 SPE 小柱，用玻璃浓缩管收集洗脱液；将洗脱液置于 40℃水浴中氮吹浓缩近干，用正己烷定容至 1 mL，最后转入 2 mL 进样瓶，待测。

3.2.3.3　气相色谱分析检测

色谱柱为 Elite-5MS（30 m×0.25 mm×0.25 μm），进样口温度 280℃，检测器（ECD）温度 320℃，以高纯氮气为载气，采用不分流进样 1 μL。升温程序：起始温度 80℃，以 8℃/min 升至 210℃，保持 2 min；以 2℃/min 升至 230℃，保持 5 min；以 20℃/min 升至 280℃，保持 2 min。先通过 GC-MS 确定有机氯农药混合标准溶液中各组分的保留时间进行定性，再通过 GC-ECD 采用外标 7 点校正曲线法定量（校正曲线 R 值＞0.998）；OCPs

混合标准物质 60 μg/L 时的色谱图如图 3.2 所示。

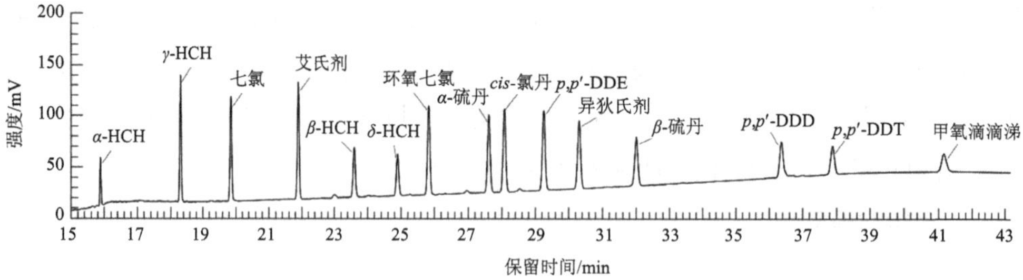

图 3.2 OCPs 混合标准物质 60 μg/L 时的 GC-ECD 色谱图

3.2.3.4 质量保证和质量控制

通过方法空白样、加标空白样、样品加标样和样品平行样来避免样品处理过程中样品的污染，以确保实验分析结果的准确性和可靠性。在样品检测过程中，每次每批样品（25 个左右）设置方法空白样、加标空白样、样品加标样和样品平行样各 1 个。实验结果显示，水样空白加标的平均回收率为 72.6%～115.3%，相对标准偏差（RSD）为 1.13%～15.67%；沉积物/稻田土壤/水生植物空白加标平均回收率为 70.9%～116.8%，相对标准偏差小于 16.58%；同时进行的方法空白均无 OCPs 检出（图 3.3），表明这些方法回收率较好，方法的精密度和准确度符合样品中 OCPs 的分析要求，数据质量和结果总体准确可靠。

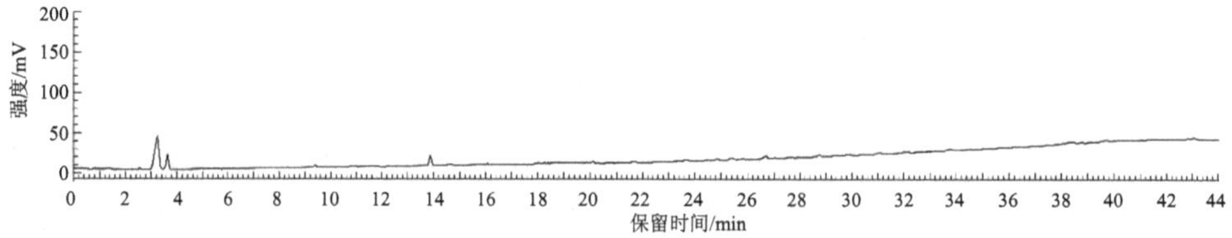

图 3.3 方法空白的 GC-ECD 色谱图

3.3 会仙岩溶湿地地表水和地下水中有机氯农药残留特征

3.3.1 地表水中有机氯农药的含量及组成特征

3.3.1.1 地表水中有机氯农药的含量

2015 年 10 月至 2017 年 12 月按不同水期采集会仙岩溶湿地的地表水（湖泊水、沟渠水）样品中各种 OCPs 的残留量如表 3.2 所示。在 108 个湿地湖泊水样品和 45 个湿地沟渠水样品中均可检出 15 种 OCPs，分别为 4 种 HCHs 同分异构体（α-HCH、β-HCH、γ-HCH、δ-HCH）、2 种七氯类有机氯农药（七氯和环氧七氯）、艾氏剂、异狄氏剂、*cis*-氯丹、

2 种硫丹类有机氯农药（α-硫丹和 β-硫丹）、3 种 DDTs 同分异构体（p,p′-DDE、p,p′-DDD、p,p′-DDT）和甲氧滴滴涕。地表水中所有 OCPs 的检出率均在 74%以上，其中 α-HCH、β-HCH、γ-HCH 和七氯的检出率均达到 100%，沟渠水中 OCPs 的检出率均高于湖泊水，说明这些种类的 OCPs 曾在该地区的农业生产中普遍且大量使用。从样品的标准偏差（SD）和变异系数（CV）来看，各种有机氯农药的标准偏差和变异系数分别在 0.91～31.17 和 41.96%～278.75%，数值均较大，表明 OCPs 在整个湿地地表水中的分布极不均匀，采样点和采样水期间的变化很大。

表 3.2　会仙岩溶湿地地表水中 OCPs 残留状况

化合物	湖泊水（n=108）					沟渠水（n=45）				
	浓度范围/（ng/L）	平均值/（ng/L）	SD	CV/%	检出率/%	浓度范围/（ng/L）	平均值/（ng/L）	SD	CV/%	检出率/%
α-HCH	0.86～56.36	10.66	10.83	101.56	100	1.71～24.33	9.01	6.16	68.37	100
β-HCH	3.98～128.63	59.48	24.96	41.96	100	19.01～176.57	71.89	31.17	43.35	100
γ-HCH	0.51～100.96	10.67	13.69	128.30	100	1.52～61.09	9.67	10.69	110.60	100
δ-HCH	ND～41.58	7.54	6.77	89.83	98.15	1.25～34.83	9.91	6.91	69.74	100
七氯	0.95～56.97	12.13	12.00	98.98	100	1.32～38.39	10.37	8.28	79.90	100
环氧七氯	ND～25.19	4.06	5.26	129.75	90.74	ND～41.01	3.11	6.20	199.15	95.56
艾氏剂	ND～43.16	3.94	5.44	137.89	95.37	0.26～11.75	3.09	2.59	83.84	100
异狄氏剂	ND～29.68	2.70	3.88	143.72	95.37	ND～8.43	1.69	2.01	118.85	95.56
cis-氯丹	ND～9.97	1.87	2.14	114.77	88.89	ND～62.89	3.46	9.64	278.75	93.33
α-硫丹	ND～5.62	1.25	0.91	72.82	87.96	ND～10.71	2.06	1.83	89.08	95.56
β-硫丹	ND～14.22	4.28	3.60	84.08	94.44	0.74～27.97	4.61	4.64	100.63	100
p,p′-DDE	ND～45.42	5.09	8.01	157.20	88.89	ND～15.51	4.36	4.72	108.19	97.78
p,p′-DDD	ND～38.08	3.11	5.67	182.35	74.07	0.47～23.11	4.09	5.42	132.36	100
p,p′-DDT	ND～53.74	6.62	6.80	102.61	95.37	1.02～36.55	7.57	6.40	84.56	100
甲氧滴滴涕	ND～18.46	2.59	3.67	141.49	76.85	ND～9.95	2.68	2.17	81.09	97.78
ΣHCHs	22.81～219.85	88.35	34.27	38.79	100	40.20～207.12	100.48	35.99	35.81	100
ΣDDTs	ND～97.66	14.83	12.78	86.19	96.30	4.12～53.05	16.03	10.86	67.78	100
ΣHepta	1.91～59.56	16.18	13.74	84.88	100	3.09～47.66	13.48	10.16	75.38	100
ΣEndo	ND～16.05	5.53	3.74	67.62	96.30	2.12～29.40	6.67	4.64	69.55	100
ΣOCPs	46.82～305.77	135.99	41.57	30.57	100	77.84～250.65	147.58	40.62	27.52	100

注：ND 表示未检出；ΣHCHs 为 α-HCH、β-HCH、γ-HCH、δ-HCH 浓度的加和，ΣDDTs 为 p,p′-DDT、p,p′-DDD、p,p′-DDE 浓度的加和，ΣHepta 为七氯、环氧七氯浓度的加和；ΣEndo 为 α-硫丹、β-硫丹浓度的加和；下同。

湿地湖泊水、沟渠水样品中ΣOCPs 浓度范围分别为 46.82～305.77 ng/L 和 77.84～250.65 ng/L，平均值分别为 135.99 ng/L 和 147.58 ng/L。其中湖泊水和沟渠水中 HCHs 的浓度范围分别为 22.81～219.85 ng/L（平均值为 88.35 ng/L）和 40.20～207.12 ng/L（平均值为 100.48 ng/L），是湿地地表水中主要的 OCPs，分别占ΣOCPs 的 16.24%～88.45%（平均值为 65.11%）和 32.25%～85.11%（平均值为 67.47%）；其次为 DDTs 和七氯类 OCPs，它们对应的浓度范围分别为 ND～97.66 ng/L（平均值为 14.83 ng/L）、4.12～53.05 ng/L（平均值为 16.03 ng/L）和 1.91～59.56 ng/L（平均值为 16.18 ng/L）、3.09～47.66 ng/L（平均值为 13.48 ng/L），占比分别为 0～46.83%（平均值为 10.65%）、1.27%～39.40%（平均值为 11.62%）和 2.49%～27.86%（平均值为 10.91%）、2.11%～26.37%（平均值为 9.44%）；其余 6 种 OCPs 在会仙岩溶湿地地表水中的浓度和占比均较低。HCHs 在地表水体中的浓度明显高于其他种类的 OCPs，一方面可能是 HCHs 的水溶性和蒸气压高于其他 OCPs 而沉积物-水分配系数较低，更易从周边的农田土壤和沉积物中溶出，导致其在水体中的浓度相对较高；另一方面可能是 HCHs 类农药在该区域的历史使用量更大。

与国内外不同地区湿地地表水中 HCHs、DDTs 的浓度相比（表 3.3），会仙岩溶湿地地表水中 HCHs 类农药的浓度明显高于中国西溪湿地、孟津黄河湿地、南沙红树林湿地、若尔盖高原湿地、洪湖湿地、鄱阳湖湿地和伊朗 Anzali 湿地，但远低于伊朗 Amir-kalaye 湿地和印度 Keoladeo 湿地；DDTs 类农药的浓度与南沙红树林湿地相当，高于国内其他湿地 1～2 个数量级，但显著低于国外的 3 个湿地，这说明会仙岩溶湿地地表水中 OCPs 浓度处于中等偏上水平。同时，有机氯农药浓度的区域性差异反映了人类活动强度、工业化程度和农药施用习惯对生态环境的影响，会仙岩溶湿地与伊朗 Anzali 湿地、Amir-kalaye 湿地和印度 Keoladeo 湿地均处于人类活动强度较高或工农业较发达地区，其地表水中 OCPs 浓度明显较高。会仙岩溶湿地天然的地理优势使得湿地周边农业发展快速，1969 年湿地内农田面积仅为 2 842 hm^2，到 2006 年增长至 3 143 hm^2。而在 20 世纪 60—80 年代农业生产中大规模施用了 HCHs 和 DDTs 等有机氯农药，因此残留在农田土壤中的 OCPs 经雨水溶蚀和径流作用转移至湿地水体，可能是造成该区域水体 OCPs 处于较高水平的原因之一。

表 3.3 国内外不同地区湿地地表水中 OCPs 残留量

湿地（地区）	采样时间	ΣHCHs/（ng/L）	ΣDDTs/（ng/L）	文献来源
西溪湿地（中国杭州）	2011—2012 年	13.93～34.20（22.32）	1.42～5.79（2.90）	[76]
孟津黄河湿地（中国洛阳）	2007 年	ND～10.27	ND～3.02	[75]
南沙红树林湿地（中国广州）	2015 年	0.79～30.11（11.25）	1.10～61.76（18.91）	[85]
若尔盖高原湿地（中国四川）	2011—2012 年	0.65～1.16（0.90）	0.64～2.66（1.36）	[78]

湿地（地区）	采样时间	ΣHCHs/（ng/L）	ΣDDTs/（ng/L）	文献来源
洪湖湿地（中国湖北）	2005 年	0.79～7.04（2.67）	0.06～0.82（0.33）	[79]
鄱阳湖湿地（中国江西）	2012 年	4.38～59.65	2.31～33.4	[83]
Anzali 湿地（伊朗）	2009 年	16.27～106.31（57.73）	47.26～129.37（90.08）	[173]
Amir-kalaye 湿地（伊朗）	2009—2010 年	ND～18 000	ND～45 000	[177]
Keoladeo 湿地（印度）	1989—1990 年	4.0～3 430	ND～3 860	[178]
会仙岩溶湿地（中国桂林）	2015—2017 年	22.81～219.85（91.92）	ND～97.66（15.18）	本研究

注：“ND”表示未检出；括号内数值为平均值。

3.3.1.2　地表水中有机氯农药的组成特征

会仙岩溶湿地不同水期湖泊水和沟渠水中残留 OCPs 的组分构成特征分别如图 3.4 和图 3.5 所示。在各水期两类地表水中所检出 OCPs 的含量均呈现为 ΣHCHs＞ΣHepta≥ΣDDTs≥其余 OCPs（艾氏剂+异狄氏剂+*cis*-氯丹+甲氧滴滴涕）＞ΣEndo。ΣHCHs、ΣHepta、ΣDDTs 和 ΣEndo 占总 OCPs 比例的平均值分别为 52.92%、6.84%、7.21%和 4.04%，可见 HCHs 占所检出的 OCPs 的绝大部分，是所检出的 OCPs 的主要组分，其次为七氯类和 DDTs。不同水期各类 OCPs 的含量占比有一定差异，丰水期各类 OCPs 的含量占比与其他 3 个水期差异较大；两类地表水中各类 OCPs 的含量占比随着水期的变化规律相似。丰水期 DDTs 和七氯类 OCPs 含量占比明显增大而 HCHs 明显降低，说明丰水期湿地水量和径流的增加有利于农田土壤或沉积物中 DDTs 和七氯类 OCPs 的溶出，并汇入地表水。下面就会仙岩溶湿地不同水期地表水中 HCHs、DDTs 和七氯类 OCPs 3 类主要组分的组成特征进行详细分析，具体组成特征统计如图 3.6 和图 3.7 所示。

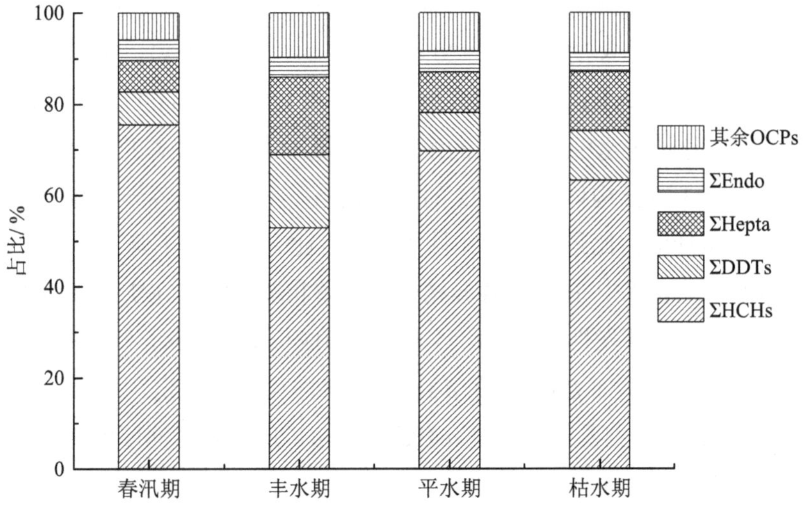

图 3.4　会仙岩溶湿地湖泊水中 OCPs 的组成特征

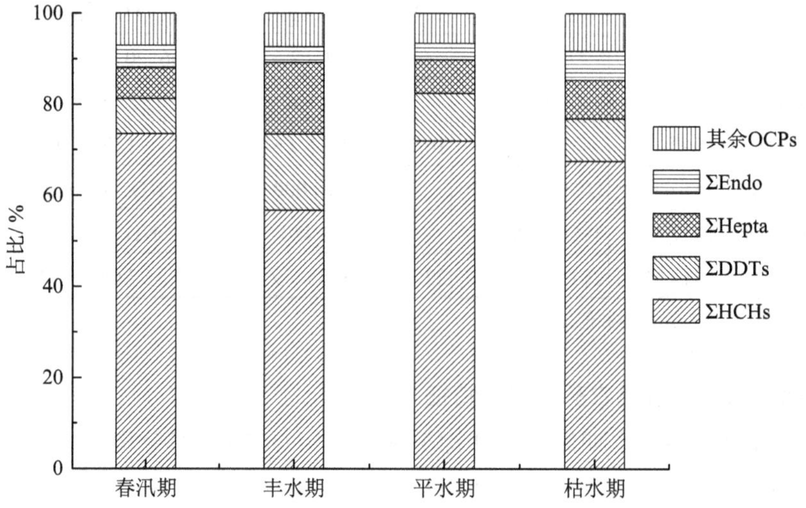

图 3.5 会仙岩溶湿地沟渠水中 OCPs 的组成特征

（1）HCHs 的组成特征

如表 3.2、图 3.6 和图 3.7 所示，各水期会仙岩溶湿地地表水中 HCHs 的 4 种同分异构体中，α-HCH、β-HCH、γ-HCH 的检出率均为 100%，湖泊水和沟渠水中 δ-HCH 的检出率分别为 100%和 98.15%。湖泊水中 α-HCH、β-HCH、γ-HCH 和 δ-HCH 的浓度范围分别为 0.86～56.36 ng/L、3.98～128.63 ng/L、0.51～100.96 ng/L 和 ND～41.58 ng/L，分别占ΣHCHs 的 0.81%～42.68%（平均值为 11.53%）、8.84%～94.95%（平均值为 67.99%）、0.85%～57.85%（平均值为 11.16%）和 0～69.49%（平均值为 9.31%）；其在沟渠水对应浓度范围分别为 1.71～24.33 ng/L、19.01～176.57 ng/L、1.52～61.09 ng/L 和 1.25～34.83 ng/L，分别占ΣHCHs 的 1.40%～20.46%（平均值为 9.24%）、34.36%～91.05%（平均值为 70.61%）、1.59%～41.14%（平均值为 9.72%）和 1.24%～30.09%（平均值为 10.43%）。可见在会仙岩溶湿地地表水中 β-HCH 的浓度和含量占比都是最高的，β-HCH 是 HCHs 的主要组分，而其余 3 种异构体对 HCHs 的贡献相当；不同水期各异构体的占比有一定波动，β-HCH 在春汛期的占比最大，而在枯水期的占比有较明显下降。

会仙岩溶湿地地表水中 HCHs 各异构体的残留状况与它们在实际环境中的稳定性相符，α-HCH 具有较强的挥发性，易挥发至大气中形成长距离迁移，同时 α-HCH 和 γ-HCH 均可降解转化为 β-HCH；而 β-HCH 和 δ-HCH 在环境中较为稳定，难以生物降解[29]，因此 β-HCH 成为 HCHs 的主要组分，是 α-HCH 和 γ-HCH 经长时间降解转化而来的结果。

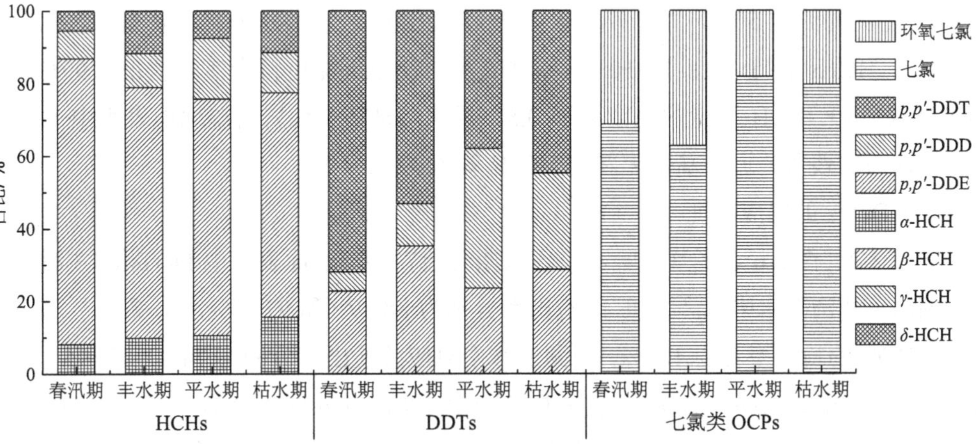

图 3.6　会仙岩溶湿地湖泊水中 HCHs、DDTs 和七氯类 OCPs 的组成特征

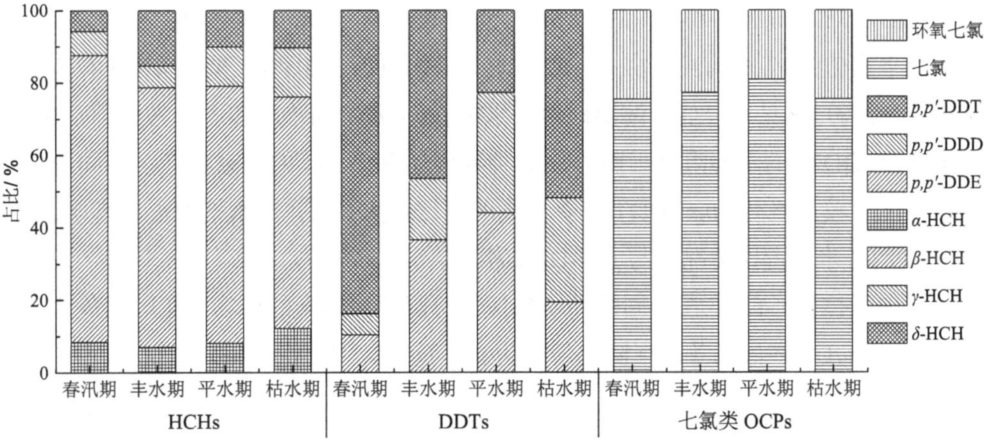

图 3.7　会仙岩溶湿地沟渠水中 HCHs、DDTs 和七氯类 OCPs 的组成特征

水环境中 HCHs 主要来源于农药施用、大气干湿沉降与迁移、雨水地表径流和土壤/沉积物的释放等。工业 HCHs 主要由 α-HCH（65%～70%）、β-HCH（5%～6%）、δ-HCH（6%）和 γ-HCH（12%～14%）构成；林丹的主要成分为 γ-HCH（99%），因此常根据 α-HCH 和 γ-HCH 含量的比值来判断环境中 HCHs 的来源[14,26]。当介质中 α-HCH 和 γ-HCH 含量的比值在 0.2～1 之间，表明存在林丹的污染；当该值在 4～15 之间时，说明其可能来源于工业 HCHs 的输入，也可能是 γ-HCH 经过光化学作用转化成 α-HCH[23]。还有研究认为，当 β-HCH 和（α+γ）-HCH 含量的比值＞0.5，表明该环境中的 HCHs 主要是历史污染，反之，则表明 HCHs 来自近期农药的施用或大气的干湿沉降[179]。会仙岩溶湿地湖泊水中 α-HCH/γ-HCH 和 β-HCH/（α+γ）-HCH 含量的比值范围分别为 0.05～21.67（平均值为 1.76）和 0.41～18.78（平均值为 5.36），沟渠水的相应范围分别为 0.23～5.26（平均值为 1.39）和 0.60～17.47（平均值为 5.64）；样品中 α-HCH 和 γ-HCH 含量的比值小于 1 的约占 44%，

在 1～4 之间的约占 50%，大于 4 的仅占 6%，而湿地地表水处于流动状态，因此该区域地表水中 HCHs 源于工业 HCHs 和林丹的共同使用可能更符合实际情况；99%样品的 β-HCH/（α+γ）-HCH 含量的比值大于 0.5，据此可推断会仙岩溶湿地地表水中 HCHs 主要为早期历史残留，近期基本无新的 HCHs 输入。

（2）DDTs 的组成特征

如表 3.2、图 3.6 和图 3.7 所示，各水期会仙岩溶湿地地表水中 DDTs 的 3 种异构体中，湖泊水和沟渠水中 *p,p'*-DDE 的检出率分别为 88.89%和 97.78%，沟渠水中 *p,p'*-DDD 和 *p,p'*-DDT 的检出率均为 100%，而湖泊水中对应的检出率分别为 74.07%和 95.37%。湖泊水中 *p,p'*-DDE、*p,p'*-DDD 和 *p,p'*-DDT 的浓度范围分别为 ND～45.42 ng/L、ND～38.08 ng/L 和 ND～53.74 ng/L，分别占∑DDTs 的 0～83.30%（平均值为 27.60%）、0～88.55%（平均值为 20.97%）和 0～100%（平均值为 51.43%）；其在沟渠水对应浓度范围分别为 ND～15.51 ng/L、0.47～23.11 ng/L 和 1.02～36.55 ng/L，分别占∑DDTs 的 0～85.01%（平均值为 26.64%）、2.62%～82.86%（平均值为 22.05%）和 4.44%～87.18%（平均值为 51.32%）。可见在会仙岩溶湿地地表水中 *p,p'*-DDT 的浓度和含量占比都是最高的，*p,p'*-DDT 是 DDTs 的主要组分，而另外 2 种异构体对 DDTs 的贡献相当；不同水期各异构体的占比有较大波动，*p,p'*-DDT 在春汛期的占比最大，而在平水期的占比有明显下降，*p,p'*-DDD 的各水期占比情况则与 *p,p'*-DDT 相反。

介质中母体 *p,p'*-DDT 在不同的环境条件下可降解为不同的产物，在厌氧条件下降解转化为 *p,p'*-DDD，在好氧条件下降解转化为 *p,p'*-DDE。因此，*p,p'*-DDD/*p,p'*-DDE 的含量比值可反映 *p,p'*-DDT 的降解环境，而（*p,p'*-DDE+ *p,p'*-DDD）/*p,p'*-DDT 的含量比值可用于指示 DDTs 类农药的降解程度并判断是否有新的 DDTs 类农药输入。若含量比值 *p,p'*-DDD/*p,p'*-DDE＞1，表明降解环境为厌氧条件；若 *p,p'*-DDD/*p,p'*-DDE＜1，表明降解环境为好氧条件[180]。若（*p,p'*-DDE+ *p,p'*-DDD）/ *p,p'*-DDT＞1，说明施用的 *p,p'*-DDT 已大部分降解为 *p,p'*-DDE 和 *p,p'*-DDD，*p,p'*-DDT 施用时间较长，没有新的污染源出现，属于历史污染；若该比值小于 1，说明 *p,p'*-DDT 农药施用时间较短，大部分未降解，有新的污染源存在[181,182]。会仙岩溶湿地湖泊水中 *p,p'*-DDD/*p,p'*-DDE 和（*p,p'*-DDE+ *p,p'*-DDD）/*p,p'*-DDT 的含量比值大于 1 的样品分别占 36%和 48%，小于 1 的样品分别占 64%和 52%，沟渠水的相应比值大于 1 的样品分别占 40%和 53%，小于 1 的样品分别占 60%和 47%，说明会仙岩溶湿地地表水 *p,p'*-DDT 好氧、厌氧降解均存在，好氧降解略占优势，DDTs 既来源于历史残留，近期也有新的 DDTs 输入，这可能是目前湿地周边大规模农业生产中施用大量新农药所致。

（3）七氯类 OCPs 的组成特征

由表 3.2、图 3.6 和图 3.7 可知，会仙岩溶湿地湖泊水和沟渠水中环氧七氯的检出率分别为 90.74%和 95.56%，而七氯的检出率均为 100%；湖泊水中七氯和环氧七氯的浓度范围分别为 0.95～56.97 ng/L（平均值为 12.13 ng/L）和 ND～25.19 ng/L（平均值为 4.06 ng/L），分别占∑Hepta 的 13.55%～100%（平均值为 73.97%）和 0～86.45%（平均值为 26.03%），其在沟渠水中对应浓度范围分别为 1.32～38.39 ng/L（平均值为 10.37 ng/L）和 ND～41.01 ng/L（平均值为 3.11 ng/L），分别占∑Hepta 的 13.95%～100%（平均值为 76.96%）和 0～86.05%（平均值为 23.04%）。可见在会仙岩溶湿地地表水中七氯的浓度和含量占比均明显高于环氧七氯，春汛期和丰水期湖泊水中环氧七氯的占比明显高于平水期和枯水期，而在沟渠水中各水期七氯和环氧七氯的占比无明显波动。

3.3.2　地下水中有机氯农药的含量及组成特征

3.3.2.1　地下水中有机氯农药的含量

会仙岩溶湿地的地下水样品中各种 OCPs 残留含量如表 3.4 所示，与地表水一样，在 45 个湿地地下水样品中 15 种 OCPs 均有不同程度的检出。地下水中甲氧滴滴涕的检出率最低（为 55.56%），其余 OCPs 的检出率均在 77%以上，其中 *β*-HCH、*γ*-HCH 和 *δ*-HCH 的检出率均达到 100%，进一步证实这些种类的 OCPs 曾在该地区的农业生产中普遍且大量施用。从样品的标准偏差（SD）和变异系数（CV）来看，各种有机氯农药的标准偏差和变异系数分别在 1.05～21.82 和 68.84%～235.80%之间，数值均较大，表明 OCPs 在地下水中的分布极不均匀，采样点和采样水期间的变化也很大。

表 3.4　会仙岩溶湿地地下水中 OCPs 的残留状况（*n*=45）

化合物	浓度范围/（ng/L）	平均值/（ng/L）	SD	CV/%	检出率/%
α-HCH	ND～31.52	5.32	7.65	143.96	95.56
β-HCH	3.57～85.22	23.29	21.82	93.69	100
γ-HCH	0.57～41.02	6.45	8.60	133.25	100
δ-HCH	1.37～32.12	7.91	5.44	68.84	100
七氯	ND～41.02	6.48	6.30	97.34	97.78
环氧七氯	ND～32.95	2.55	6.01	235.80	88.89
艾氏剂	ND～6.33	1.58	1.67	105.85	77.78
异狄氏剂	ND～6.32	0.91	1.20	131.74	84.44
cis-氯丹	ND～10.97	1.81	2.45	135.53	88.89
α-硫丹	ND～6.63	1.50	1.30	86.59	93.33
β-硫丹	ND～11.19	1.50	1.76	117.65	95.56
p,p'-DDE	ND～6.67	1.46	1.35	92.48	88.89
p,p'-DDD	ND～21.54	2.97	4.81	161.72	82.22

化合物	浓度范围/（ng/L）	平均值/（ng/L）	SD	CV/%	检出率/%
p,p'-DDT	ND～15.63	2.60	3.07	118.23	91.11
甲氧滴滴涕	ND～3.62	0.95	1.05	109.99	55.56
ΣHCHs	14.88～168.39	42.97	37.75	87.87	100
ΣDDTs	0.81～23.46	7.03	5.92	84.27	100
ΣHepta	0.77～42.84	9.03	8.24	91.27	100
ΣEndo	ND～12.08	3.00	2.24	74.83	97.78
ΣOCPs	26.01～232.60	67.27	52.16	77.55	100

湿地地下水样品中ΣOCPs浓度范围为26.01～232.60 ng/L，平均值为67.27 ng/L。与地表水中OCPs残留状况相同，HCHs也是地下水中OCPs含量最高的，其浓度范围为14.88～168.39 ng/L（平均值为42.97 ng/L）；其次为七氯类OCPs和DDTs，它们的浓度范围分别为0.77～42.84 ng/L（平均值为9.03 ng/L）和0.81～23.46 ng/L（平均值为7.03 ng/L）；硫丹类OCPs的浓度范围为ND～12.08 ng/L（平均值为3.00 ng/L）；其余4种OCPs在会仙岩溶湿地地下水中的浓度均较低，艾氏剂、异狄氏剂、*cis*-氯丹和甲氧滴滴涕的浓度范围分别为ND～6.33 ng/L（平均值为1.58 ng/L）、ND～6.32 ng/L（平均值为0.91 ng/L）、ND～10.97 ng/L（平均值为1.81 ng/L）和ND～3.62 ng/L（平均值为0.95 ng/L）。HCHs类有机氯农药在地下水中的浓度明显高于其他种类OCPs，一方面反映了该地区历史上以HCHs类有机氯农药为主的杀虫剂广泛使用，另一方面说明HCHs更易在地下含水层中迁移。

与国内外不同地区地下水中OCPs、HCHs、DDTs的浓度相比（表3.5），会仙岩溶湿地地下水中OCPs、HCHs、DDTs的浓度均高于中国的江汉平原、珠江三角洲、重庆表层岩溶泉，以及印度的Gorakhpur地区和阿根廷的Quequén Grande流域等地区地下水中对应浓度，但均远低于中国的长江流域、北京市、天津市、太湖流域、老龙洞地下河流域、柳州岩溶地下河流域，以及印度的Gangetic平原和黎巴嫩的Akkar等地区地下水中对应浓度。可见，会仙岩溶湿地浅层地下水中OCPs残留量处于中等水平。综观这些区域地下水有机氯农药残留状况，中国长江流域、太湖地区、柳州，以及印度的Gangetic平原和黎巴嫩的Akkar等工农业活动密集区的地下水中有机氯农药浓度显著高于其他非工农业活动密集区，而当地表污染水平相当时，岩溶区（如重庆老龙洞地下河、桂林会仙岩溶湿地等）地下水有机氯农药浓度明显高于非岩溶区（如江汉平原、珠江三角洲等）。受地区有机氯农药的历史施用量、地质条件、土壤理化性质、气候条件以及含水层特性等诸多因素的影响，区域之间地下水有机氯农药的浓度水平有很大差异，孙玉川等研究发现土壤TOC、含水量、黏粒含量、pH会对有机氯农药的垂直迁移产生重要影响，可能会产生抑制作用或无抑制作用[183]。

表 3.5 国内外不同地区地下水中 OCPs 的残留量

地区	采样时间	ΣOCPs/（ng/L）	ΣHCHs/（ng/L）	ΣDDTs/（ng/L）	文献来源
汉江平原（中国）	2011—2012 年	1.58～167.90（21.39）	0.03～135（12.30）	0.05～13.3（2.19）	[184]
长江流域（中国）	2014—2015 年	1 835.83～11 599.40（8 783.80）	378.67～1 993.93（1 535.55）	ND～284.68（200.40）	[171]
珠江三角洲（中国）	2005 年	0.68～81.76（17.97）	0.60～8.11（3.28）	ND～3.41（0.91）	[185]
北京市（中国）	2016 年	—	3.09～193（64.3）	78.4～158（111）	[163]
天津市（中国）	2011 年	44～432（216）	ND～104（18）	ND	[186]
太湖流域（中国）	2011 年	31.36～1241（205.6）	11.31～189.4（43.71）	0.72～482.3（52.46）	[187]
重庆表层岩溶泉（中国）	2010—2011 年	2.19～112.5	2..09～60.1（12）	ND～79.8（9.16）	[183]
重庆老龙洞地下河流域（中国）	2011—2012 年	39.08～319.53（148.60）	7.38～223.58（46.51）	4.06～187.31（44.17）	[68]
柳州岩溶地下河流域（中国）	2010 年	107.7～1 101.6（532.5）	21.7～715.1（326.5）	68.2～279.2（123.6）	[188]
Gangetic 平原（印度）	2003 年	3.30～2 976.2（285.7）	0.56～2 920.9（208.9）	ND～266.2（16.5）	[189]
Gorakhpur 地区（印度）	2010—2011 年	2.98～13.27（6.38）	0.70～2.65（1.49）	0.12～13.2（4.35）	[190]
Quequén Grande 流域（阿根廷）	2013 年	2.08～35.75（8.33）	0.48～1.99（1.10）	0.03～0.84（0.31）	[191]
Akkar 地区（黎巴嫩）	2015 年	2 610～58 870	150～6 530（3 260）	610～19 980（11 840）	[59]
桂林会仙岩溶湿地（中国）	2015—2017 年	26.01～232.60（67.27）	14.88～168.39（42.97）	0.81～23.46（7.03）	本研究

注：“—”表示无数据；“ND”表示未检出；括号内数值为平均值。

3.3.2.2 地下水中有机氯农药的组成特征

会仙岩溶湿地不同水期地下水中残留 OCPs 的组分构成特征如图 3.8 所示。在各水期地下水中检出 OCPs 的含量均呈现为ΣHCHs（α-HCH + β-HCH + γ-HCH + δ-HCH）＞ΣHepta（七氯+环氧七氯）≥ΣDDTs（p,p'-DDE + p,p'-DDD + p,p'-DDT）＞其余 OCPs（艾氏剂+异狄氏剂+ *cis*-氯丹+甲氧滴滴涕）＞ ΣEndo（α-硫丹+β-硫丹）。ΣHCHs、ΣHepta、ΣDDTs 和ΣEndo 分别占ΣOCPs 的 35.68%～84.03%（平均值为 61.57%）、1.96%～29.25%（平均值为 14.01%）、3.05%～30.01%（平均值为 10.90%）和 0～20.75%

（平均值为 5.39%），可见 HCHs 占所检出的 OCPs 的绝大部分。春汛期和丰水期 HCHs 的含量占比一致，平水期和枯水期 HCHs 的占比一致，前两个水期中 HCHs 的占比明显低于后两个水期，这可能与不同水期地下含水层运移的水量有关，春汛期和丰水期地下含水层的运移水量大于平水期和枯水期，起到了稀释作用。下面就不同水期地下水中 HCHs、DDTs 和七氯类 OCPs 3 类主要组分的组成特征进行详细分析，具体组成特征统计如图 3.9 所示。

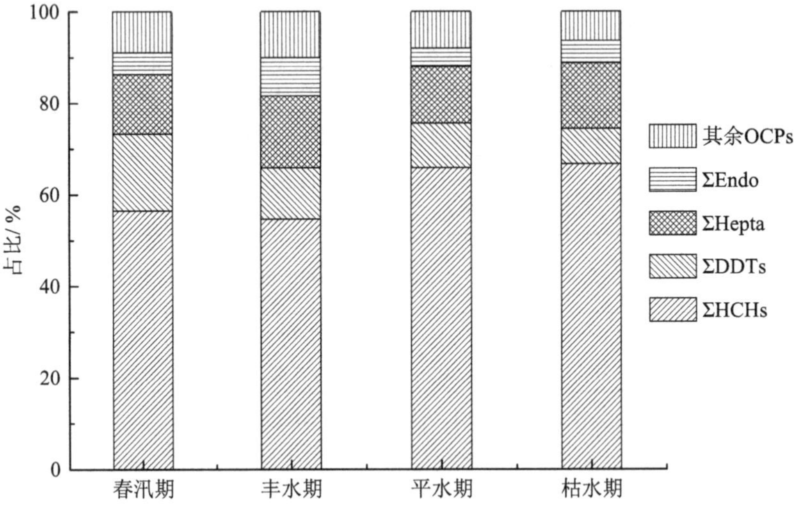

图 3.8 会仙岩溶湿地地下水中 OCPs 的组成特征

（1）HCHs 的组成特征

如表 3.4 和图 3.9 所示，会仙岩溶湿地地下水中 HCHs 的同分异构体中，除 α-HCH 的检出率为95.56%外，其余3种异构体检出率均为100%；地下水中 α-HCH、β-HCH、γ-HCH 和 δ-HCH 的浓度范围分别为 ND～31.52 ng/L（平均值为 5.32 ng/L）、3.57～85.22 ng/L（平均值为 23.29 ng/L）、0.57～41.02 ng/L（平均值为 6.45 ng/L）和 1.37～32.12 ng/L（平均值为 7.91 ng/L），分别占ΣHCHs 的 0～30.22%（平均值为 10.42%）、11.10%～82.65%（平均值为 52.10%）、1.21%～47.32%（平均值为 13.35%）和 2.64%～66.64%（平均值为 24.13%）。由此可见，与地表水相同，会仙岩溶湿地地下水中 β-HCH 的浓度和含量占比也都是最高的，β-HCH 是 HCHs 的主要组分，其次为 δ-HCH，而 α-HCH 和 γ-HCH 对 HCHs 的贡献相当；各异构体的含量占比随着水期变动有不同程度的波动，β-HCH 在丰水期的含量占比明显低于其他 3 个水期，α-HCH 和 γ-HCH 在枯水期的含量占比最低，反映出各异构体在含水层中迁移存在差异。

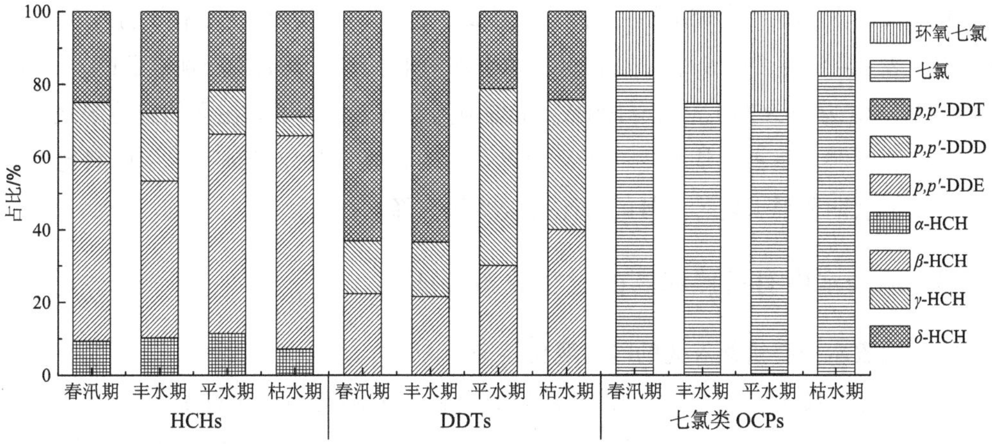

图 3.9 会仙岩溶湿地地下水中 HCHs、DDTs 和七氯类 OCPs 的组成特征

会仙岩溶湿地地下水中 α-HCH/γ-HCH 和 β-HCH/（α+γ）-HCH 的范围分别为 0～3.72（平均值为 1.34）和 0.25～17.27（平均值为 3.67）。样品中 α-HCH/γ-HCH 小于 1 的约占 49%，在 1～4 之间的约占 51%，比值分布与地表水相似，因此该区域地下水中 HCHs 源于工业 HCHs 和林丹的共同使用，由地表水和土壤中 HCHs 共同汇入；98%样品的 β-HCH/（α+γ）-HCH 比值大于 0.5，据此可推断会仙岩溶湿地地下水中 HCHs 同样为早期历史残留，近期无新的 HCHs 输入。

（2）DDTs 的组成特征

会仙岩溶湿地地下水中 DDTs 的 3 种异构体中，p,p′-DDE、p,p′-DDD 和 p,p′-DDT 的检出率分别为 88.89%、82.22%和 91.11%（表 3.4），其浓度范围分别为 ND～6.67 ng/L（平均值为 1.46 ng/L）、ND～21.54 ng/L（平均值为 2.97 ng/L）和 ND～15.63 ng/L（平均值为 2.60 ng/L），分别占 ΣDDTs 的 0～100%（平均值为 29.77%）、0～91.81%（平均值为 29.32%）和 0～100%（平均值为 40.91%）。可见在会仙岩溶湿地地下水中 p,p′-DDE 浓度最低，p,p′-DDT 和 p,p′-DDD 的浓度相当，p,p′-DDT 占比最高，而 p,p′-DDE 和 p,p′-DDD 的占比相当，因此 p,p′-DDT 仍是 DDTs 的主要组分。各异构体的占比在水期变化上表现为 3 种异构体在春汛期和丰水期基本相同，但在平水期和枯水期 p,p′-DDT 显著降低，而 p,p′-DDE 和 p,p′-DDD 显著增加（图 3.9）。

会仙岩溶湿地地下水中 p,p′-DDD/ p,p′-DDE 和（p,p′-DDE+ p,p′-DDD）/ p,p′-DDT 比值大于 1 的样品分别占 43%和 59%，小于 1 的样品分别占 57%和 41%，说明会仙岩溶湿地地下水中 p,p′-DDT 的降解和来源特征与地表水基本一致，也是好氧降解、厌氧降解均存在，好氧降解略占优势，DDTs 主要来源于历史残留，近期也可能有新的 DDTs 输入。

（3）七氯类 OCPs 的组成特征

会仙岩溶湿地地下水中七氯和环氧七氯的浓度范围分别为 ND～41.02 ng/L（平均值

为 6.48 ng/L）和 ND～32.95 ng/L（平均值为 2.55 ng/L），它们的检出率分别为 97.78%和 88.89%（表 3.4）。从图 3.9 中可以看出，地下水中七氯和环氧七氯分别占ΣHepta 的 0～100%（平均值为 78.38%）和 0～100%（平均值为 21.62%）。可见在会仙岩溶湿地地下水中七氯的浓度和含量占比均显著高于环氧七氯，春汛期和枯水期地下水中两者比例基本相同，而丰水期和平水期时七氯的占比有较明显下降。

3.3.3 地表水中有机氯农药的时空分布特征

3.3.3.1 地表水中有机氯农药的时间变化特征

将 2015 年 10 月至 2017 年 12 月采集的会仙岩溶湿地地表水样品和检测结果按春汛期（4—5 月）、丰水期（7—8 月）、平水期（10—11 月）和枯水期（12 月至次年 1 月）进行整理，不同水期湖泊水和沟渠水中 OCPs 残留状况分别如表 3.6 和表 3.7 所示。

（1）湿地湖泊水中有机氯农药的时间变化特征

春汛期、丰水期、平水期和枯水期的湿地湖泊水中ΣOCPs 浓度范围分别为 59.06～177.97 ng/L、85.95～226.47 ng/L、102.22～224.19 ng/L 和 46.82～305.77 ng/L，平均值分别为 123.93 ng/L、152.17 ng/L、156.39 ng/L 和 119.66 ng/L；不同水期的 OCPs 浓度呈现为平水期＞丰水期＞春汛期＞枯水期。其中不同水期湖泊水中 HCHs 的浓度变化呈现为平水期（平均值为 108.96 ng/L）＞春汛期（平均值为 94.05 ng/L）＞丰水期（平均值为 80.66 ng/L）＞枯水期（平均值为 75.95 ng/L），DDTs 和七氯类 OCPs 的浓度变化规律均为丰水期＞枯水期≥平水期＞春汛期，硫丹类 OCPs 各水期的浓度变化不大。春汛期、丰水期、平水期和枯水期的湿地湖泊水中 HCHs 占ΣOCPs 比例的平均值分别为 75.56%、52.92%、69.67%和 63.24%，DDTs 对应的占比平均值分别为 7.21%、16.01%、8.46%和 10.82%，七氯类 OCPs 对应的占比平均值分别为 6.84%、17.01%、8.88%和 13.03%，因此各水期湿地湖泊水中 HCHs 占比都是最大的，HCHs 是对应水期 OCPs 的主要组分，丰水期 DDTs 和七氯类 OCPs 的占比均显著增大，表明丰水期在雨水冲刷作用下有大量 DDTs 和七氯类 OCPs 从湿地周边的农田土壤或沉积物中溶出，并汇入湖泊水体。

在湖泊水 HCHs 组成中，各水期 4 种异构体的检出率均为 100%，β-HCH 在各水期中浓度和含量占比均占绝对优势，是各水期湖泊水 HCHs 的主要成分，而 γ-HCH 在平水期的浓度和含量占比均显著高于其他水期。

表 3.6 会仙岩溶湿地不同水期湖泊水中 OCPs 的残留状况

化合物	春汛期					丰水期					平水期					枯水期				
	浓度范围/（ng/L）	平均值/（ng/L）	SD	CV/%	检出率/%	浓度范围/（ng/L）	平均值/（ng/L）	SD	CV/%	检出率/%	浓度范围/（ng/L）	平均值/（ng/L）	SD	CV/%	检出率/%	浓度范围/（ng/L）	平均值/（ng/L）	SD	CV/%	检出率/%
α-HCH	1.63～14.62	7.56	4.15	54.96	100	2.12～31.91	8.22	7.01	85.29	100	0.86～56.36	12.69	15.50	122.16	100	1.61～50.41	13.01	11.74	90.22	100
β-HCH	34.26～128.63	74.47	24.74	33.23	100	3.98～106.81	58.48	27.97	47.82	100	24.56～95.34	67.79	17.71	26.12	100	12.54～96.85	44.62	18.78	42.08	100
γ-HCH	2.13～18.02	6.83	4.77	69.81	100	3.45～9.12	5.77	1.84	31.97	100	2.11～100.96	20.75	23.45	113.02	100	0.51～41.09	9.78	9.86	100.84	100
δ-HCH	0.98～12.57	5.19	3.63	69.80	100	2.01～31.29	8.19	5.76	70.29	100	1.20～19.97	7.73	4.33	56.04	100	ND～41.58	8.54	9.61	112.53	100
七氯	1.86～16.47	5.69	3.46	60.83	100	3.37～55.91	17.38	15.91	91.56	100	1.85～56.97	12.39	11.95	96.46	100	0.95～42.38	12.74	11.16	87.60	100
环氧七氯	ND～6.62	2.52	1.86	73.63	95.83	ND～25.19	9.10	7.63	83.87	83.33	0.77～6.37	1.76	1.32	75.00	100	ND～16.98	3.25	4.43	136.30	86.11
艾氏剂	ND～11.76	3.63	4.17	114.86	91.67	ND～43.16	4.49	8.66	192.65	95.83	1.10～12.63	3.30	3.47	105.41	100	ND～19.13	4.22	4.60	109.04	94.44
异狄氏剂	ND～6.13	0.90	1.17	129.41	95.83	0.38～13.89	2.77	3.16	114.18	100	ND～29.68	5.78	6.13	106.04	95.83	ND～9.91	1.79	2.06	115.10	91.67
cis-氯丹	ND～4.66	1.51	0.93	61.83	95.83	ND～4.01	1.31	1.11	84.10	79.17	0.85～9.97	2.93	3.14	107.07	100	ND～9.68	1.76	2.26	128.06	83.33
α-硫丹	ND～3.81	1.38	0.83	60.16	95.83	ND～3.26	0.96	0.77	80.36	75.00	0.33～5.62	1.78	1.15	64.96	100	ND～2.90	1.02	0.72	70.60	83.33

化合物	春汛期					丰水期					平水期					枯水期				
	浓度范围/（ng/L）	平均值/（ng/L）	SD	CV/%	检出率/%	浓度范围/（ng/L）	平均值/（ng/L）	SD	CV/%	检出率/%	浓度范围/（ng/L）	平均值/（ng/L）	SD	CV/%	检出率/%	浓度范围/（ng/L）	平均值/（ng/L）	SD	CV/%	检出率/%
β-硫丹	ND～9.69	4.27	3.02	70.70	95.83	ND～12.11	5.06	3.48	68.84	95.83	ND～14.22	4.78	4.07	85.10	95.83	ND～13.45	3.43	3.66	106.70	94.44
p,p'-DDE	0.57～10.90	2.26	2.60	115.07	100	ND～45.42	10.07	12.32	122.38	83.33	0.70～10.48	2.92	2.50	85.74	100	ND～24.79	5.12	7.87	153.90	77.78
p,p'-DDD	ND～1.43	0.28	0.47	169.62	29.17	ND～38.08	4.12	8.04	195.47	83.33	0.48～25.80	5.86	6.89	117.65	100	ND～10.99	2.50	3.58	143.12	80.56
p,p'-DDT	ND～10.56	6.29	2.16	34.36	95.83	2.98～53.74	10.98	10.18	92.70	100	0.63～8.85	4.38	2.46	56.11	100	ND～36.91	5.44	6.94	127.51	88.89
甲氧滴滴涕	ND～4.08	1.16	1.24	107.27	58.33	ND～18.46	5.27	6.09	115.48	87.50	ND～3.72	1.56	1.11	70.72	87.50	ND～9.43	2.44	2.80	114.57	75.00
ΣHCHs	46.88～148.65	94.05	27.96	29.72	100	22.81～131.39	80.66	30.35	37.63	100	71.00～174.52	108.96	28.41	26.08	100	34.65～219.85	75.95	37.81	49.78	100
ΣDDTs	2.22～19.10	8.83	3.65	41.35	100	5.47～97.66	25.16	20.19	80.26	100	8.61～29.67	13.15	5.12	38.96	100	ND～38.25	13.06	10.11	77.45	88.89
ΣHepta	2.84～17.30	8.21	3.64	44.40	100	3.37～56.87	26.48	14.81	55.94	100	3.75～59.56	14.15	12.03	85.03	100	1.91～59.36	15.99	14.48	90.55	100
ΣEndo	0.66～11.35	5.64	3.42	60.68	100	ND～15.37	6.02	3.98	66.06	95.83	1.59～16.05	6.55	4.03	61.53	100	ND～13.98	4.44	3.44	77.48	94.44
ΣOCPs	59.06～177.97	123.93	32.88	26.53	100	85.95～226.47	152.17	33.36	21.93	100	102.22～224.19	156.39	35.29	22.56	100	46.82～305.77	119.66	46.74	39.06	100

表 3.7　会仙岩溶湿地不同水期沟渠水中 OCPs 的残留状况

化合物	春汛期					丰水期					平水期					枯水期				
	浓度范围/（ng/L）	平均值/（ng/L）	SD	CV/%	检出率/%	浓度范围/（ng/L）	平均值/（ng/L）	SD	CV/%	检出率/%	浓度范围/（ng/L）	平均值/（ng/L）	SD	CV/%	检出率/%	浓度范围/（ng/L）	平均值/（ng/L）	SD	CV/%	检出率/%
α-HCH	2.02～16.07	7.65	4.44	58.07	100	2.35～12.56	6.59	3.80	57.68	100	1.71～24.33	9.90	8.26	83.40	100	2.25～21.15	10.94	6.59	60.20	100
β-HCH	28.42～176.57	85.93	47.93	55.78	100	52.32～100.76	70.26	16.17	23.02	100	35.96～121.92	79.01	24.57	31.09	100	19.01～97.90	58.87	25.67	43.61	100
γ-HCH	2.49～19.80	6.38	4.95	77.65	100	3.96～7.31	5.69	1.22	21.54	100	1.52～61.09	13.42	18.46	137.53	100	4.39～35.54	12.02	9.42	78.35	100
δ-HCH	1.34～9.54	4.63	2.93	63.34	100	6.23～34.83	15.37	9.66	62.87	100	1.25～19.87	11.61	6.53	56.28	100	2.79～16.63	8.66	3.50	40.39	100
七氯	3.76～10.62	5.96	2.27	38.16	100	3.65～38.39	19.77	11.48	58.07	100	3.05～18.43	9.00	5.00	55.55	100	1.32～20.82	7.95	5.19	65.32	100
环氧七氯	0.82～4.09	1.90	1.12	58.62	100	ND～41.01	7.13	12.49	175.16	80	0.78～3.65	1.71	1.10	64.18	100	0.62～8.77	2.18	2.05	94.11	100
艾氏剂	1.09～11.75	5.28	4.01	76.04	100	0.64～3.38	1.69	0.91	53.80	100	0.26～6.33	2.98	2.01	67.37	100	1.10～6.25	2.65	1.62	61.08	100
异狄氏剂	0.38～1.85	0.76	0.52	68.38	100	ND～1.73	0.81	0.50	62.18	80	0.39～8.43	2.62	2.69	102.78	100	0.42～8.21	2.28	2.36	103.24	100
cis-氯丹	0.85～2.16	1.27	0.39	30.97	100	ND～62.89	6.97	19.66	281.87	80	0.85～8.65	2.64	2.63	99.65	100	0.89～21.19	3.12	5.14	164.64	100
α-硫丹	1.05～2.66	1.28	0.49	38.45	100	ND～3.56	1.46	1.05	72.06	80	0.94～4.52	2.26	1.45	64.13	100	0.94～10.71	2.84	2.64	92.93	100

化合物	春汛期					丰水期					平水期					枯水期				
	浓度范围/（ng/L）	平均值/（ng/L）	SD	CV/%	检出率/%	浓度范围/（ng/L）	平均值/（ng/L）	SD	CV/%	检出率/%	浓度范围/（ng/L）	平均值/（ng/L）	SD	CV/%	检出率/%	浓度范围/（ng/L）	平均值/（ng/L）	SD	CV/%	检出率/%
β-硫丹	1.46～8.49	5.22	2.62	50.23	100	0.74～12.33	4.59	3.89	84.80	100	1.05～12.20	3.25	3.38	103.99	100	1.09～27.97	5.13	6.66	129.80	100
p,p'-DDE	0.84～1.09	0.96	0.11	11.17	100	ND～15.51	9.01	5.52	61.32	90	0.93～12.02	6.72	4.64	69.02	100	0.34～6.32	1.95	1.60	82.25	100
p,p'-DDD	0.48～0.64	0.55	0.06	11.38	100	0.47～17.91	6.15	6.44	104.83	100	0.53～12.84	5.29	4.94	93.39	100	0.53～23.11	4.29	6.06	141.37	100
p,p'-DDT	6.54～10.89	7.88	1.36	17.26	100	6.57～36.55	14.28	9.86	69.06	100	1.02～10.33	3.48	3.31	95.03	100	1.07～10.33	5.62	3.14	55.77	100
甲氧滴滴涕	0.92～3.97	1.84	0.98	53.15	100	0.98～9.28	4.20	2.67	63.46	100	ND～4.02	1.94	1.33	68.24	90	1.03～9.95	2.71	2.44	90.15	100
ΣHCHs	47.93～207.12	104.58	51.99	49.71	100	78.22～145.57	97.90	20.84	21.29	100	48.82～172.32	113.93	33.02	28.98	100	40.20～152.04	90.50	33.16	36.65	100
ΣDDTs	7.88～12.57	9.39	1.48	15.73	100	17.35～53.05	29.44	14.47	49.16	100	4.88～22.93	15.49	5.17	33.36	100	4.12～27.89	11.86	6.23	52.50	100
ΣHepta	5.37～12.58	7.86	2.45	31.09	100	6.00～47.66	26.90	12.95	48.15	100	4.26～19.21	10.71	4.85	45.29	100	3.09～22.79	10.13	5.40	53.32	100
ΣEndo	2.56～10.57	6.50	2.87	44.22	100	2.63～12.33	6.05	3.39	56.07	100	2.12～13.45	5.50	3.19	57.98	100	2.85～29.40	7.97	6.73	84.44	100
ΣOCPs	77.84～247.57	137.49	54.12	39.36	100	130.54～250.65	173.96	36.57	21.02	100	99.94～223.16	155.83	33.51	21.50	100	86.41～193.86	131.22	28.57	21.77	100

（2）湿地沟渠水中有机氯农药的时间变化特征

春汛期、丰水期、平水期和枯水期的湿地沟渠水中∑OCPs 浓度范围分别为 77.84～247.57 ng/L、130.54～250.65 ng/L、99.94～223.16 ng/L 和 86.41～193.86 ng/L，平均值分别为 137.49 ng/L、173.96 ng/L、155.83 ng/L 和 131.22 ng/L；不同水期 OCPs 浓度呈现为丰水期＞平水期＞春汛期＞枯水期。其中不同水期沟渠水中 HCHs 的浓度变化呈现为平水期（平均值 113.93 ng/L）＞春汛期（平均值 104.58 ng/L）＞丰水期（平均值 97.90 ng/L）＞枯水期（平均值 90.50 ng/L），DDTs 和七氯类 OCPs 的浓度变化规律均为丰水期＞平水期＞枯水期＞春汛期，硫丹类 OCPs 各水期的浓度变化也不大。春汛期、丰水期、平水期和枯水期的湿地沟渠水中 HCHs 占∑OCPs 比例的平均值分别为 73.50%、56.72%、72% 和 67.60%，DDTs 对应的占比平均值分别为 7.82%、16.72%、10.51%和 9.36%，七氯类 OCPs 对应的占比平均值分别为 6.70%、15.76%、7.35%和 8.44%，因此与湖泊水一致，各水期湿地沟渠水中 HCHs 占比都是最大的，HCHs 是对应水期 OCPs 的主要组分，丰水期 DDTs 和七氯类 OCPs 的占比均显著增大，表明丰水期在雨水径流冲刷作用下有大量 DDTs 和七氯类 OCPs 从湿地周边的农田土壤中溶出，并通过沟渠汇入湖泊水体。

在沟渠水 HCHs 组成中，*β*-HCH 在各水期中浓度和含量占比均占绝对优势，是沟渠水 HCHs 的主要成分；*δ*-HCH 在丰水期的浓度和含量占比均明显高于其他水期，*β*-HCH 在枯水期的浓度和含量占比与其他水期相比明显降低。春汛期和枯水期沟渠水中 15 种 OCPs 的检出率均为 100%；平水期沟渠水中除甲氧滴滴涕的检出率为 90%外，其余 14 种 OCPs 的检出率均为 100%；丰水期沟渠水中环氧七氯、异狄氏剂、*cis*-氯丹、*α*-硫丹和 *p,p'*-DDE 的检出率为 80%～90%，而其余 10 种 OCPs 的检出率均为 100%，可见各水期湿地沟渠水中 OCPs 的检出率明显高于湖泊水，可能因为沟渠是农田排水的汇聚地和流入湿地湖泊的必经之道，汇集了含较高浓度 OCPs 的农田排水。

3.3.3.2　地表水中有机氯农药的空间分布特征

为了弄清会仙岩溶湿地地表水中 OCPs 的空间分布特征，按采样点统计分析了 2015—2017 年采集 9 批次湿地湖泊水和沟渠水样品中 OCPs 残留状况，并利用 ArcGIS 软件和 Origin 软件绘制水平方向上的空间分布图。

（1）湿地湖泊水中有机氯农药的空间分布特征

会仙岩溶湿地湖泊水中各类 OCPs 浓度平均值空间分布特征和 15 种单一 OCPs 浓度平均值空间分布特征分别如图 3.10 和图 3.11 所示。

化合物		各采样点浓度/（ng/L）											
		S1	S2	S3	S4	S5	S6	S7	S8	S9	S10	S11	S12
ΣHCHs	最小值	22.81	46.88	32.64	46.35	34.65	57.18	36.75	65.07	45.55	51.06	37.64	37.86
	最大值	219.85	129.88	128.06	156.87	174.52	154.20	138.61	122.82	109.13	109.69	152.97	108.13
ΣDDTs	最小值	4.73	2.22	4.79	4.93	4.05	4.77	0.00	0.00	4.73	5.47	0.00	0.00
	最大值	20.10	35.98	43.71	38.25	15.29	97.66	55.69	47.46	34.39	27.82	31.86	24.44
Σhepta	最小值	3.69	3.88	2.84	1.91	4.66	6.13	3.32	5.38	2.09	3.13	3.37	5.20
	最大值	59.36	29.67	31.81	55.36	52.23	29.72	34.87	48.67	42.60	30.60	34.26	59.56
硫丹类	最小值	1.41	1.29	1.78	2.03	0.00	1.54	1.43	0.00	1.76	1.78	0.00	1.69
	最大值	11.66	16.05	7.71	14.04	7.52	12.44	11.35	12.79	11.96	8.75	11.05	15.37
ΣOCPs	最小值	132.39	59.06	65.15	118.61	65.68	102.22	46.82	87.99	75.35	98.74	48.88	56.19
	最大值	305.77	179.28	194.06	189.90	224.19	209.52	206.03	226.47	176.65	147.84	184.82	209.31

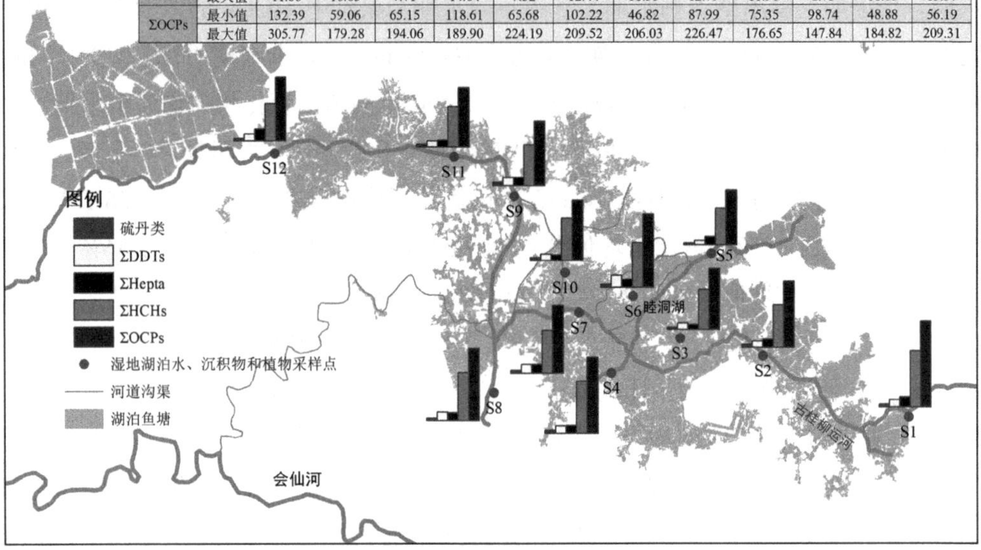

图 3.10　会仙岩溶湿地湖泊水中各类 OCPs 空间分布特征

由图 3.10 可知，在湿地湖泊水 12 个采样点中，从平均值来看，各采样点ΣOCPs 浓度呈现为 S1＞S4＞S6＞S8＞S7＞S2＞S9＞S12＞S3＞S10＞S11＞S5，ΣHCHs 浓度呈现为 S1＞S4＞S8＞S6＞S7＞S2＞S10＞S9＞S11＞S3＞S12＞S5，ΣDDTs 浓度呈现为 S6＞S8＞S7＞S9＞S4＞S1＞S12＞S3＞S2＞S10＞S11＞S5，ΣHepta 浓度呈现为 S12＞S1＞S7＞S9＞S2＞S5＞S8＞S4＞S6＞S11＞S10＞S3；湖泊水中ΣHCHs 和ΣOCPs 浓度的空间分布格局基本一致，周边有大面积农田的采样点 S1、S4、S6、S8 的浓度较高，而周边无农田的采样点 S5 的浓度最低；采样点间ΣDDTs 和ΣHepta 浓度最高值与最低值的比值分别为 2.9 和 2.2。综观各采样点间各类 OCPs 浓度的最小值和最大值存在较大差异，空间分布并不均匀，可能受采样点的地理位置、周边农业生产活动以及雨水径流等因素的影响，但各采样点间各类 OCPs 浓度平均值差异并不是很大，说明会仙岩溶湿地湖泊水中 OCPs 空间分布总体均匀，可能与会仙岩溶湿地呈狭长带状的地形有关，湿地湖面纵宽不大且周边耕种的农田分布较均匀，有利于污染物在湿地内扩散和混合。

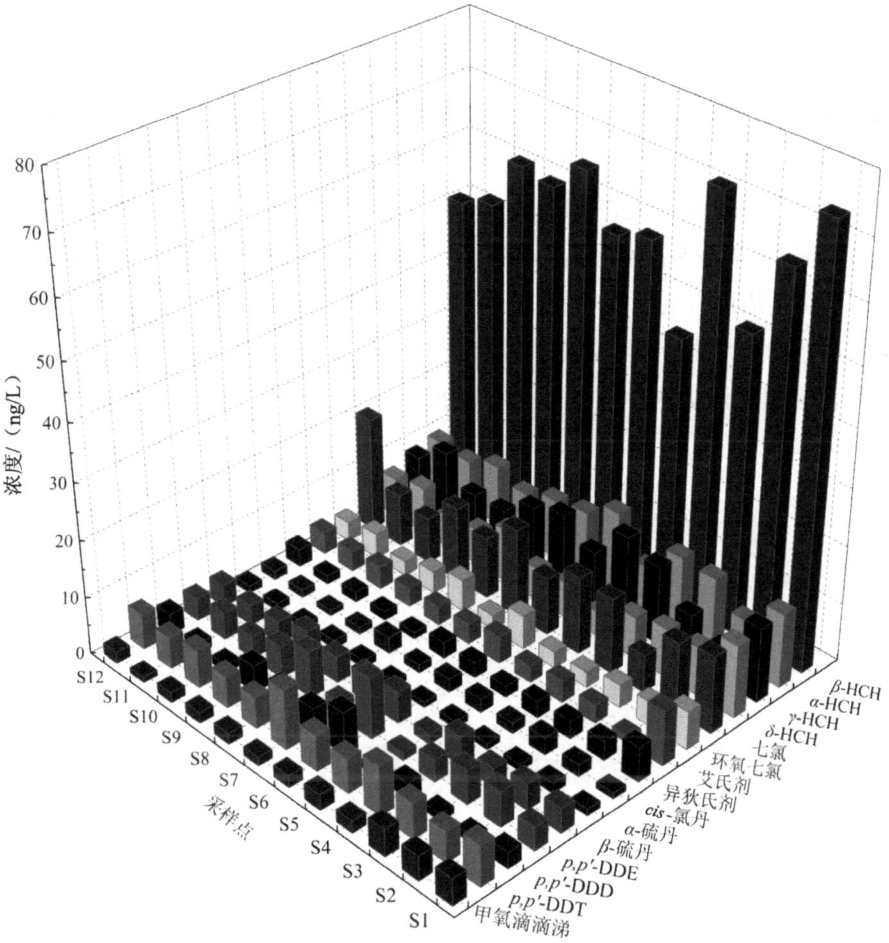

图 3.11　会仙岩溶湿地湖泊水中 15 种 OCPs 空间分布特征

图 3.11 显示了会仙岩溶湿地湖泊水中 15 种单一 OCPs 浓度平均值在 12 个采样点中的分布特征。从图中可以看出，各种 OCPs 在相同采样点中的分布极不均匀，其中 *β*-HCH 的浓度最高，其次为七氯、*α*-HCH 和 *γ*-HCH，*α*-硫丹和 *cis*-氯丹的浓度最低。在各采样点 DDTs 同分异构体中，*p,p′*-DDT 和 *p,p′*-DDE 的浓度较接近，基本高于 *p,p′*-DDD 的浓度。此外，*β*-HCH、*α*-HCH、*γ*-HCH、*δ*-HCH 和七氯等 5 种 OCPs 在 12 个采样点中的检出率均为 100%。总体来看，15 种单一 OCPs 在 12 个采样点中的分布也不均匀，*β*-HCH、*α*-HCH、*γ*-HCH、*δ*-HCH、七氯、环氧七氯、艾氏剂、异狄氏剂、*cis*-氯丹、*α*-硫丹、*β*-硫丹、*p,p′*-DDE、*p,p′*-DDD、*p,p′*-DDT 和甲氧滴滴涕的变异系数（CV）分别为 14.63%、20.42%、28.57%、28.86%、29.66%、33.20%、48.53%、47.40%、37.58%、17.03%、24.47%、48.45%、60.80%、22.65%和 49.00%，其中艾氏剂、异狄氏剂、*p,p′*-DDE、*p,p′*-DDD 和甲氧滴滴涕的变异系数最大，说明与其他 OCPs 相比它们在湿地湖泊水中的分布更不均匀，

而 β-HCH 或 α-硫丹的变异系数最小，其在各采样点的分布相对均匀。

从 OCPs 浓度来看，湿地湖泊水中 β-HCH 的高值点出现在 S1、S4 和 S8，低值点出现在 S5、S12 和 S3；α-HCH 的高值点出现在 S6、S1 和 S4，低值点出现在 S5；γ-HCH 的高值点出现在 S5、S4 和 S7，低值点出现在 S2；δ-HCH 的高值点出现在 S1，低值点出现在 S5；七氯的高值点出现在 S12 和 S7，低值点出现在 S3；p,p'-DDT 和 p,p'-DDE 的高值点分别出现在 S7 和 S6。综观这些采样点的地理位置和周边环境可知，OCPs 浓度的高值点靠近岸边且周边有大面积的农田，而低值点一般靠近山体或远离农田。

（2）湿地沟渠水中有机氯农药的空间分布特征

会仙岩溶湿地沟渠水中各类 OCPs 浓度最小值、平均值和最大值空间分布特征如图 3.12 所示。

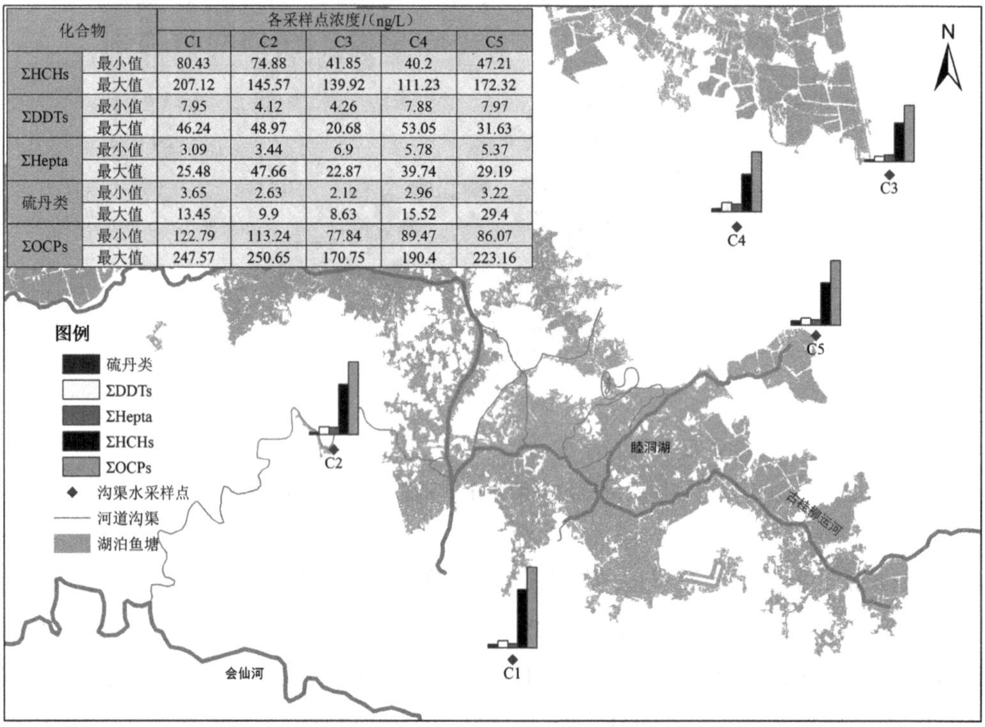

化合物		各采样点浓度/(ng/L)				
		C1	C2	C3	C4	C5
ΣHCHs	最小值	80.43	74.88	41.85	40.2	47.21
	最大值	207.12	145.57	139.92	111.23	172.32
ΣDDTs	最小值	7.95	4.12	4.26	7.88	7.97
	最大值	46.24	48.97	20.68	53.05	31.63
ΣHepta	最小值	3.09	3.44	6.9	5.78	5.37
	最大值	25.48	47.66	22.87	39.74	29.19
硫丹类	最小值	3.65	2.63	2.12	2.96	3.22
	最大值	13.45	9.9	8.63	15.52	29.4
ΣOCPs	最小值	122.79	113.24	77.84	89.47	86.07
	最大值	247.57	250.65	170.75	190.4	223.16

图 3.12　会仙岩溶湿地沟渠水中各类 OCPs 空间分布特征

在湿地沟渠水 5 个采样点中，从平均值来看，各采样点ΣOCPs 浓度呈现为 C1＞C2＞C5＞C4＞C3，ΣHCHs 浓度呈现为 C1＞C2＞C5＞C3＞C4，ΣDDTs 浓度呈现为 C4＞C2＞C5＞C1＞C3，ΣHepta 浓度表现为 C4＞C2＞C3＞C5＞C1，硫丹类 OCPs 浓度表现为 C5＞C1＞C2＞C4＞C3。可见沟渠水中ΣHCHs 和ΣOCPs 浓度的空间分布格局基本一致，浓度高值点均出现在 C1 和 C2，其他 3 个采样点的浓度值相近；ΣDDTs 和

ΣHepta 浓度高值点均为 C4。综观各采样点间各类 OCPs 浓度的最小值和最大值，ΣDDTs、ΣHepta 和硫丹类 OCPs 浓度最小值均差异不大，但它们的最大值以及ΣHCHs、ΣOCPs 的浓度最小值和最大值均有明显差异，空间分布并不均匀，同时各类 OCPs 浓度高低值出现点位并不一致，可能受采样点周边农业生产活动、水量和水流流速等因素的影响。

会仙岩溶湿地沟渠水中 15 种单一 OCPs 浓度平均值在 5 个采样点中的分布特征如图 3.13 所示。

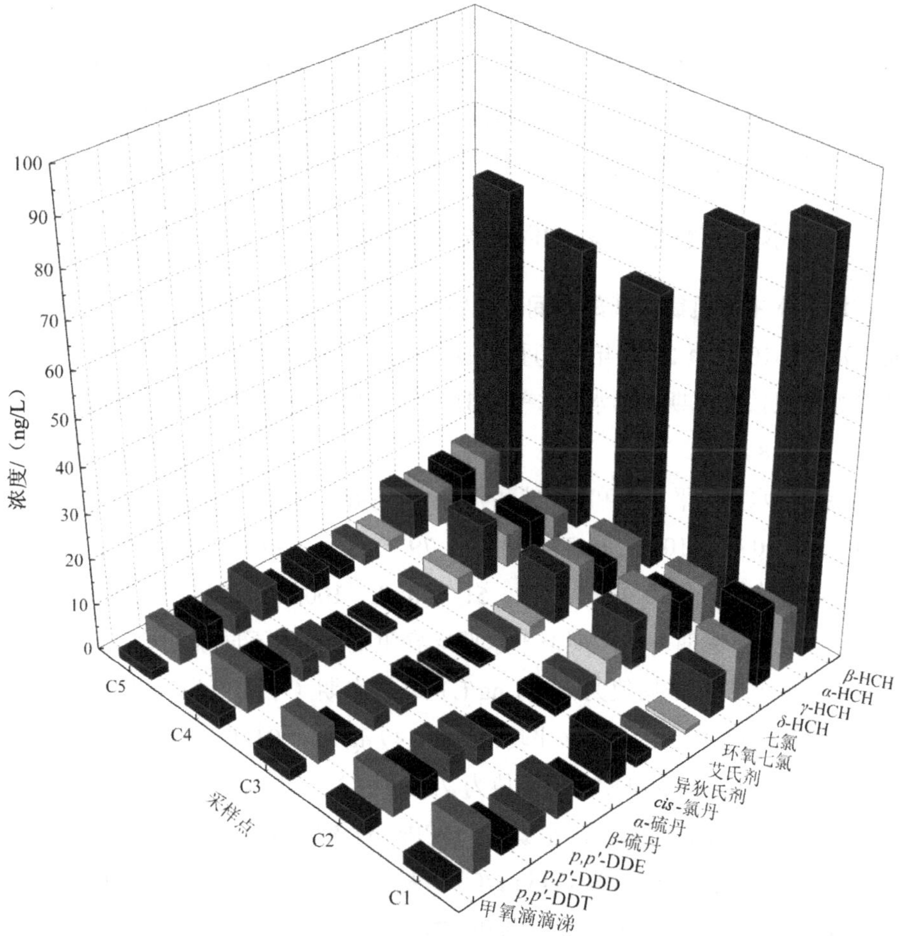

图 3.13　会仙岩溶湿地沟渠水中 15 种 OCPs 空间分布特征

由图 3.13 可知，各种 OCPs 在相同采样点中的分布很不均匀，其中 *β*-HCH 的浓度最高，其次为七氯、*α*-HCH、*γ*-HCH 和 *δ*-HCH（这 4 种 OCPs 浓度相当），*α*-硫丹和异狄氏剂的浓度最低。在各采样点 DDTs 异构体中，*p,p′*-DDT 浓度明显高于 *p,p′*-DDE 和 *p,p′*-DDD 浓度。此外，*β*-HCH、*α*-HCH、*γ*-HCH、*δ*-HCH、七氯、艾氏剂、*β*-硫丹、*p,p′*-DDD 和 *p,p′*-DDT 等 9 种 OCPs 在 5 个采样点中的检出率均为 100%。总体来看，15 种单一 OCPs

在 5 个采样点中的分布并不均匀，它们的变异系数（CV）为 15.36%～100.22%；其中 *cis*-氯丹、环氧七氯、*p,p'*-DDD、*β*-硫丹和 *γ*-HCH 的变异系数分别为 100.22%、53.71%、45.06%、44.22%和 42.39%，明显高于其他 10 种 OCPs，说明相较之下它们在湿地沟渠水中的分布更不均匀，而甲氧滴滴涕和七氯的变异系数最小，其在各采样点的分布相对均匀。

从 OCPs 浓度来看，湿地沟渠水中 *β*-HCH 的高值点出现在 C1 和 C2，剩余 3 个采样点的浓度值基本一致；*α*-HCH、*γ*-HCH、*cis*-氯丹和 *p,p'*-DDT 等 4 种 OCPs 的高值点也出现在 C1，它们的低值点分别出现在 C4、C3、C3 和 C5；*δ*-HCH 的高值点出现在 C2，低值点出现在 C4；七氯的高值点出现在 C4，低值点出现在 C1。采样点 C1 周边是连片大面积的耕种农田且临近村庄，农田的翻耕与排水等农业生产活动极其频繁，可能是导致该采样点多种 OCPs 浓度明显高于其他采样点的主要原因。

3.3.4 地下水中有机氯农药的时空分布特征

3.3.4.1 地下水中有机氯农药的时间变化特征

将 2015 年 10 月至 2017 年 12 月采集的会仙岩溶湿地周边村庄井水（浅层地下水）样品和检测结果按春汛期、丰水期、平水期和枯水期进行整理，不同水期地下水中 OCPs 残留状况如表 3.8 所示。

春汛期、丰水期、平水期和枯水期的会仙岩溶湿地周边村庄浅层地下水中ΣOCPs 浓度范围分别为 30.46～107.32 ng/L、33.19～79.27 ng/L、27.29～232.60 ng/L 和 26.01～158.26 ng/L，平均值分别为 46.65 ng/L、51.78 ng/L、100.23 ng/L 和 69.36 ng/L；不同水期 OCPs 浓度呈现为平水期＞枯水期＞丰水期＞春汛期。其中不同水期地下水中 HCHs 的浓度变化呈现为平水期（平均值为 67.21 ng/L）＞枯水期（平均值为 47.76 ng/L）＞丰水期（平均值为 28.00 ng/L）＞春汛期（平均值为 26.49 ng/L），DDTs 的浓度变化特征为平水期（平均值为 9.47 ng/L）＞春汛期（平均值为 7.50 ng/L）＞丰水期（平均值为 5.92 ng/L）≥枯水期（平均值为 5.83 ng/L），七氯类 OCPs 的浓度变化特征为平水期（平均值为 13.53 ng/L）＞丰水期（平均值为 8.45 ng/L）＞枯水期（平均值为 7.89 ng/L）＞春汛期（平均值为 6.81 ng/L），硫丹类 OCPs 各水期的浓度变化不大。春汛期、丰水期、平水期和枯水期的湿地地下水中 HCHs 占ΣOCPs 比例的平均值分别为 56.52%、54.65%、65.85%和 66.70%，DDTs 对应的占比平均值分别为 16.72%、11.18%、9.71%和 7.64%，七氯类 OCPs 对应的占比平均值分别为 13.14%、15.79%、12.45%和 14.43%。因此各水期湿地地下水中 HCHs 占比也都是最大的，HCHs 是对应水期 OCPs 的主要组分，其次为七氯类 OCPs，再次为 DDTs。各类 OCPs 浓度和占比随水期变化有不同程度的变化，一方面可能受水分运动和水量变化的影响，另一方面反映出各种 OCPs 在地下含水层中迁移能力和迁移速率不同。

表 3.8　会仙岩溶湿地不同水期地下水中 OCPs 的残留状况

化合物	春汛期					丰水期					平水期					枯水期				
	浓度范围/（ng/L）	平均值/（ng/L）	SD	CV/%	检出率/%	浓度范围/（ng/L）	平均值/（ng/L）	SD	CV/%	检出率/%	浓度范围/（ng/L）	平均值/（ng/L）	SD	CV/%	检出率/%	浓度范围/（ng/L）	平均值/（ng/L）	SD	CV/%	检出率/%
α-HCH	1.09～3.76	2.16	0.81	37.50	100	1.44～4.31	2.58	1.07	41.62	100	1.43～31.52	9.50	11.90	125.26	100	ND～24.54	6.45	8.09	125.41	86.67
β-HCH	5.67～33.26	13.59	9.09	66.87	100	3.57～41.26	12.36	10.96	88.71	100	7.13～85.22	37.24	30.53	81.99	100	8.45～69.97	27.74	21.30	76.78	100
γ-HCH	0.95～16.96	4.83	6.11	126.65	100	0.67～9.83	4.83	4.16	86.07	100	0.89～41.02	10.90	13.64	125.12	100	0.57～22.70	5.66	7.69	135.87	100
δ-HCH	1.37～10.61	5.92	2.95	49.92	100	2.69～32.12	8.23	8.56	103.98	100	5.41～21.02	9.56	5.85	61.19	100	1.45～15.63	7.91	3.68	46.55	100
七氯	1.72～9.21	4.23	2.41	57.11	100	ND～12.61	6.12	3.86	63.07	90.00	1.26～41.02	8.97	12.10	134.86	100	3.62～14.52	6.55	3.06	46.63	100
环氧七氯	ND～20.91	2.58	6.45	250.08	70.00	ND～17.07	2.34	5.21	222.74	80.00	0.49～32.95	4.55	10.00	219.57	100	0.77～3.63	1.34	0.87	64.86	100
艾氏剂	ND～4.21	1.04	1.20	115.46	80.00	0.48～3.77	1.40	0.91	65.30	100	0.98～6.32	2.30	1.96	85.22	100	ND～6.33	1.58	2.05	130.40	46.67
异狄氏剂	ND～0.71	0.39	0.24	61.39	80.00	ND～6.32	1.22	2.02	165.83	60.00	ND～2.97	1.16	1.08	93.20	90.00	0.37～3.70	0.89	0.90	101.09	100
cis-氯丹	ND～6.89	1.17	2.05	175.79	70.00	ND～6.21	1.85	2.11	114.24	80.00	0.52～10.97	2.27	3.14	138.09	100	0.84～10.90	1.89	2.54	134.39	100
α-硫丹	ND～2.85	0.96	0.80	82.78	80.00	ND～2.38	1.12	0.66	58.82	90.00	0.41～5.61	1.95	1.53	78.33	100	1.04～6.63	1.81	1.60	88.42	100

化合物	春汛期					丰水期					平水期					枯水期				
	浓度范围/（ng/L）	平均值/（ng/L）	SD	CV/%	检出率/%	浓度范围/（ng/L）	平均值/（ng/L）	SD	CV/%	检出率/%	浓度范围/（ng/L）	平均值/（ng/L）	SD	CV/%	检出率/%	浓度范围/（ng/L）	平均值/（ng/L）	SD	CV/%	检出率/%
β-硫丹	0.39～2.01	0.98	0.52	52.80	100	ND～11.19	3.07	3.21	104.59	80.00	0.37～2.03	1.18	0.72	61.17	100	0.36～2.08	1.00	0.57	56.86	100
p,p'-DDE	ND～2.03	1.00	0.79	78.79	70.00	ND～5.66	1.32	1.63	123.65	80.00	0.95～4.62	1.82	1.24	68.14	100	0.81～6.67	1.61	1.53	94.64	100
p,p'-DDD	0.48～2.19	1.03	0.62	60.52	100	ND～5.36	1.13	1.78	158.12	70.00	0.51～21.54	6.37	7.14	112.09	100	ND～15.62	3.24	4.92	151.80	66.67
p,p'-DDT	1.07～15.63	5.47	4.93	90.04	100	1.55～7.49	3.48	1.86	53.44	100	ND～3.66	1.28	1.06	82.63	90.00	ND～2.97	0.98	0.80	82.26	80.00
甲氧滴滴涕	ND～2.71	1.32	0.99	74.82	90.00	ND～2.78	0.75	1.11	148.77	40.00	ND～2.01	1.16	0.74	64.01	80.00	ND～3.62	0.70	1.20	170.99	33.33
ΣHCHs	14.88～58.17	26.49	13.06	49.31	100	16.19～49.92	28.00	11.55	41.26	100	16.71～168.39	67.21	57.14	85.02	100	16.77～117.52	47.76	37.24	77.96	100
ΣDDTs	2.69～17.17	7.50	5.03	67.06	100	2.88～12.79	5.92	3.69	62.35	100	1.46～23.46	9.47	7.97	84.12	100	0.81～19.73	5.83	6.13	105.24	100
ΣHepta	1.72～25.48	6.81	7.08	104.04	100	0.77～19.96	8.45	5.57	65.93	100	2.34～42.84	13.53	14.31	105.79	100	4.72～15.61	7.89	3.15	39.92	100
ΣEndo	0.54～3.73	1.94	0.92	47.44	100	ND～12.08	4.19	3.30	78.86	90.00	0.78～7.65	3.13	2.05	65.45	100	1.41～8.39	2.81	1.92	68.20	100
ΣOCPs	30.46～107.32	46.65	22.81	48.89	100	33.19～79.27	51.78	15.49	29.92	100	27.29～232.60	100.23	82.40	82.21	100	26.01～158.26	69.36	49.41	71.24	100

在地下水 HCHs 组成中，β-HCH 在各水期中的浓度（12.36～37.24 ng/L）和含量占比(43.18%～58.59%)均占绝对优势，是各水期地下水中 HCHs 的主要组分；其次为 δ-HCH（浓度为 5.92～9.56 ng/L，占比为 21.85%～28.94%）。各水期 β-HCH、γ-HCH、δ-HCH 的检出率均为 100%，α-HCH 除枯水期外，其他 3 个水期的检出率均为 100%。

在地下水 DDTs 组成中，p,p'-DDT 是春汛期和丰水期 DDTs 的主要组分，而 p,p'-DDD 是平水期和枯水期 DDTs 的主要组分，p,p'-DDE 在 4 个水期中的浓度波动不大。

3.3.4.2　地下水中有机氯农药的空间分布特征

按采样点统计分析了 2015—2017 年采集 9 批次会仙岩溶湿地周边村庄井水(地下水)样品中 OCPs 的残留状况，并利用 ArcGIS 软件和 Origin 软件绘制水平方向上的分布图，以展示会仙岩溶湿地地下水中 OCPs 的空间分布特征。

会仙岩溶湿地地下水中各类 OCPs 浓度最小值、平均值和最大值空间分布特征如图 3.14 所示。

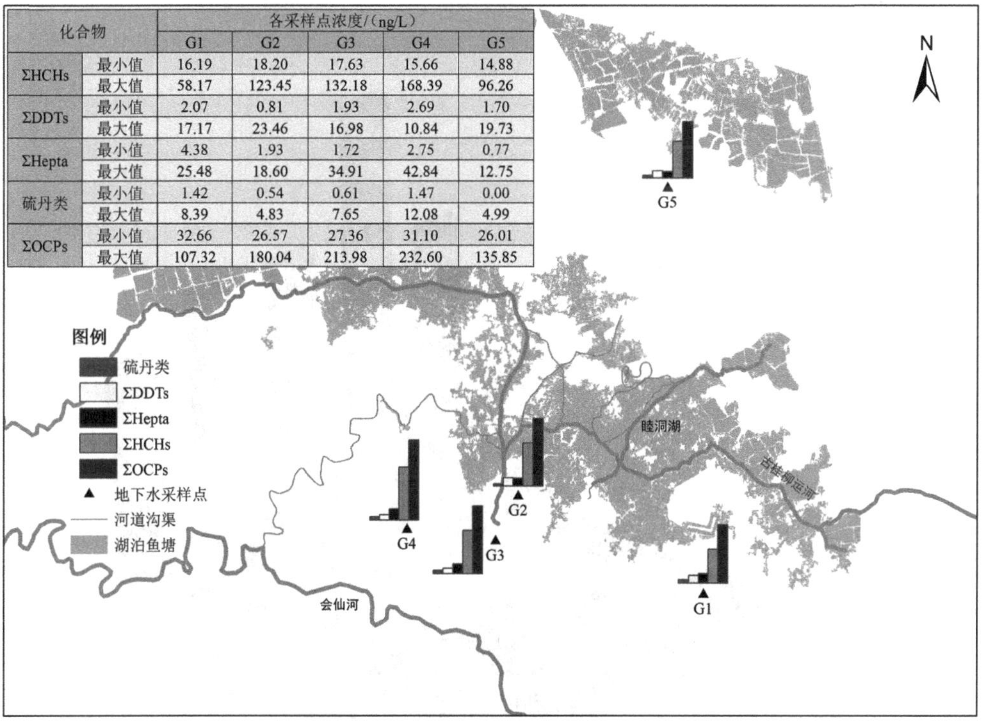

化合物		各采样点浓度/(ng/L)				
		G1	G2	G3	G4	G5
ΣHCHs	最小值	16.19	18.20	17.63	15.66	14.88
	最大值	58.17	123.45	132.18	168.39	96.26
ΣDDTs	最小值	2.07	0.81	1.93	2.69	1.70
	最大值	17.17	23.46	16.98	10.84	19.73
ΣHepta	最小值	4.38	1.93	1.72	2.75	0.77
	最大值	25.48	18.60	34.91	42.84	12.75
硫丹类	最小值	1.42	0.54	0.61	1.47	0.00
	最大值	8.39	4.83	7.65	12.08	4.99
ΣOCPs	最小值	32.66	26.57	27.36	31.10	26.01
	最大值	107.32	180.04	213.98	232.60	135.85

图 3.14　会仙岩溶湿地地下水中各类 OCPs 空间分布特征

在会仙岩溶湿地地下水 5 个采样点中，从平均值来看，各采样点 ΣOCPs 浓度呈现为 G4(82.11 ng/L)＞G2(69.15 ng/L)＞G3(68.74 ng/L)＞G1(59.39 ng/L)＞G5(56.94 ng/L)，ΣHCHs 浓度呈现为 G4（54.61 ng/L）＞G2（44.26 ng/L）＞G3（44.07 ng/L）＞G5

(37.51 ng/L) >G1 (34.38 ng/L), ΣDDTs 浓度呈现为 G2 (8.67 ng/L) >G1 (8.03 ng/L) >G5 (7.06 ng/L) >G4 (5.84 ng/L) >G3 (5.56 ng/L), ΣHepta 浓度呈现为 G4 (11.49 ng/L) >G3 (9.88 ng/L) >G1 (9.48 ng/L) >G2 (8.03 ng/L) >G5 (6.26 ng/L), 硫丹类 OCPs 浓度呈现为 G4 (3.68ng/L) >G1 (3.33 ng/L) >G3 (3.12 ng/L) >G5 (2.46 ng/L) >G2 (2.39 ng/L), 可见地下水中ΣHCHs 和ΣOCPs 浓度的空间分布格局基本一致, 浓度高值点均出现在 G4, G2 与 G3、G1 与 G5 的浓度值分别相近, ΣDDTs 的浓度高值点为 G2, 而ΣHepta 和硫丹类 OCPs 的浓度高值点均为 G4。综观各采样点间各类 OCPs 浓度的最小值和最大值, 各类 OCPs 浓度最小值均差异不大, 但它们的最大值均有明显差异, 空间分布并不均匀, 除ΣDDTs 浓度高值点为 G2 外, 其余类别 OCPs 浓度高值点均为 G4, 可能与 G4 点更靠近农田且周边耕种的农田面积更大有关。

会仙岩溶湿地地下水中 15 种单一 OCPs 浓度平均值在 5 个采样点中的分布特征如图 3.15 所示。

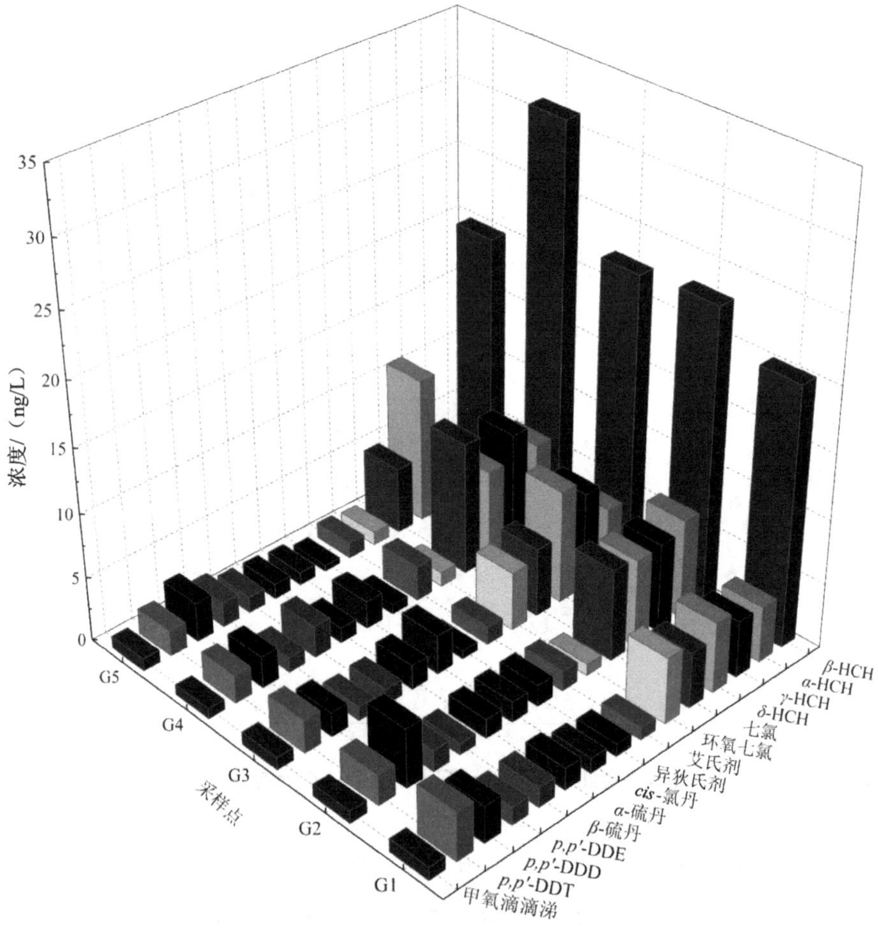

图 3.15 会仙岩溶湿地地下水中 15 种 OCPs 空间分布特征

由图 3.15 可知，各种 OCPs 在相同采样点中的分布并不均匀，其中 β-HCH 的浓度最高，随后依次为 δ-HCH、七氯、γ-HCH 和 α-HCH，异狄氏剂或甲氧滴滴涕的浓度最低。此外，β-HCH、γ-HCH 和 δ-HCH 等 3 种 OCPs 在 5 个采样点中的检出率均为 100%。总体来看，15 种单一 OCPs 在 5 个采样点中的分布并不均匀，它们浓度的变异系数（CV）为 8.5%～82.70%，其中环氧七氯、异狄氏剂、*cis*-氯丹、α-HCH、艾氏剂和 β-硫丹的变异系数分别为 82.70%、50.54%、46.41%、43.10%、42.60%和 40.60%，明显高于其他 9 种 OCPs，说明相较之下它们在湿地地下水中的分布更不均匀，而甲氧滴滴涕或 β-HCH 的变异系数最小，其在各采样点的分布相对均匀。

从 OCPs 浓度来看，湿地地下水中 β-HCH 的高值点出现在 G4，其余 4 个采样点的浓度值较相近；α-HCH 和 *p,p'*-DDD 的高值点均出现在 G2；γ-HCH 和七氯的高值点均出现在 G4；δ-HCH 和 *p,p'*-DDE 的高值点均出现在 G5；环氧七氯和 *p,p'*-DDT 的高值点均出现在 G1。

可见地下水中各种 OCPs 峰值分布并不一致，可能与各采样点的地理位置、周边地表水和土壤 OCPs 残留量、点位附近土壤理化性质以及含水层水分运动特性等因素差异有关。

3.4　会仙岩溶湿地沉积物和稻田土壤中有机氯农药残留特征

3.4.1　沉积物中有机氯农药的含量及组成特征

3.4.1.1　沉积物中有机氯农药的含量

会仙岩溶湿地湖泊沉积物样品中各种 OCPs 残留含量如表 3.9 所示。与湿地地表水一样，在 168 个湿地湖泊沉积物样品中也检出了相同的 15 种 OCPs，它们的检出率均在 79%以上，其中 α-HCH、β-HCH、γ-HCH、δ-HCH、七氯和 *p,p'*-DDT 的检出率均达到 100%，沉积物中 OCPs 残留状况与湿地地表水基本一致。从样品的标准偏差（SD）和变异系数（CV）来看，沉积物中各种有机氯农药的标准偏差和变异系数分别在 1.13～25.01 和 50.06%～182.64%之间，数值均较大，表明 OCPs 在整个湿地沉积物中的分布极不均匀，不同采样点和不同采样水期均存在明显差异。

湿地湖泊沉积物中 ΣOCPs 浓度范围为 44.76～345.10 ng/g，平均值为 103.96 ng/g。其中 HCHs 是沉积物中 OCPs 浓度最高的，其浓度范围为 20.94～243.01 ng/g（平均值为 61.49 ng/g）；其次为 DDTs 和七氯类 OCPs，它们对应的浓度范围分别为 3.40～73.40 ng/g（平均值为 13.75 ng/g）和 3.92～57.50 ng/g（平均值为 12.16 ng/g）；硫丹类 OCPs 的浓度范围为 ND～14.24 ng/g（平均值为 5.78 ng/g）；其余 4 种 OCPs 在会仙岩溶湿地湖泊沉积物中的浓度均较低，艾氏剂、异狄氏剂、*cis*-氯丹和甲氧滴滴涕的浓度范围分别为 ND～

11.87 ng/g（平均值为 2.05 ng/g）、ND～14.77 ng/g（平均值为 1.59 ng/g）、ND～30.04 ng/g（平均值为 2.74 ng/g）和 ND～50.55 ng/g（平均值为 4.40 ng/g）。HCHs 类有机氯农药在沉积物中的浓度显著高于其他种类 OCPs，一方面再次证实该地区曾经广泛使用 HCHs 类有机氯农药，另一方面说明 HCHs 更易沉积或吸附在沉积物上。

表 3.9　会仙岩溶湿地沉积物中 OCPs 的残留状况（*n*=168）

化合物	浓度范围/（ng/g）	平均值/（ng/g）	SD	CV/%	检出率/%
α-HCH	1.15～34.23	5.64	5.51	97.74	100
β-HCH	7.72～166.61	37.36	25.01	66.96	100
γ-HCH	1.86～33.18	7.26	4.74	65.33	100
δ-HCH	0.67～181.12	11.24	14.35	127.65	100
七氯	0.61～53.06	8.86	9.16	103.39	100
环氧七氯	ND～18.21	3.30	2.79	84.40	94.64
艾氏剂	ND～11.87	2.05	1.63	79.58	94.64
异狄氏剂	ND～14.77	1.59	2.69	169.65	82.74
cis-氯丹	ND～30.04	2.74	5.01	182.64	79.17
α-硫丹	ND～5.06	2.01	1.13	56.45	88.10
β-硫丹	ND～11.38	3.77	2.96	78.46	91.07
p,p'-DDE	ND～14.90	5.39	2.70	50.06	96.43
p,p'-DDD	ND～7.60	1.11	1.18	106.35	83.33
p,p'-DDT	0.85～64.44	7.25	5.63	77.65	100
甲氧滴滴涕	ND～50.55	4.40	5.77	131.04	86.90
ΣHCHs	20.94～243.01	61.49	33.02	53.70	100
ΣDDTs	3.40～73.40	13.75	6.75	49.13	100
ΣHepta	3.92～57.50	12.16	9.54	78.43	100
ΣEndo	ND～14.24	5.78	3.17	54.78	94.05
ΣOCPs	44.76～345.10	103.96	45.97	44.22	100

与国内外不同地区湿地沉积物中 HCHs、DDTs 的浓度相比（表 3.10），会仙岩溶湿地湖泊沉积物中 HCHs 和 DDTs 两类农药的浓度均明显高于中国的西溪湿地、孟津黄河湿地、南沙红树林湿地、洪湖湿地、白洋淀湿地，以及伊朗的 Anzali 湿地和印度的 Sundarban 湿地，但均远低于中国天津的滨海湿地、南非的 iSimangaliso 湿地、印度的 Dibrugarh 湿地和 Nagaon 湿地。会仙岩溶湿地湖泊沉积物中 HCHs 的浓度高于中国黑龙江的扎龙湿地，DDTs 的浓度却显著低于扎龙湿地，说明会仙岩溶湿地沉积物中 OCPs 浓度处于中等偏上水平。湿地沉积物中有机氯农药浓度的区域性差异依然受各地区人类活动强度、工农业

发展程度和农药施用情况等因素影响。

表 3.10　国内外不同地区湿地沉积物中 OCPs 的残留量

湿地（地区）	采样时间	ΣHCHs/（ng/g）	ΣDDTs/（ng/g）	文献来源
西溪湿地（中国杭州）	2010 年	1.04～4.56（2.71）	4.99～19.29（11.09）	[77]
孟津黄河湿地（中国洛阳）	2007 年	ND	ND～64.58	[75]
南沙红树林湿地（中国广州）	2015 年	0.67～7.29（3.35）	2.37～9.40（5.23）	[85]
扎龙湿地（中国黑龙江）	2006 年	10.44～41.97（25.87）	ND～211.88（82.90）	[82]
洪湖湿地（中国湖北）	2005 年	2.54～16.9（7.72）	1.84～27.5（9.19）	[79]
滨海湿地（中国天津）	2011 年	69.81～379.28	98.32～129.10	[84]
白洋淀湿地（中国河北）	2012 年	0.71～2.52（1.61）	0.99～3.00（2.03）	[81]
Anzali 湿地（伊朗）	2009 年	0.34～3.46（1.59）	1.42～8.87（4.19）	[173]
iSimangaliso 湿地（南非）	2015—2016 年	26.3～282.5（95.4）	34.5～260（137.7）	[56]
Sundarban 湿地（印度）	2005 年	0.05～12.40	0.05～11.47	[192]
Dibrugarh 湿地（印度）	2011 年	72.0～834（335）	30.1～918（257）	[193]
Nagaon 湿地（印度）	2011 年	142～743（422）	154～932（351）	[193]
会仙岩溶湿地（中国桂林）	2015—2017 年	20.94～243.01（61.49）	3.40～73.40（13.75）	本研究

注：“ND”表示未检出；括号内数值为平均值。

3.4.1.2　沉积物中有机氯农药的组成特征

会仙岩溶湿地不同水期沉积物中残留 OCPs 的组分构成特征如图 3.16 所示。在各水期沉积物中检出 OCPs 的浓度均呈现为ΣHCHs（α-HCH+β-HCH + γ-HCH + δ-HCH）> ΣDDTs（p,p'-DDE + p,p'-DDD + p,p'-DDT）>ΣHepta（七氯+环氧七氯）> 其余 OCPs（艾氏剂+异狄氏剂+ *cis*-氯丹+甲氧滴滴涕）>ΣEndo（α-硫丹+β-硫丹）。沉积物中ΣHCHs、ΣDDTs、ΣHepta 和ΣEndo 分别占ΣOCPs 的 20.43%～83.14%（平均值为 58.06%）、1.74%～53.37%（平均值为 14.40%）、2.23%～27.88%（平均值为 11.67%）和 0～16.29%（平均值为 6.32%），可见 HCHs 占所检出 OCPs 的绝大部分。枯水期因甲氧滴滴涕的浓度明显增加，导致其余 OCPs 的占比也较明显增加，其余 3 个水期各类 OCPs 的占比基本维持一致，表明外源输入各类 OCPs 比例和 OCPs 在水体-沉积物间的交换基本达到了平衡状态。下面就不同水期沉积物中 HCHs、DDTs 和七氯类 OCPs 3 类主要组分的组成特征进行详细分析，具体组成特征统计如图 3.17 所示。

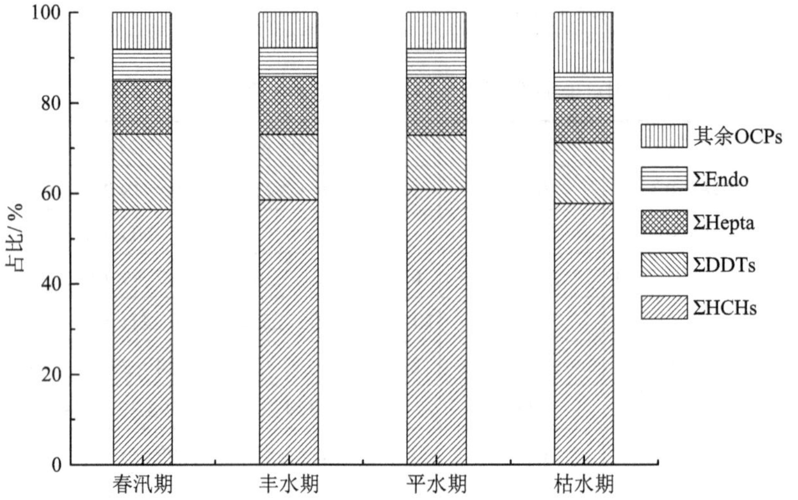

图 3.16 会仙岩溶湿地沉积物中 OCPs 的组成特征

（1）HCHs 的组成特征

如表 3.9 和图 3.17 所示，会仙岩溶湿地湖泊沉积物中 HCHs 的 4 种同分异构体的检出率均为 100%；沉积物中 α-HCH、β-HCH、γ-HCH 和 δ-HCH 的浓度范围分别为 1.15～34.23 ng/g（平均值为 5.64 ng/g）、7.72～166.61 ng/g（平均值为 37.36 ng/g）、1.86～33.18 ng/g（平均值为 7.26 ng/g）和 0.67～181.12 ng/g（平均值为 11.24 ng/g），分别占ΣHCHs 的 1.25%～47.64%（平均值为 9.51%）、13.55%～91.36%（平均值为 58.45%）、2.09%～43.93%（平均值为 13.05%）和 0.94%～74.53%（平均值为 18.99%）。可见，会仙岩溶湿地湖泊沉积物中 β-HCH 的浓度和含量占比都是最高的，β-HCH 是 HCHs 的主要组分，其次为 δ-HCH，α-HCH 的浓度和含量占比最小；各异构体的含量占比随水期的波动较小，反映出水分运动和水量变化对沉积物中 HCHs 各异构体迁移转化影响不大。

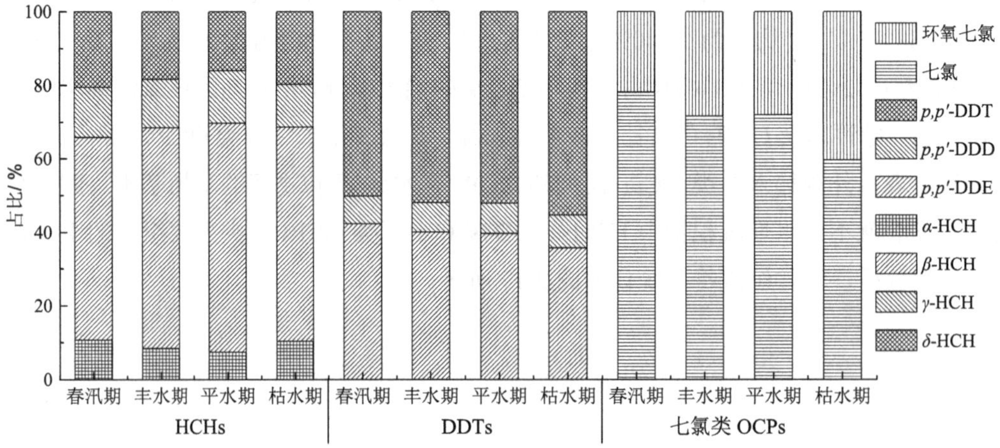

图 3.17 会仙岩溶湿地沉积物中 HCHs、DDTs 和七氯类 OCPs 的组成特征

会仙岩溶湿地湖泊沉积物中 α-HCH/γ-HCH 和 β-HCH/($\alpha+\gamma$)-HCH 的范围分别为 0.07～8.10（平均值为 0.92）和 0.51～16.07（平均值为 3.58）。样品中 α-HCH/γ-HCH 小于 1 的约占 64%，在 1～4 之间的约占 34%，因此该区域沉积物中 HCHs 源于工业 HCHs 和林丹的共同使用，来自地表水和土壤中 HCHs 的汇入；所有样品的 β-HCH/（$\alpha+\gamma$）-HCH 均大于 0.5，据此可推断会仙岩溶湿地湖泊沉积物中 HCHs 均为早期历史残留，近期无新的 HCHs 输入。

（2）DDTs 的组成特征

会仙岩溶湿地湖泊沉积物 DDTs 的 3 种异构体中，*p,p'*-DDE、*p,p'*-DDD 和 *p,p'*-DDT 的检出率分别为 96.43%、83.33%和 100%（表 3.9），其浓度范围分别为 ND～14.90 ng/g（平均值为 5.39 ng/g）、ND～7.60 ng/g（平均值为 1.11 ng/g）和 0.85～64.44 ng/g（平均值为 7.25 ng/g），分别占 ΣDDTs 的 0～84.87%（平均值为 39.48%）、0～53.01%（平均值为 8.16%）和 14.07%～100%（平均值为 52.36%）。可见在会仙岩溶湿地沉积物中 *p,p'*-DDT 的浓度和含量占比均为最高，而 *p,p'*-DDD 的浓度和含量占比均为最低，因此 *p,p'*-DDT 是 DDTs 的主要组分。各异构体的含量占比在水期变化上表现为 *p,p'*-DDD 在 4 个不同水期中的含量占比基本不变，*p,p'*-DDT 随着春汛期、丰水期、平水期、枯水期微量递增，而 *p,p'*-DDE 则是微量递减（图 3.17）。这说明会仙岩溶湿地不同水期的水分和水量变化不会引起沉积物中 DDTs 组成特征的明显变化。

会仙岩溶湿地湖泊沉积物中 *p,p'*-DDD/ *p,p'*-DDE 和（*p,p'*-DDE+ *p,p'*-DDD）/*p,p'*-DDT 范围分别为 0～20.2 和 0～6.11，其中它们大于 1 的样品分别占 2.5%和 43%，小于 1 的样品分别占 97.5%和 57%，说明会仙岩溶湿地湖泊沉积物中 *p,p'*-DDT 以好氧降解为主，DDTs 既来源于历史残留，近期也有新的 DDTs 输入，这可能是由于该区域近期使用了三氯杀螨醇等有机氯杀虫剂。

（3）七氯类 OCPs 的组成特征

会仙岩溶湿地湖泊沉积物中七氯和环氧七氯的浓度范围分别为 0.61～53.06 ng/g（平均值为 8.86 ng/g）和 ND～18.21 ng/g（平均值为 3.30 ng/g），它们的检出率分别为 100%和 94.64%（表 3.9）。从图 3.17 中可以看出，沉积物中七氯和环氧七氯分别占 ΣHepta 的 15.56%～100%（平均值为 70.15%）和 0～84.44%（平均值为 29.85%）。可见在会仙岩溶湿地湖泊沉积物中七氯的浓度和含量占比均显著高于环氧七氯，丰水期和平水期沉积物中两者比例保持一致，春汛期七氯的含量占比最大，枯水期出现明显下降，这可能是由于它们在枯水期时地表水-沉积物间的交换特性存在明显差异导致的。

3.4.2　稻田土壤中有机氯农药的含量及组成特征

3.4.2.1　稻田土壤中有机氯农药的含量

会仙岩溶湿地稻田土壤样品中各种 OCPs 残留含量如表 3.11 所示。与湿地水体和沉积物一致，在 66 个湿地稻田土壤样品中也检出了相同的 15 种 OCPs，它们的检出率均在 89%以上，其中 α-HCH、β-HCH、γ-HCH、δ-HCH、七氯、艾氏剂和 *p,p'*-DDT 的检出率均为 100%，稻田土壤中 OCPs 残留状况与湿地地表水和沉积物基本相似。从样品的标准偏差（SD）和变异系数（CV）来看，稻田土壤中各种有机氯农药的标准偏差和变异系数分别在 0.81～13.82 和 41.22%～157.65%之间，数值均较大，表明 OCPs 在整个湿地稻田土壤中的分布呈现非均一性，不同采样点和不同采样水期也存在明显差异。

表 3.11 会仙岩溶湿地稻田土壤中 OCPs 的残留状况（*n*=66）

化合物	浓度范围/（ng/g）	平均值/（ng/g）	SD	CV/%	检出率/%
α-HCH	1.41～12.67	3.27	2.12	64.84	100
β-HCH	7.68～73.21	31.62	13.82	43.70	100
γ-HCH	1.02～12.32	5.30	2.27	42.90	100
δ-HCH	0.66～30.21	7.37	4.09	55.50	100
七氯	3.24～29.40	7.93	5.05	63.72	100
环氧七氯	ND～7.89	2.01	1.70	84.79	98.48
艾氏剂	0.95～33.12	2.69	4.10	152.46	100
异狄氏剂	ND～18.83	1.91	3.01	157.65	93.94
cis-氯丹	ND～3.97	1.27	0.81	63.55	89.39
α-硫丹	ND～11.31	2.50	2.27	90.65	90.91
β-硫丹	ND～28.01	9.60	8.43	87.76	98.48
p,p'-DDE	ND～14.23	5.64	3.36	59.46	98.48
p,p'-DDD	ND～15.24	2.64	2.84	107.65	93.94
p,p'-DDT	1.23～25.28	7.26	2.99	41.22	100
甲氧滴滴涕	ND～20.57	5.88	4.68	79.54	89.39
ΣHCHs	26.34～86.63	47.56	14.03	29.50	100
ΣDDTs	5.74～30.26	15.55	5.18	33.33	100
ΣHepta	4.19～37.29	9.93	6.26	63.02	100
ΣEndo	1.00～33.51	12.10	9.46	78.16	100
ΣOCPs	57.76～169.76	96.88	20.51	21.17	100

湿地稻田土壤中ΣOCPs 浓度范围为 57.76～169.76 ng/g（平均值为 96.88 ng/g）。其中 HCHs 是稻田土壤中 OCPs 浓度最高的，其浓度范围为 26.34～86.63 ng/g（平均值为 47.56 ng/g）；其次为 DDTs 和硫丹类 OCPs，它们对应的浓度范围分别为 5.74～30.26 ng/g（平均值为 15.55 ng/g）和 1.00～33.51 ng/g（平均值为 12.10 ng/g）；七氯类 OCPs 的浓度范围为 4.19～37.29 ng/g（平均值为 9.93 ng/g）；其余 4 种 OCPs 在会仙岩溶湿地稻田土壤中的浓度均较低，艾氏剂、异狄氏剂、*cis*-氯丹和甲氧滴滴涕的浓度范围分别为 0.95～

33.12 ng/g（平均值为 2.69 ng/g）、ND～18.83 ng/g（平均值为 1.91 ng/g）、ND～3.97 ng/g（平均值为 1.27 ng/g）和 ND～20.57 ng/g（平均值为 5.88 ng/g）。HCHs 类有机氯农药在稻田土壤中的浓度同样显著高于其他种类的 OCPs，是稻田土壤中 OCPs 的主要组分，一方面说明该地区历史农业生产中广泛使用 HCHs 类有机氯农药作为杀虫剂，另一方面表明 HCHs 更易沉积或吸附在稻田土壤中。

与国内外不同地区农田土壤中 HCHs、DDTs 的浓度相比（表 3.12），会仙岩溶湿地稻田土壤中 HCHs 和 DDTs 两类农药的浓度均明显高于中国大辽河平原、珠江三角洲、鄱阳湖地区、巢湖地区和巴西圣保罗地区，但均远低于印度 Dibrugarh 地区和 Nagaon 地区；会仙岩溶湿地稻田土壤中 HCHs 的浓度均高于中国闽西北地区、黄河流域、西溪湿地、长江三角洲、吉林中北部，以及意大利南部、伊朗 Mazandaran 与 Guilan 地区和德国 Leipzig-Halle 地区，DDTs 的浓度却低于（或显著低于）这些地区农田土壤中 DDTs 的浓度，这说明会仙岩溶湿地稻田土壤中 OCPs 的浓度也处于中等偏上水平。国内外不同地区农田土壤中 HCHs、DDTs 的浓度差异，反映出区域间农业生产活动中 OCPs 使用量和使用种类有明显差异，有的地区以 HCHs 类农药为主要杀虫剂，HCHs 历史使用量很大，而其他一些地区则以 DDTs 类农药为主要杀虫剂；由于农业生产活动中选择杀虫剂用药习惯不同，导致各地区农田土壤中 OCPs 残留特征存在明显的差异。

表 3.12　国内外不同地区农田土壤中 OCPs 的残留量

地区	采样时间	ΣHCHs/（ng/g）	ΣDDTs/（ng/g）	文献来源
闽西北地区（中国福建）	2008—2010 年	0.41～9.61（2.02）	6.51～469.50（51.17）	[194]
黄河流域（中国河南）	2014 年	1.23～8.29（6.23）	2.56～42.41（16.78）	[195]
西溪湿地（中国浙江）	2006 年	14.56～29.43（18.44）	12.82～47.36（20.80）	[52]
大辽河平原（中国辽宁）	2010 年	0.70～2.61（1.42）	1.60～21.55（6.67）	[196]
珠江三角洲（中国广东）	2006 年	ND～62（1.5）	ND～110（2.3）	[197]
鄱阳湖地区（中国江西）	2013 年	ND～25.65（10.64）	1.69～16.17（6.25）	[198]
长江三角洲（中国江苏/浙江/上海）	2014 年	0.37～30.3（2.46）	0.13～3515（56.2）	[199]
吉林中北部（中国吉林）	2012 年	1.17～27.83	1.45～81.75	[200]
巢湖地区（中国安徽）	2009 年	0.24～4.58（1.39）	0.36～32.24（7.87）	[201]
意大利南部	2016 年	ND～47.27（3.05）	ND～632.95（18.01）	[52]
Mazandaran 和 Guilan 地区（伊朗）	2008 年	10.3～38.2（21.3）	12.5～108.1（37.1）	[202]
圣保罗地区（巴西）	2005 年	0.05～0.92	0.12～11.01	[203]
Leipzig-Halle 地区（德国）	1995—1996 年	4.60～15.50（7.52）	23.7～173（72.0）	[204]
Dibrugarh 地区（印度）	2009—2010 年	180～1 586（861）	75～2 296（873）	[205]
Nagaon 地区（印度）	2009—2010 年	354～1 844（1 056）	166～2 288（1 005）	[205]
会仙岩溶湿地（中国桂林）	2015—2017 年	26.34～86.63（47.56）	5.74～30.26（15.55）	本研究

注：“ND”表示未检出；括号内数值为平均值。

3.4.2.2 稻田土壤中有机氯农药的组成特征

会仙岩溶湿地不同水期稻田土壤中残留 OCPs 的组分构成特征如图 3.18 所示。在各水期稻田土壤中检出 OCPs 的浓度大小均呈现为∑HCHs（α-HCH + β-HCH + γ-HCH + δ-HCH）>∑DDTs（p,p'-DDE + p,p'-DDD + p,p'-DDT）> ∑Endo（α-硫丹+β-硫丹）≥其余 OCPs（艾氏剂+异狄氏剂+ *cis*-氯丹+甲氧滴滴涕）> ∑Hepta（七氯+环氧七氯）。稻田土壤中∑HCHs、∑DDTs、∑Endo 和∑Hepta 分别占∑OCPs 的 31.82%～72.26%（平均值为 49.17%）、5.04%～33.12%（平均值为 16.42%）、1.01%～32.49%（平均值为 12.34%）和 4.87%～24.49%（平均值为 9.99%），可见 HCHs 占所检出 OCPs 的含量占比仍是最大的，但不像水体和沉积物中 HCHs 含量占比那么大。

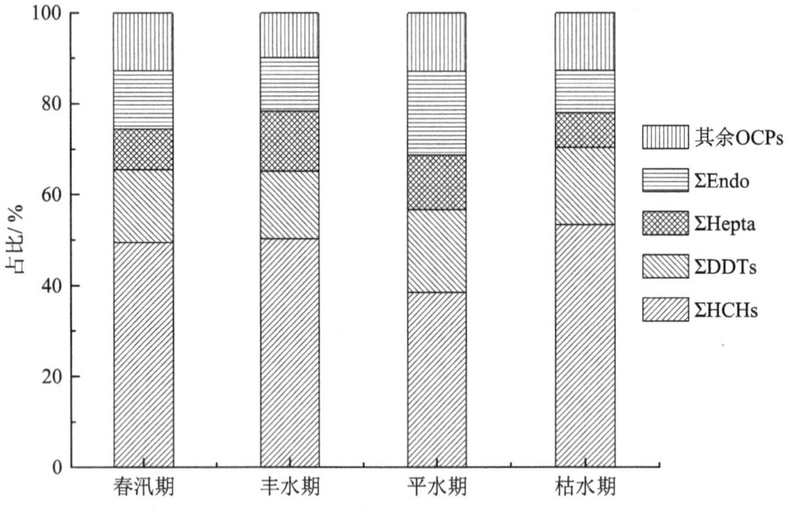

图 3.18 会仙岩溶湿地稻田土壤中 OCPs 的组成特征

由图 3.18 可以看出，各水期稻田土壤 HCHs 和其余 OCPs 的占比平均值水平基本齐平，平水期 HCHs 的占比明显下降，而硫丹类 OCPs 的含量占比则有明显增大，这可能是在丰水期雨水径流冲刷作用下稻田表层土壤中 HCHs 产生了明显空间迁移（包含水平和垂直两个方向），但这种迁移具有滞后性，所以并非丰水期时 HCHs 的含量占比最低。现就不同水期沉积物中 HCHs、DDTs 和七氯类 OCPs 3 类主要组分的组成特征进行详细分析，具体组成特征统计如图 3.19 所示。

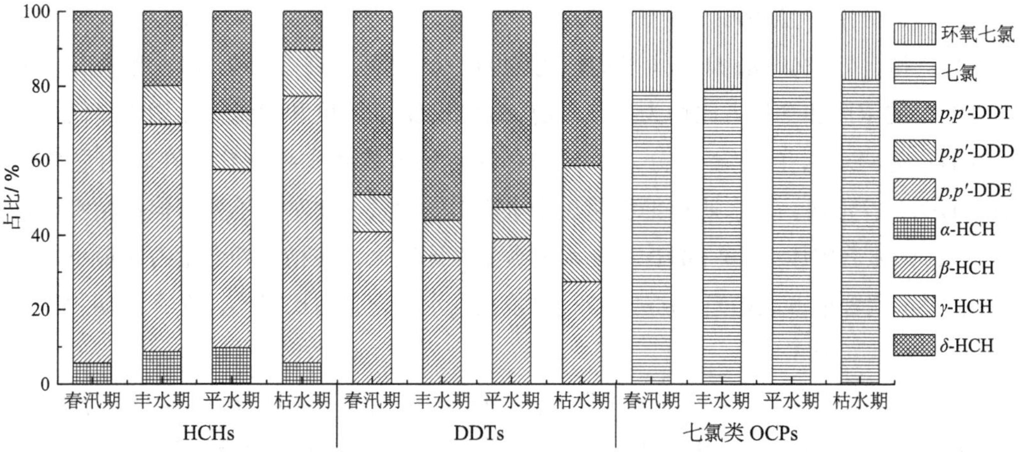

图 3.19　会仙岩溶湿地稻田土壤中 HCHs、DDTs 和七氯类 OCPs 的组成特征

（1）HCHs 的组成特征

由表 3.11 和图 3.19 可知，会仙岩溶湿地稻田土壤中 HCHs 的 4 种同分异构体的检出率均为 100%；土壤中 α-HCH、β-HCH、γ-HCH 和 δ-HCH 的浓度范围分别为 1.41～12.67 ng/g（平均值为 3.27 ng/g）、7.68～73.21 ng/g（平均值为 31.62 ng/g）、1.02～12.32 ng/g（平均值为 5.30 ng/g）和 0.66～30.21 ng/g（平均值为 7.37 ng/g），分别占 ΣHCHs 的 2.76%～26.10%（平均值为 7.00%）、29.17%～87.66%（平均值为 64.26%）、1.84%～27.98%（平均值为 12.02%）和 1.53%～40.25%（平均值为 16.72%）。可见，会仙岩溶湿地稻田土壤中 β-HCH 的浓度和含量占比都是最高的，β-HCH 是 HCHs 的主要组分，其次为 δ-HCH，α-HCH 的浓度和含量占比均为最低。各异构体的占比随水期变化有不同程度的波动，稻田土壤中 β-HCH 的浓度和含量占比按春汛期→丰水期→平水期依次明显降低，而 δ-HCH 和 α-HCH 是依次较明显增加；但到枯水期时 β-HCH 又明显增加，而 δ-HCH 和 α-HCH 则明显降低。这可能是由于区域水期水分运动和水量变化对稻田土壤中 HCHs 各异构体迁移与转化影响不同造成的。

会仙岩溶湿地稻田土壤中 α-HCH/γ-HCH 和 β-HCH/（α+γ）-HCH 的比值范围分别为 0.15～2.56（平均值为 0.79）和 0.81～15.13（平均值为 4.19）。样品中 α-HCH/γ-HCH 比值小于 1 的约占 71%，在 1～4 之间的约占 29%，因此该地区稻田土壤中 HCHs 主要源于林丹的使用；所有样品的 β-HCH/（α+γ）-HCH 比值均明显大于 0.5，可据此推断会仙岩溶湿地稻田土壤中 HCHs 均为早期历史残留，近期无新的 HCHs 输入。

（2）DDTs 的组成特征

会仙岩溶湿地稻田土壤 DDTs 的 3 种异构体中，p,p′-DDE、p,p′-DDD 和 p,p′-DDT 的检出率分别为 98.48%、93.94%和 100%（表 3.11），其浓度范围分别为 ND～14.23 ng/g（平均值为 5.64 ng/g）、ND～15.24 ng/g（平均值为 2.64 ng/g）和 1.23～25.28 ng/g（平均值为

7.26 ng/g)，分别占ΣDDTs 的 0～72.00%（平均值为 34.76%）、0～67.64%（平均值为 16.23%）和 14.43%～88.50%（平均值为 49.01%）。可见在会仙岩溶湿地稻田土壤中 *p,p′*-DDT 的浓度和含量占比均为最高，而 *p,p′*-DDD 的浓度和含量占比均为最低，因此 *p,p′*-DDT 是 DDTs 的主要组分。各异构体的含量占比随水期变化存在较明显变化，*p,p′*-DDD 在春汛期、丰水期和平水期 3 个水期中的含量占比基本不变，但在枯水期浓度和含量占比显著增加；*p,p′*-DDT 在丰水期含量占比最大，在枯水期含量占比最小，在春汛期和平水期含量占比相当；*p,p′*-DDE 也是在枯水期含量占比最小，在春汛期和平水期含量占比相当（图 3.19）。

会仙岩溶湿地稻田土壤中 *p,p′*-DDD/ *p,p′*-DDE 和（*p,p′*-DDE+ *p,p′*-DDD）/ *p,p′*-DDT 范围分别为 0～16.82 和 0.13～5.93，它们大于 1 的样品分别占 20%和 55%，小于 1 的样品分别占 80%和 45%，说明会仙岩溶湿地稻田土壤中 *p,p′*-DDT 以好氧降解为主，DDTs 既来源于历史残留，近期也有新的 DDTs 输入，这可能是由于该地区近期农业生产中使用了三氯杀螨醇等有机氯杀虫剂。

（3）七氯类 OCPs 的组成特征

会仙岩溶湿地稻田土壤中七氯和环氧七氯的浓度范围分别为 3.24～29.40 ng/g（平均值为 7.93 ng/g）和 ND～7.89 ng/g（平均值为 2.01 ng/g），它们的检出率分别为 100%和 98.48%（表 3.11）。从图 3.19 中可以看出，稻田土壤中七氯和环氧七氯分别占ΣHepta 的 39.20%～100%（平均值为 80.36%）和 0～60.80%（平均值为 19.64%）。可见在会仙岩溶湿地稻田土壤中七氯的浓度和含量占比均显著高于环氧七氯，4 个不同水期中两者的比例基本一致，无明显波动。

3.4.3 沉积物中有机氯农药的时空分布特征

3.4.3.1 沉积物中有机氯农药的时间变化特征

2015 年 10 月至 2017 年 12 月，不同水期会仙岩溶湿地湖泊沉积物中 OCPs 残留状况如表 3.13 所示。

春汛期、丰水期、平水期和枯水期的会仙岩溶湿地湖泊沉积物中ΣOCPs 浓度范围分别为 44.76～154.33 ng/g、49.13～184.98 ng/g、70.35～261.36 ng/g 和 50.02～345.10 ng/g，平均值分别为 74.70 ng/g、93.84 ng/g、127.76 ng/g 和 131.43 ng/g；不同水期 OCPs 浓度大小呈现为枯水期＞平水期＞丰水期＞春汛期。其中不同水期湖泊沉积物中 HCHs 的浓度大小呈现为枯水期（平均值 78.64 ng/g）≥平水期（平均值 78.60 ng/g）＞丰水期（平均值 54.95 ng/g）＞春汛期（平均值 42.33 ng/g），DDTs 的浓度变化规律为枯水期（平均值 15.86 ng/g）＞平水期（平均值 14.59 ng/g）＞丰水期（平均值 13.10 ng/g）≥春汛期（平均值 11.86 ng/g），七氯类 OCPs 的浓度变化规律为平水期（平均值 16.91 ng/g）＞丰

表 3.13　会仙岩溶湿地不同水期沉积物中 OCPs 的残留状况

化合物	春汛期					丰水期					平水期					枯水期				
	浓度范围/(ng/g)	平均值/(ng/g)	SD	CV/%	检出率/%	浓度范围/(ng/g)	平均值/(ng/g)	SD	CV/%	检出率/%	浓度范围/(ng/g)	平均值/(ng/g)	SD	CV/%	检出率/%	浓度范围/(ng/g)	平均值/(ng/g)	SD	CV/%	检出率/%
α-HCH	1.32～25.08	4.91	5.52	112.49	100	1.15～23.96	4.77	4.46	93.45	100	1.44～34.23	6.09	8.41	138.23	100	1.87～25.43	7.00	4.42	63.05	100
β-HCH	8.58～46.78	23.73	9.92	41.81	100	12.57～62.42	33.45	13.84	41.37	100	17.91～88.35	49.44	22.06	44.62	100	7.72～166.61	48.85	35.79	73.26	100
γ-HCH	2.19～14.96	5.49	2.42	44.10	100	1.86～23.26	6.96	4.67	67.08	100	2.58～33.18	10.83	7.37	68.10	100	4.46～22.32	7.54	3.97	52.63	100
δ-HCH	3.02～19.47	8.20	3.38	41.19	100	0.67～26.01	9.77	5.02	51.43	100	2.59～22.45	12.24	5.99	48.90	100	4.35～181.12	15.25	25.47	167.00	100
七氯	2.69～41.06	7.08	6.22	87.78	100	0.61～43.87	9.52	9.27	97.42	100	2.34～53.06	12.52	12.02	95.98	100	2.17～52.65	8.13	9.56	117.60	100
环氧七氯	ND～6.06	1.91	1.55	81.40	87.50	0.44～9.51	3.10	2.23	71.84	100	ND～13.63	4.39	3.90	88.91	91.67	ND～18.21	4.35	3.00	68.98	97.92
艾氏剂	ND～3.98	1.52	0.74	48.71	97.92	ND～3.57	1.38	0.71	51.72	91.67	ND～3.75	1.75	1.04	59.26	83.33	0.66～11.87	3.38	2.29	67.63	100
异狄氏剂	ND～3.63	0.67	0.62	92.23	85.42	ND～2.17	0.55	0.56	102.02	66.67	ND～2.20	0.68	0.60	88.80	91.67	ND～14.77	4.00	4.07	101.75	91.67
cis-氯丹	ND～26.76	2.24	4.39	196.10	87.50	ND～25.05	2.87	4.96	172.64	87.50	ND～23.33	3.57	5.94	166.35	83.33	ND～30.04	2.70	5.23	193.68	60.42
α-硫丹	0.84～3.05	1.74	0.50	29.01	100	ND～3.91	1.89	1.00	53.09	89.58	1.24～5.06	2.91	1.11	38.02	100	ND～4.56	1.95	1.48	76.25	68.75

化合物	春汛期					丰水期					平水期					枯水期				
	浓度范围/（ng/g）	平均值/（ng/g）	SD	CV/%	检出率/%	浓度范围/（ng/g）	平均值/（ng/g）	SD	CV/%	检出率/%	浓度范围/（ng/g）	平均值/（ng/g）	SD	CV/%	检出率/%	浓度范围/（ng/g）	平均值/（ng/g）	SD	CV/%	检出率/%
β-硫丹	0.37～9.61	3.23	2.73	84.59	100	ND～9.29	3.56	2.31	65.02	95.83	0.34～9.10	4.35	2.76	63.54	100	ND～11.38	4.24	3.72	87.68	72.92
p,p'-DDE	0.85～14.90	5.21	2.63	50.53	100	0.51～10.08	5.17	2.22	42.89	100	1.21～8.83	5.61	1.99	35.41	100	ND～12.22	5.68	3.45	60.71	87.50
p,p'-DDD	ND～2.95	0.87	0.64	73.98	93.75	ND～3.98	1.03	1.01	97.47	83.33	ND～5.14	1.26	1.22	97.14	87.50	ND～7.60	1.34	1.62	121.04	70.83
p,p'-DDT	1.92～9.60	5.78	1.71	29.52	100	0.85～16.22	6.89	2.92	42.37	100	1.15～13.12	7.73	3.02	39.05	100	3.24～64.44	8.84	9.57	108.33	100
甲氧滴滴涕	ND～11.19	2.12	2.15	101.23	77.08	ND～10.09	2.92	2.27	77.80	85.42	ND～10.48	4.40	2.80	63.68	91.67	ND～50.55	8.18	9.09	111.17	95.83
ΣHCHs	20.94～74.30	42.33	13.29	31.40	100	25.92～100.68	54.95	18.24	33.19	100	32.22～143.84	78.60	31.11	39.58	100	27.71～243.01	78.64	44.98	57.20	100
ΣDDTs	7.91～22.68	11.86	3.03	25.57	100	4.97～24.70	13.10	4.15	31.70	100	7.08～21.46	14.59	4.19	28.69	100	3.40～73.40	15.86	10.86	68.51	100
ΣHepta	4.45～43.03	8.99	6.43	71.47	100	3.92～46.87	12.62	9.44	74.82	100	5.64～57.50	16.91	12.42	73.46	100	4.81～56.17	12.49	9.75	78.05	100
ΣEndo	1.37～11.86	4.97	2.77	55.82	100	ND～11.67	5.45	2.35	43.07	97.92	2.79～12.34	7.26	2.73	37.65	100	ND～14.24	6.19	4.09	66.06	81.25
ΣOCPs	44.76～154.33	74.70	21.69	29.03	100	49.13～184.98	93.84	31.44	33.51	100	70.35～261.36	127.76	47.98	37.56	100	50.02～345.10	131.43	53.71	40.86	100

水期（平均值 12.62 ng/g）≥枯水期（平均值 12.49 ng/g）＞春汛期（平均值 8.99 ng/g），硫丹类 OCPs 各水期的浓度有一定波动但波动幅度不大。春汛期、丰水期、平水期和枯水期的湿地湖泊沉积物中 HCHs 占ΣOCPs 比例的平均值分别为 56.46%、58.55%、60.85%和 57.79%，DDTs 对应的含量占比平均值分别为 16.61%、14.43%、12.01%和 13.35%，七氯类 OCPs 对应的含量占比平均值分别为 11.79%、12.81%、12.70%和 9.91%。因此各水期湿地湖泊沉积物中 HCHs 含量占比均为最大，HCHs 是对应水期 OCPs 的主要组分，其次为 DDTs，七氯类 OCPs 最低。各类 OCPs 浓度和含量占比随水期有不同程度的变化，呈现为水分运动与水量大的丰水期和春汛期时浓度和含量占比低于水分运动与水量较小的枯水期和平水期，这可能是由于地表径流流速增大对湖泊沉积物产生了较大的扰动，增强了沉积物中的 OCPs 向水相释放。

在湖泊沉积物 HCHs 组成中，β-HCH 在各水期中浓度（7.72～166.61 ng/g）和含量占比（13.55%～91.36%）均占绝对优势，是各水期沉积物中 HCHs 的主要组分；其次为 δ-HCH（浓度为 0.67～181.12 ng/g，含量占比为 0.94%～74.53%）。各水期湖泊沉积物中 α-HCH、β-HCH、γ-HCH、δ-HCH 的检出率均为 100%。

在沉积物 DDTs 组成中，p,p'-DDT 是各水期 DDTs 的主要组分，其在 4 个水期的检出率均为 100%；而 p,p'-DDD 在 4 个水期的浓度和含量占比均为最低，p,p'-DDE 在 4 个水期中的浓度和含量占比波动不是很大。

3.4.3.2　沉积物中有机氯农药的空间分布特征

（1）会仙岩溶湿地不同层次沉积物中 OCPs 的分布特征

会仙岩溶湿地表层和次表层沉积物中 OCPs 的残留状况如表 3.14 所示。表层（0～5 cm）和次表层（15～20 cm）的会仙岩溶湿地湖泊沉积物中ΣOCPs 浓度范围分别为 44.76～261.36 ng/g 和 51.47～345.10 ng/g，平均值分别为 102.69 ng/g 和 105.22 ng/g。表层和次表层沉积物中各类 OCPs 的浓度大小均表现为ΣHCHs＞ΣDDTs＞ΣHepta＞其余 OCPs＞ΣEndo，表层和次表层沉积物中 HCHs 的浓度分别为 20.94～143.84 ng/g（平均值为 59.04 ng/g）和 21.47～243.01 ng/g（平均值为 63.94 ng/g），在对应层次沉积物中占绝对优势，HCHs 是对应层次沉积物中 OCPs 的主要组分。表层沉积物中ΣOCPs、ΣHCHs、β-HCH、δ-HCH、艾氏剂、异狄氏剂和甲氧滴滴涕的浓度及含量占比均低于次表层中的相应值，而表层沉积物中ΣDDTs 及各组分、ΣHepta 及各组分、ΣEndo 及各组分、α-HCH、γ-HCH 和 *cis*-氯丹的浓度及含量占比均高于次表层中的相应值。这表明会仙岩溶湿地表层沉积物中 β-HCH、δ-HCH、艾氏剂、异狄氏剂和甲氧滴滴涕较其他所检出的 OCPs 更易向湖泊地表水释放，导致其浓度和含量占比均低于次表层。可见会仙岩溶湿地不同层次沉积物中 OCPs 的分布存在明显差异。

表 3.14　会仙岩溶湿地不同层次沉积物中 OCPs 的残留状况

化合物	表层（0～5 cm）					次表层（15～20 cm）				
	浓度范围/（ng/g）	平均值/（ng/g）	SD	CV/%	检出率/%	浓度范围/（ng/g）	平均值/（ng/g）	SD	CV/%	检出率/%
α-HCH	1.44～34.23	5.91	5.83	98.66	100	1.15～30.12	5.36	5.19	96.73	100
β-HCH	7.72～95.11	35.40	21.33	60.24	100	9.22～166.61	39.31	28.22	71.79	100
γ-HCH	2.28～33.18	7.91	5.71	72.21	100	1.86～21.45	6.61	3.43	51.95	100
δ-HCH	0.67～29.09	9.82	4.85	49.40	100	1.83～181.12	12.66	19.66	155.34	100
七氯	0.61～53.06	9.19	9.00	97.98	100	2.20～52.65	8.52	9.35	109.69	100
环氧七氯	ND～13.63	3.84	2.92	76.09	92.86	ND～18.21	2.77	2.56	92.34	96.43
艾氏剂	ND～9.38	1.94	1.38	71.21	92.86	ND～11.87	2.15	1.85	85.65	96.43
异狄氏剂	ND～12.42	1.51	2.53	167.70	82.14	ND～14.77	1.67	2.86	171.64	83.33
cis-氯丹	ND～30.04	3.00	5.78	192.42	78.57	ND～20.53	2.48	4.11	165.83	79.76
α-硫丹	ND～5.06	2.13	1.13	52.82	89.29	ND～5.01	1.89	1.14	60.22	86.90
β-硫丹	ND～11.38	3.82	3.10	81.13	91.67	ND～10.23	3.73	2.83	76.03	90.48
p,p′-DDE	ND～12.09	5.41	2.47	45.59	97.62	ND～14.90	5.37	2.93	54.49	95.24
p,p′-DDD	ND～7.60	1.22	1.39	113.56	83.33	ND～4.52	0.99	0.91	92.05	83.33
p,p′-DDT	0.85～64.44	7.87	7.33	93.07	100	1.26～22.50	6.63	3.05	46.03	100
甲氧滴滴涕	ND～24.12	3.73	4.69	125.63	80.95	ND～50.55	5.08	6.64	130.83	92.86
ΣHCHs	20.94～143.84	59.04	26.61	45.07	100	21.47～243.01	63.94	38.39	60.04	100
ΣDDTs	3.40～73.40	14.50	8.37	57.74	100	4.38～25.58	12.99	4.52	34.83	100
ΣHepta	3.92～57.50	13.02	9.35	71.76	100	3.92～56.17	11.29	9.70	85.89	100
ΣEndo	ND～14.24	5.95	3.21	53.91	95.24	ND～12.64	5.62	3.14	55.87	92.86
ΣOCPs	44.76～261.36	102.69	40.14	39.08	100	51.47～345.10	105.22	51.36	48.81	100

（2）会仙岩溶湿地不同采样点沉积物中 OCPs 的分布特征

依据会仙岩溶湿地各采样点沉积物样品中 OCPs 的残留状况，采用 ArcGIS 软件和 Origin 软件绘制了会仙岩溶湿地沉积物中 OCPs 的空间分布图。

会仙岩溶湿地湖泊沉积物中各类 OCPs 浓度最小值、平均值和最大值空间分布特征如图 3.20 所示。在湿地沉积物 12 个采样点中，从平均值来看，各采样点ΣOCPs 浓度大小呈现为 S1＞S11＞S10≥S8≥S4＞S2≥S3＞S7≥S9＞S6＞S12＞S5，ΣHCHs 浓度大小呈现为 S1＞S11＞S10≥S4＞S8≥S2＞S3≥S7＞S9＞S6＞S5＞S12，ΣDDTs 浓度大小呈现为 S1＞S8＞S3＞S5≥S2＞S9≥S10≥S4≥S7≥S6＞S11＞S12，ΣHepta 浓度大小呈现为 S1＞S2＞S8＞S10≥S12≥S9≥S6≥S4≥S11≥S7≥S5＞S3；沉积物中ΣOCPs 和

∑HCHs 浓度的采样点空间分布格局基本一致，浓度高值点出现在周边有大面积农田的采样点 S1 和水流较平缓的采样点 S11，浓度低值点出现在周边无农田的采样点 S5 和水流较急的采样点 S12；∑DDTs 和∑Hepta 浓度最高值均出现在采样点 S1，低值点则分别出现在采样点 S12 和 S3。综观各采样点间各类 OCPs 浓度的最小值和最大值还是存在较大差异，空间分布并不均匀，可能受采样点的地理位置、周边农业生产活动以及水体流速等因素的影响，除最大值和最小值采样点外，其余采样点间各类 OCPs 浓度平均值差异并不是很大，说明会仙岩溶湿地湖泊沉积物中 OCPs 空间分布总体均匀，可能是因为会仙岩溶湿地湖面纵宽不大，周边耕种的农田分布较均匀和点位间水流速度差异较小，有利于污染物在湿地内均匀扩散和沉积。

化合物		各采样点浓度/(ng/g)											
		S1	S2	S3	S4	S5	S6	S7	S8	S9	S10	S11	S12
ΣHCHs	最小值	28.11	30.93	34.61	36.31	22.84	27.50	33.14	27.71	25.92	30.48	42.90	20.94
	最大值	176.79	86.91	92.61	214.02	95.51	163.49	98.85	92.70	82.48	115.57	243.01	109.69
ΣDDTs	最小值	4.38	7.50	6.78	4.48	6.75	7.08	7.84	6.08	5.36	4.97	5.52	3.40
	最大值	73.40	36.06	23.62	16.50	24.70	33.41	16.85	25.58	20.72	20.05	22.50	15.99
Σhepta	最小值	5.20	6.55	3.92	5.24	5.03	6.07	4.50	6.10	6.02	5.76	3.93	5.19
	最大值	57.50	20.19	12.92	19.78	11.86	16.16	22.50	21.06	13.01	17.82	21.66	15.42
硫丹类	最小值	0.00	2.31	4.36	0.00	0.00	0.00	0.00	0.00	2.10	2.56	0.00	0.00
	最大值	7.67	8.55	11.77	12.64	10.23	9.66	11.64	14.24	10.80	10.02	10.29	11.95
ΣOCPs	最小值	100.05	52.22	66.94	57.62	44.76	53.24	60.66	50.02	49.13	53.67	66.24	47.59
	最大值	261.36	135.80	134.68	257.44	146.95	218.88	133.22	154.46	135.35	159.51	345.10	143.00

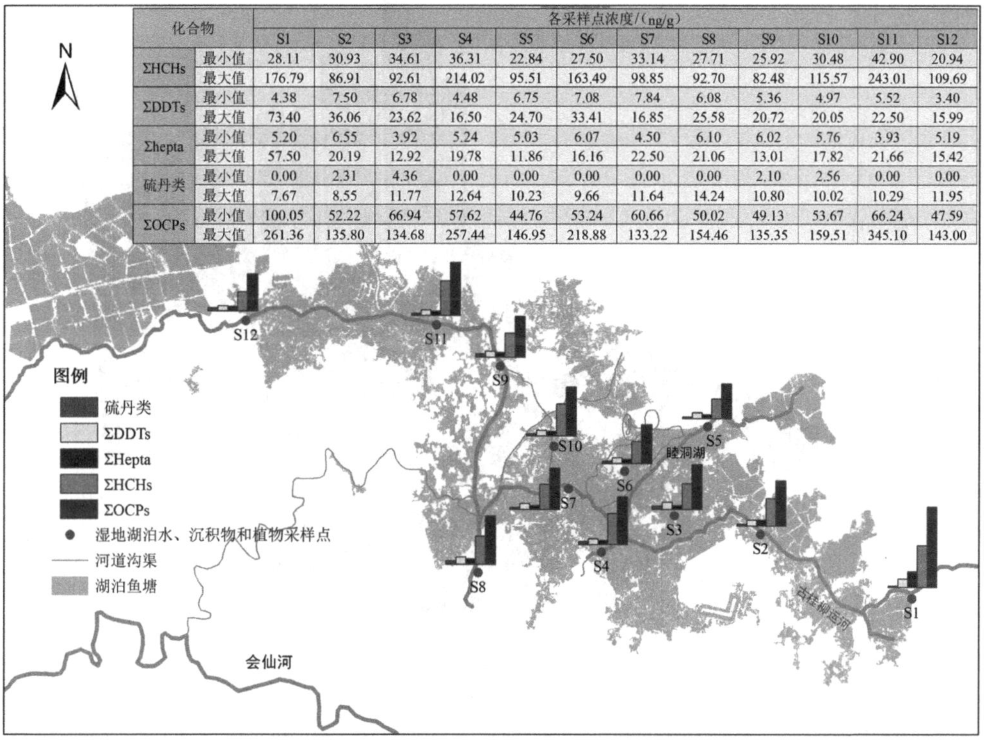

图 3.20　会仙岩溶湿地沉积物中各类 OCPs 空间分布特征

会仙岩溶湿地湖泊沉积物中 15 种单一 OCPs 浓度平均值在 12 个采样点中的分布特征如图 3.21 所示。从图中可看出，各种 OCPs 在相同采样点中的分布极不均匀，其中 *β*-HCH 的浓度最高，其次为 *δ*-HCH，再次为七氯，浓度最低的三位分别是 *γ*-HCH 和 *p,p′*-DDT，*p,p′*-DDD。此外，*β*-HCH、*α*-HCH、*γ*-HCH、*δ*-HCH、七氯和 *p,p′*-DDT 等 6 种 OCPs 在 12 个采样点中的检出率均为 100%。总体来看，15 种单一 OCPs 在 12 个采样点中的分布也不均匀，*β*-HCH、*α*-HCH、*γ*-HCH、*δ*-HCH、七氯、环氧七氯、艾氏剂、异狄氏剂、

cis-氯丹、*α*-硫丹、*β*-硫丹、*p,p'*-DDE、*p,p'*-DDD、*p,p'*-DDT 和甲氧滴滴涕的变异系数（CV）分别为 22.84%、76.08%、36.37%、42.52%、82.72%、39.20%、24.68%、37.26%、157.97%、24.02%、48.05%、25.23%、61.89%、21.44%和 48.05%；其中 *cis*-氯丹、七氯、*cis*-氯丹、*p,p'*-DDD、*β*-硫丹或甲氧滴滴涕的变异系数最大，说明与其他 OCPs 相比，它们在湿地湖泊沉积物中的分布更不均匀，而 *β*-HCH 或 *p,p'*-DDT 的变异系数最小，其在各采样点的分布相对均匀。

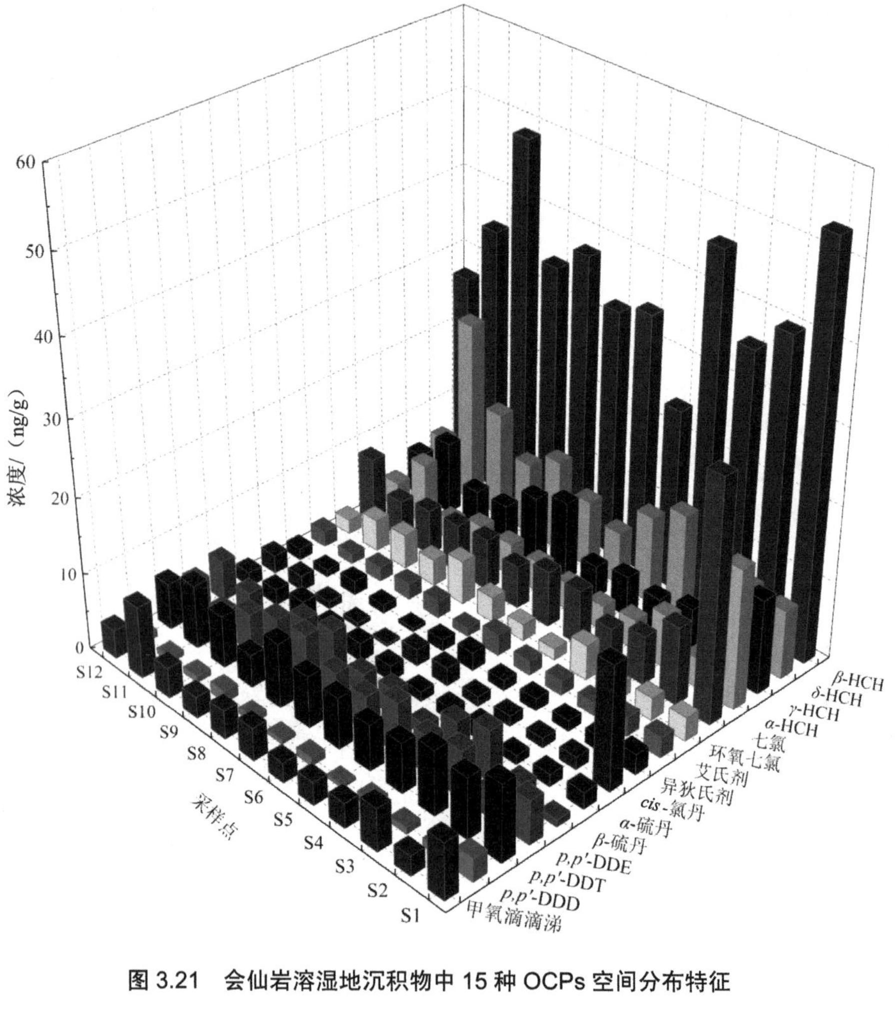

图 3.21　会仙岩溶湿地沉积物中 15 种 OCPs 空间分布特征

从浓度来看，湿地湖泊沉积物中 *β*-HCH、*α*-HCH、*γ*-HCH、七氯、*cis*-氯丹、*p,p'*-DDD 和 *p,p'*-DDT 的浓度最高值均出现在采样点 S1，它们对应的浓度最低值分别出现在采样点 S5、S10、S6、S4、S8、S5 和 S9；*δ*-HCH 和甲氧滴滴涕的浓度最高值均出现在采样点 S11，它们的最低值则分别出现在采样点 S12 和 S2；*p,p'*-DDE 的浓度最高值出现在采样点 S8，最低值则出现在采样点 S11。可见，会仙岩溶湿地湖泊沉积物中半数以上有机氯农药的浓度最高值集中出现在靠近岸边且周边有大面积农田的采样点 S1，而各种有机氯农药的浓度最低值则很分散。

3.4.4　稻田土壤中有机氯农药的时空分布特征

3.4.4.1　稻田土壤中有机氯农药的时间变化特征

不同水期会仙岩溶湿地稻田土壤中 OCPs 残留状况如表 3.15 所示。从表中可以看出，春汛期、丰水期、平水期和枯水期的会仙岩溶湿地稻田土壤中 ΣOCPs 浓度范围分别为 72.37～152.25 ng/g、56.76～126.16 ng/g、75.35～142.24 ng/g 和 73.76～169.76 ng/g，平均值分别为 105.10 ng/g、94.56 ng/g、94.90 ng/g 和 91.53 ng/g；不同水期 ΣOCPs 浓度大小呈现为春汛期＞平水期＞丰水期＞枯水期，但各水期之间的差异并不大，一方面说明雨水径流、农田灌排水等水流冲刷和水量变化并不能引起稻田土壤中 OCPs 的大量溶出和迁移，另一方面说明农业生产定时翻耕有利于耕作层土壤中 OCPs 混合均匀。

不同水期稻田土壤中 HCHs 的浓度变化呈现为春汛期（平均值 51.77 ng/g）＞枯水期（平均值 48.87 ng/g）＞丰水期（平均值 47.71 ng/g）＞平水期（平均值 36.30 ng/g），DDTs 呈现为平水期（平均值 17.13 ng/g）＞春汛期（平均值 16.58 ng/g）＞枯水期（平均值 15.11 ng/g）＞丰水期（平均值 13.81 ng/g），七氯类 OCPs 呈现为丰水期（平均值 12.37 ng/g）＞平水期（平均值 11.89 ng/g）＞春汛期（平均值 10.08 ng/g）＞枯水期（平均值 6.86 ng/g），硫丹类 OCPs 呈现为平水期（平均值 17.84 ng/g）＞春汛期（平均值 13.57 ng/g）＞丰水期（平均值 11.44 ng/g）＞枯水期（平均值 8.28 ng/g）。春汛期、丰水期、平水期和枯水期的湿地稻田土壤中 HCHs 占 ΣOCPs 比例的平均值分别为 49.46%、50.28%、38.49%和 53.33%，DDTs 对应的含量占比平均值分别为 16.07%、14.88%、18.21%和 17.10%，硫丹类 OCPs 对应的含量占比平均值分别为 12.82%、11.81%、18.36%和 9.29%，七氯类 OCPs 对应的含量占比平均值分别为 8.90%、13.14%、12.03%和 7.55%。因此，各水期湿地稻田土壤中 HCHs 含量占比均为最大，HCHs 是各水期 OCPs 的主要组分，其次为 DDTs，硫丹类 OCPs 最低。各类 OCPs 浓度和含量占比随水期有不同程度的变化，但总体的波动幅度不是很大。

在稻田土壤 HCHs 组成中，β-HCH 在各水期中浓度（7.68～73.21 ng/g）和含量占比（29.17%～87.66%）均占绝对优势，是各水期稻田土壤中 HCHs 的主要组分；其次为 δ-HCH（浓度为 0.66～30.21 ng/g，占比为 1.53%～40.25%）。各水期稻田土壤中 α-HCH、β-HCH、γ-HCH、δ-HCH 的检出率均为 100%。

在稻田土壤 DDTs 组成中，p,p'-DDT 是各水期 DDTs 的主要组分，其在 4 个水期的检出率均为 100%；p,p'-DDE 在春汛期、丰水期和平水期等 3 个水期的浓度和含量占比均明显高于 p,p'-DDD，但在枯水期却低于 p,p'-DDD，这可能是由于稻田土壤中 p,p'-DDT 在枯水期（稻田处于休耕期）以厌氧降解为主导致土壤中 p,p'-DDD 明显增高，而其他 3 个水期（稻田处于繁忙的耕种期）则以好氧降解为主，故土壤中 p,p'-DDE 浓度较高。

表 3.15　会仙岩溶湿地不同水期稻田土壤中 OCPs 的残留状况

化合物	春汛期					丰水期					平水期					枯水期				
	浓度范围/(ng/g)	平均值/(ng/g)	SD	CV/%	检出率/%	浓度范围/(ng/g)	平均值/(ng/g)	SD	CV/%	检出率/%	浓度范围/(ng/g)	平均值/(ng/g)	SD	CV/%	检出率/%	浓度范围/(ng/g)	平均值/(ng/g)	SD	CV/%	检出率/%
α-HCH	1.61～5.37	2.87	1.07	37.16	100	1.56～12.67	4.06	2.78	68.53	100	1.43～11.62	3.81	3.16	82.98	100	1.41～6.08	2.77	1.51	54.74	100
β-HCH	18.77～54.90	35.51	10.67	30.04	100	9.67～70.12	30.03	15.01	49.98	100	7.68～28.61	17.72	6.42	36.23	100	18.22～73.21	35.96	14.23	39.58	100
γ-HCH	1.02～8.16	5.58	2.26	40.44	100	1.94～8.66	4.48	2.06	45.87	100	3.72～8.19	5.38	1.53	28.52	100	1.66～12.32	5.64	2.72	48.21	100
δ-HCH	4.74～10.83	7.81	1.73	22.12	100	1.91～30.21	9.14	6.64	72.61	100	6.31～10.79	9.38	1.40	14.88	100	0.66～7.72	4.51	2.23	49.37	100
七氯	3.76～29.40	7.85	6.81	86.73	100	4.32～15.89	9.80	3.19	32.56	100	6.14～27.60	9.87	6.43	65.15	100	3.24～9.62	5.53	1.52	27.44	100
环氧七氯	0.60～7.89	2.23	2.14	96.19	100	1.08～5.95	2.57	1.48	57.40	100	ND～5.27	2.02	1.50	74.29	90.00	0.52～5.17	1.33	1.31	98.81	100
艾氏剂	1.09～3.36	1.65	0.60	36.53	100	1.01～4.41	1.88	1.04	55.52	100	1.10～4.85	1.94	1.31	67.18	100	0.95～33.12	4.74	7.00	147.75	100
异狄氏剂	0.44～7.52	2.15	1.96	91.48	100	ND～18.83	3.16	5.01	158.32	87.50	0.39～8.28	1.49	2.42	162.92	100	ND～6.34	0.88	1.41	160.09	90.00
cis-氯丹	0.86～2.30	1.49	0.43	29.05	100	ND～2.32	0.97	0.76	77.81	75.00	0.85～3.97	1.67	1.30	77.76	100	ND～3.42	1.09	0.74	67.97	85.00
α-硫丹	1.47～11.31	2.79	2.74	98.19	100	ND～5.99	2.31	2.29	98.79	68.75	1.21～5.50	3.80	1.49	39.18	100	ND～8.52	1.71	1.80	105.17	95.00

化合物	春汛期					丰水期					平水期					枯水期				
	浓度范围/（ng/g）	平均值/（ng/g）	SD	CV/%	检出率/%	浓度范围/（ng/g）	平均值/（ng/g）	SD	CV/%	检出率/%	浓度范围/（ng/g）	平均值/（ng/g）	SD	CV/%	检出率/%	浓度范围/（ng/g）	平均值/（ng/g）	SD	CV/%	检出率/%
β-硫丹	1.68～23.89	10.78	8.85	82.05	100	1.27～22.96	9.13	6.90	75.58	100	1.56～28.01	14.05	9.63	68.58	100	ND～21.83	6.57	7.84	119.19	95.00
p,p'-DDE	2.27～12.69	7.14	3.25	45.55	100	0.36～14.23	5.39	4.38	81.22	100	2.15～9.84	6.52	2.55	39.21	100	ND～7.06	3.92	1.95	49.75	95.00
p,p'-DDD	0.51～4.82	1.74	1.24	71.28	100	ND～4.98	1.49	1.20	80.84	81.25	ND～3.42	1.34	0.90	67.23	90.00	0.61～15.24	5.12	3.91	76.34	100
p,p'-DDT	5.24～9.73	7.71	1.05	13.61	100	2.34～10.34	6.93	2.19	31.68	100	6.61～25.28	9.27	5.81	62.72	100	1.23～10.76	6.07	2.41	39.67	100
甲氧滴滴涕	2.63～20.57	7.81	5.13	65.64	100	ND～7.85	3.21	2.69	83.93	68.75	ND～10.77	6.65	3.16	47.59	90.00	ND～16.44	5.70	5.27	92.43	95.00
ΣHCHs	33.66～73.36	51.77	12.25	23.67	100	29.64～86.63	47.71	16.17	33.89	100	26.34～51.24	36.30	8.69	23.94	100	29.98～86.30	48.87	13.92	28.49	100
ΣDDTs	9.55～24.36	16.58	4.45	26.83	100	5.74～23.21	13.81	5.65	40.91	100	9.91～30.26	17.13	5.71	33.35	100	8.25～28.51	15.11	5.12	33.88	100
ΣHepta	4.94～37.29	10.08	8.60	85.30	100	5.63～21.84	12.37	3.97	32.12	100	6.38～32.87	11.89	7.60	63.98	100	4.19～11.32	6.86	1.81	26.39	100
ΣEndo	3.41～31.21	13.57	9.86	72.67	100	2.43～27.52	11.44	8.29	72.41	100	5.64～33.51	17.84	9.96	55.80	100	1.00～23.51	8.28	8.50	102.60	100
ΣOCPs	72.37～152.25	105.10	20.51	19.51	100	56.76～126.16	94.56	19.16	20.26	100	75.35～142.24	94.90	20.29	21.38	100	73.76～169.76	91.53	20.66	22.57	100

3.4.4.2 稻田土壤中有机氯农药的空间分布特征

依据会仙岩溶湿地稻田土壤各采样点样品中 OCPs 的残留状况，采用 ArcGIS 软件和 Origin 软件绘制了会仙岩溶湿地稻田土壤中 OCPs 的空间分布图。

会仙岩溶湿地稻田土壤中各类 OCPs 浓度最小值、平均值和最大值空间分布特征如图 3.22 所示。在湿地稻田土壤 10 个采样点中，从平均值来看，各采样点∑OCPs 浓度大小呈现为 D4＞D2＞D5≥D3＞D7＞D9＞D6＞D1≥D8≥D10，∑HCHs 浓度大小呈现为 D4＞D3＞D7≥D5≥D2＞D6＞D9≥D10＞D8＞D1，∑DDTs 浓度大小呈现为 D10≥D1＞D7≥D2≥D3＞D6≥D9≥D5≥D4＞D8，∑Hepta 浓度大小呈现为 D2＞D3≥D4≥D7≥D5≥D1≥D9≥D6≥D8≥D10，硫丹类 OCPs 浓度大小呈现为 D4＞D5＞D8＞D2≥D1≥D9＞D3＞D10＞D6≥D7，可见，除了硫丹类 OCPs 采样点间差异较大，其余各类 OCPs 的采样点空间分布差异均不是很大。综观各采样点间各类 OCPs 浓度的最小值和最大值可以发现，采样点间最大值差异比较明显，但最小值差异情况与平均值基本一致，因此会仙岩溶湿地稻田土壤中 OCPs 的空间分布相对均匀，反映出该地区农业生产中有机氯农药的历史使用情况基本一致。

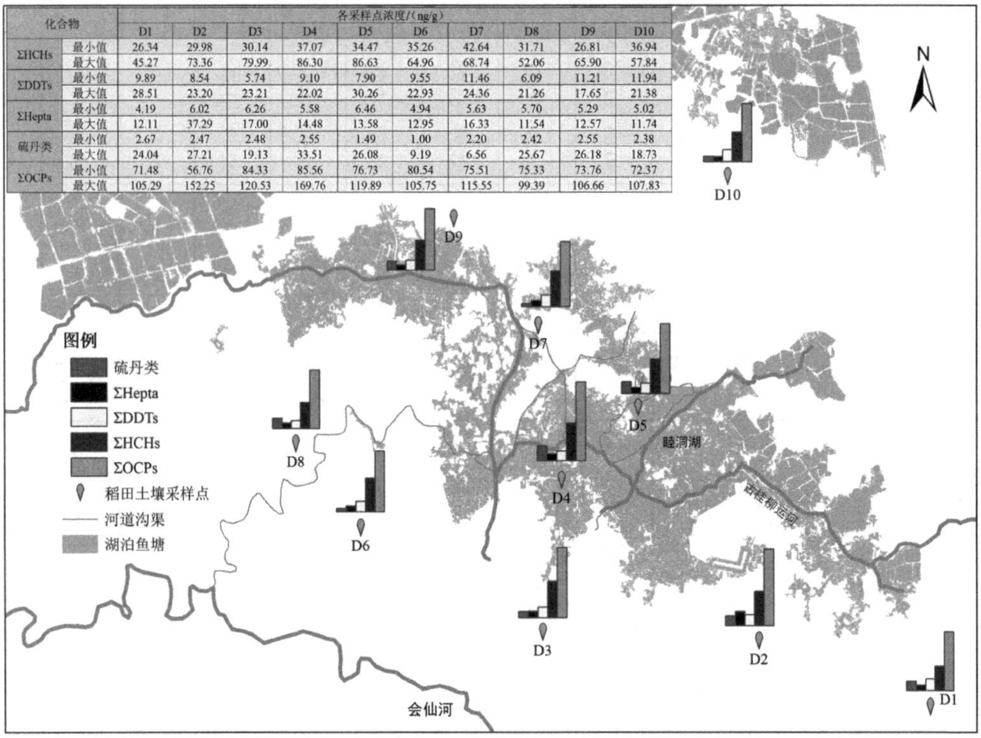

化合物		各采样点浓度/（ng/g）									
		D1	D2	D3	D4	D5	D6	D7	D8	D9	D10
ΣHCHs	最小值	26.34	29.98	30.14	37.07	34.47	35.26	42.64	31.71	26.81	36.94
	最大值	45.27	73.36	79.99	86.30	86.63	64.96	68.74	52.06	65.90	57.84
ΣDDTs	最小值	9.89	8.54	5.74	9.10	7.90	9.55	11.46	6.09	11.21	11.94
	最大值	28.51	23.20	23.21	22.02	30.26	22.93	24.36	21.26	17.65	21.38
ΣHepta	最小值	4.19	6.02	6.26	5.58	6.46	4.94	5.63	5.70	5.29	5.02
	最大值	12.11	37.29	17.00	14.48	13.58	12.95	16.33	11.54	12.57	11.74
硫丹类	最小值	2.67	2.47	2.48	2.55	1.49	1.00	2.20	2.42	2.55	2.38
	最大值	24.04	27.21	19.13	33.51	26.08	9.19	6.56	25.67	26.18	18.73
ΣOCPs	最小值	71.48	56.76	84.33	85.56	76.73	80.54	75.51	75.33	73.76	72.37
	最大值	105.29	152.25	120.53	169.76	119.89	105.75	115.55	99.39	106.66	107.83

图 3.22 会仙岩溶湿地稻田土壤中各类 OCPs 空间分布特征

会仙岩溶湿地稻田土壤中 15 种单一 OCPs 浓度平均值在 10 个采样点中的分布特征如图 3.23 所示。从图中可以看出，各种 OCPs 在相同采样点中的分布极不均匀，其中 *β*-HCH 的浓度最高，其次为 *β*-硫丹，再次为七氯，浓度最低的三位分别是 *δ*-HCH 和 *p,p'*-DDT，*cis*-氯丹。此外，*β*-HCH、*α*-HCH、*γ*-HCH、*δ*-HCH、七氯、艾氏剂和 *p,p'*-DDT 等 7 种 OCPs 在 10 个采样点的检出率均为 100%，其余 OCPs 的检出率均高于 89%。总体来看，15 种单一 OCPs 在 10 个采样点中分布不均匀，*β*-HCH、*α*-HCH、*γ*-HCH、*δ*-HCH、七氯、环氧七氯、艾氏剂、异狄氏剂、*cis*-氯丹、*α*-硫丹、*β*-硫丹、*p,p'*-DDE、*p,p'*-DDD、*p,p'*-DDT 和甲氧滴滴涕的变异系数（CV）分别为 18.22%、39.42%、16.75%、20.43%、39.93%、49.27%、53.91%、85.91%、37.93%、51.19%、50.54%、26.65%、18.20%、11.13% 和 17.85%。其中异狄氏剂、艾氏剂、*α*-硫丹、*β*-硫丹或环氧七氯的变异系数最大，说明与其他 OCPs 相比，它们在湿地稻田土壤中的分布更不均匀，而 *p,p'*-DDT 或 *γ*-HCH 的变异系数最小，表明它们在各采样点的分布相对均匀。

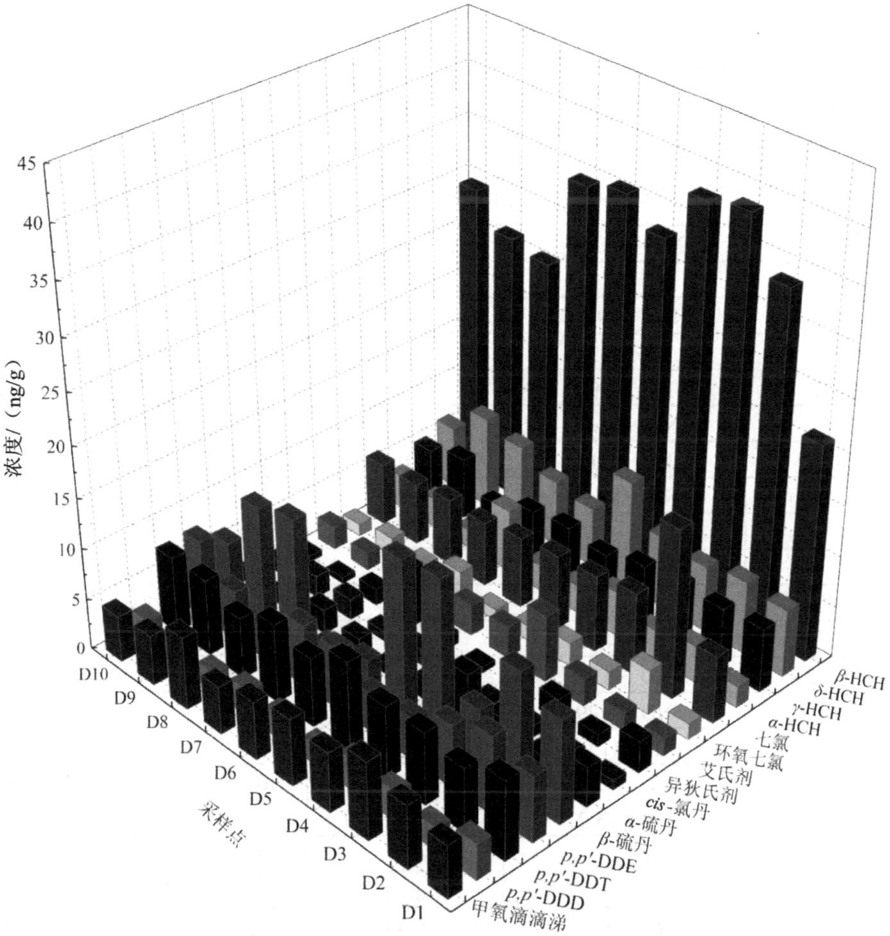

图 3.23　会仙岩溶湿地稻田土壤中 15 种 OCPs 空间分布特征

从浓度来看，湿地稻田土壤中 β-HCH 和甲氧滴滴涕的浓度最高值均出现在采样点D3，最低值分别出现在采样点 D1 和 D10；α-HCH、γ-HCH 和 δ-HCH 的浓度最高值分别出现在采样点 D7、D1 和 D5，最低值则分别出现在采样点 D8、D8 和 D6；七氯和环氧七氯的浓度最高值均出现在采样点 D2，最低值则分别出现在采样点 D10 和 D6；*p,p'*-DDE、*p,p'*-DDD 和 *p,p'*-DDT 的浓度最高值分别出现在采样点 D10、D1 和 D5，最低值则分别出现在采样点 D8、D5 和 D8；α-硫丹和 β-硫丹的浓度最高值均出现在采样点 D4，最低值则分别出现在采样点 D6 和 D7；艾氏剂、异狄氏剂和 *cis*-氯丹的浓度最高值分别出现在采样点 D4、D7 和 D9，最低值则分别出现在采样点 D9、D5 和 D5。可见，会仙岩溶湿地稻田土壤中各种有机氯农药的浓度最高值和最低值的采样点都比较分散。

3.5 会仙岩溶湿地植物中有机氯农药残留特征

3.5.1 水生植物中有机氯农药的含量及组成特征

3.5.1.1 水生植物中有机氯农药的含量

会仙岩溶湿地湖泊水生植物样品中各种 OCPs 残留含量如表 3.16 所示。

表 3.16 会仙岩溶湿地湖泊水生植物中 OCPs 的残留状况（*n*=98）

化合物	浓度范围/（ng/g）	平均值/（ng/g）	SD	CV/%	检出率/%
α-HCH	ND～5.53	0.80	1.17	145.86	41.84
β-HCH	4.36～19.66	10.08	3.20	31.71	100
γ-HCH	ND～6.38	0.68	1.11	162.81	36.73
δ-HCH	ND～7.96	1.20	1.86	155.06	43.88
七氯	ND～46.02	1.72	5.07	295.24	48.98
环氧七氯	ND～3.13	1.06	0.80	75.14	72.45
艾氏剂	ND～10.17	0.99	2.10	212.65	29.59
异狄氏剂	ND～9.69	0.81	2.02	248.04	24.49
cis-氯丹	ND～4.64	0.16	0.59	368.19	10.20
α-硫丹	ND～2.95	0.22	0.61	283.43	13.27
β-硫丹	ND～4.96	0.27	0.91	332.95	11.22
p,p'-DDE	ND～8.54	2.54	1.57	61.83	90.82
p,p'-DDD	ND～3.29	0.47	0.80	170.33	30.61
p,p'-DDT	ND～11.01	1.66	1.80	108.55	74.49
甲氧滴滴涕	ND～3.93	0.66	0.92	139.76	37.76
ΣHCHs	4.89～33.21	12.76	5.16	40.42	100
ΣDDTs	ND～12.31	4.67	2.35	50.43	98.98
ΣHepta	ND～46.02	2.78	4.95	178.07	85.71
ΣEndo	ND～5.42	0.49	1.18	242.23	20.41
ΣOCPs	6.55～100.03	23.33	13.80	59.16	100

由表 3.16 可以看出，与湿地地表水一样，在 98 个湿地湖泊水生植物样品中也检出了相同的 15 种 OCPs，它们的检出率在 10.20%～100%之间，其中 *β*-HCH、*p,p'*-DDE、*p,p'*-DDT 和环氧七氯的检出率分别为 100%、90.82%、74.49%和 72.45%，其余 11 种 OCPs 的检出率均低于 50%，说明水生植物对湖泊水中各种 OCPs 的吸收能力存在明显差异。从样品的标准偏差（SD）和变异系数（CV）来看，水生植物中各种有机氯农药的标准偏差和变异系数分别为 0.59～5.07 和 31.71%～368.19%，数值均较大，表明 OCPs 在湿地水生植物中的分布极不均匀，不同采样点和不同采样水期均存在明显差异，这可能与采样点对应区域水体中 OCPs 的浓度差异有关。

湿地湖泊水生植物中 ΣOCPs 的浓度范围为 6.55～100.03 ng/g，平均值为 23.33 ng/g。其中 HCHs 是水生植物中 OCPs 浓度最高的，其浓度范围为 4.89～33.21 ng/g（平均值为 12.76 ng/g）；其次为 DDTs，其浓度范围为 ND～12.31 ng/g（平均值为 4.67 ng/g）；第三为七氯类 OCPs，其浓度范围为 ND～46.02 ng/g（平均值为 2.78 ng/g）；艾氏剂、异狄氏剂和甲氧滴滴涕的浓度范围分别为 ND～10.17 ng/g（平均值为 0.99 ng/g）、ND～9.69 ng/g（平均值为 0.81 ng/g）和 ND～3.93 ng/g（平均值为 0.66 ng/g）；*cis*-氯丹和硫丹类 OCPs 在会仙岩溶湿地湖泊水生植物中浓度均较低，对应浓度范围分别为 ND～4.64 ng/g（平均值为 0.16 ng/g）和 ND～5.42 ng/g（平均值为 0.49 ng/g）。HCHs 类有机氯农药在水生植物中的浓度显著高于其他种类 OCPs，这与湿地湖泊水中各类 OCPs 的残留状况相一致。

3.5.1.2　水生植物中有机氯农药的组成特征

会仙岩溶湿地不同水期湖泊水生植物中 OCPs 的组成特征如图 3.24 所示。

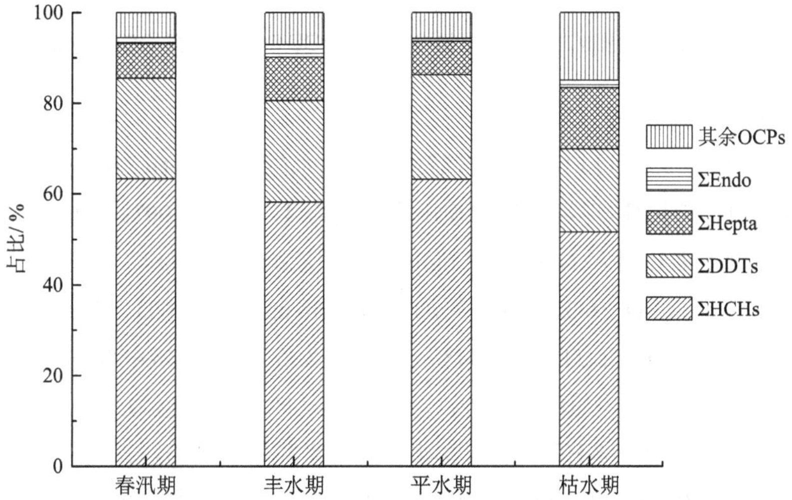

图 3.24　会仙岩溶湿地湖泊水生植物中 OCPs 的组成特征

由图 3.24 可以看出，在各水期水生植物中所检出 OCPs 的浓度大小均呈现为 ΣHCHs

（α-HCH + β-HCH + γ-HCH + δ-HCH）> ΣDDTs（p,p′-DDE + p,p′-DDD + p,p′-DDT）> ΣHepta（七氯+环氧七氯）> 其余 OCPs（艾氏剂+异狄氏剂+ cis-氯丹+甲氧滴滴涕）> ΣEndo（α-硫丹+β-硫丹）。水生植物中ΣHCHs、ΣDDTs、ΣHepta 和ΣEndo 占ΣOCPs 的比例分别为 23.34%～77.07%（平均值为 58.49%）、0～37.58%（平均值为 21.25%）、0～46.00%（平均值为 9.83%）和 0～22.01%（平均值为 1.70%），可见 HCHs 占所检出 OCPs 的绝大部分。枯水期由于艾氏剂和异狄氏剂的浓度明显增加导致其余 OCPs 的占比显著增加，而 HCHs 有较明显的降低，其余 3 个水期各类 OCPs 的占比基本保持一致，表明在春汛期、丰水期和平水期水生植物对湖泊地表水中 OCPs 的吸收特征基本一致，而在枯水期对艾氏剂和异狄氏剂的吸收能力明显增强。现就不同水期水生植物中 HCHs、DDTs 和七氯类 OCPs 3 类主要组分的组成特征进行详细分析，具体组成特征统计如图 3.25 所示。

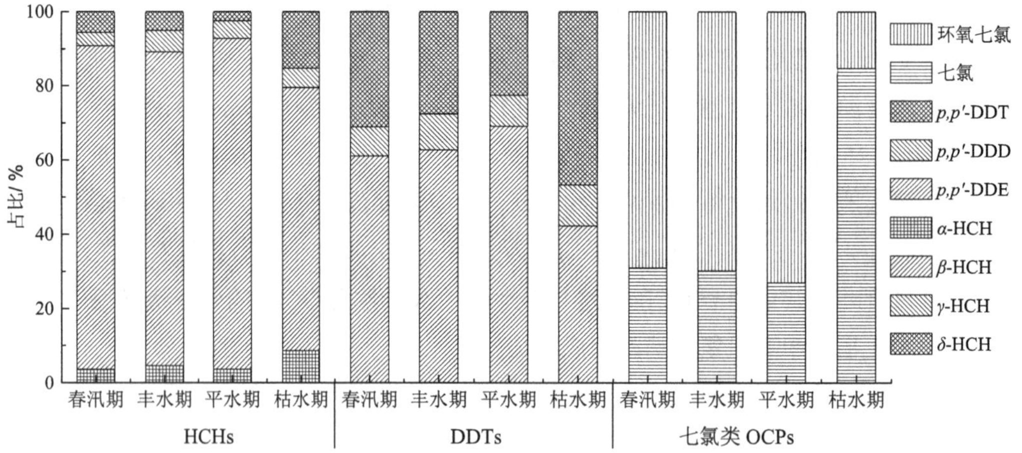

图 3.25 会仙岩溶湿地湖泊水生植物中 HCHs、DDTs 和七氯类 OCPs 的组成特征

（1）HCHs 的组成特征

由表 3.16 和图 3.25 可知，会仙岩溶湿地湖泊水生植物中 HCHs 的 4 种同分异构体 α-HCH、β-HCH、γ-HCH 和 δ-HCH 的检出率分别为 41.84%、100%、36.73%和 43.88%，它们对应的浓度范围分别为 ND～5.53 ng/g（平均值为 0.80 ng/g）、4.36～19.66 ng/g（平均值为 10.08 ng/g）、ND～6.38 ng/g（平均值为 0.68 ng/g）和 ND～7.96 ng/g（平均值为 1.20 ng/g），分别占ΣHCHs 的 0～23.41%（平均值为 5.21%）、38.46%～100%（平均值为 82.45%）、0～38.66%（平均值为 4.78%）和 0～44.34%（平均值为 7.56%）。可见，会仙岩溶湿地湖泊水生植物中 β-HCH 的浓度和含量占比都是最高的，占绝对优势，是 HCHs 的主要组分，其次为 δ-HCH，α-HCH 和 γ-HCH 的浓度和含量占比相当；各异构体的含量占比在春汛期、丰水期和平水期 3 个水期略有波动，但在枯水期 β-HCH 的含量占比明显减少，而 α-HCH 和δ-HCH 的含量占比明显增大，表明枯水期水生植物对湖泊水体中 HCHs 吸收特征与前 3 个水期有明显区别。

（2）DDTs 的组成特征

会仙岩溶湿地湖泊水生植物 DDTs 的 3 种异构体中，*p,p'*-DDE、*p,p'*-DDD 和 *p,p'*-DDT 的检出率分别为 90.82%、30.61%和 74.49%（表 3.16），其浓度范围分别为 ND～8.54 ng/g（平均值为 2.54 ng/g）、ND～3.29 ng/g（平均值为 0.47 ng/g）和 ND～11.01 ng/g（平均值为 1.66 ng/g），分别占∑DDTs 的 0～100%（平均值为 57.80%）、0～69.37%（平均值为 9.28%）和 0～100%（平均值为 32.92%）。可见在会仙岩溶湿地湖泊水生植物中 *p,p'*-DDE 的浓度和含量占比均为最高，而 *p,p'*-DDD 的浓度和含量占比均为最低，因此 *p,p'*-DDE 是 DDTs 的主要组分。各异构体的含量占比在不同水期的变化如下：*p,p'*-DDD 在 4 个不同水期的占比基本不变，*p,p'*-DDE 与 *p,p'*-DDT 在春汛期和丰水期含量占比波动不大，在平水期 *p,p'*-DDE 的含量占比明显增大，而 *p,p'*-DDT 的含量占比出现下降，在枯水期 *p,p'*-DDT 的占比显著增大，而 *p,p'*-DDE 的含量占比显著减少（图 3.25）。这可能是由于会仙岩溶湿地不同水期的水生植物对 DDTs 的吸收和转化能力不同，导致其体内 DDTs 组成特征发生了变化。

（3）七氯类 OCPs 的组成特征

会仙岩溶湿地湖泊水生植物中七氯和环氧七氯的浓度范围分别为 ND～46.02 ng/g（平均值为 1.72 ng/g）和 ND～3.13 ng/g（平均值为 1.06 ng/g），它们的检出率分别为 48.98%和 72.45%（表 3.16）。从图 3.25 中可以看出，植物中七氯和环氧七氯分别占∑Hepta 的 0～100%（平均值为 34.96%）和 0～100%（平均值为 65.04%）。可见，在春汛期、丰水期和平水期会仙岩溶湿地湖泊水生植物中环氧七氯的浓度和含量占比均显著高于七氯，且两者比例保持一致，到枯水期时七氯的浓度和含量占比显著增大，而环氧七氯的浓度和含量占比显著降低，这可能是由于不同水期水生植物生长特性不同，导致其对水环境中污染物的选择性吸收发生了变化。

3.5.2　水生植物中有机氯农药的时空分布特征

3.5.2.1　水生植物中有机氯农药的时间变化特征

不同水期会仙岩溶湿地湖泊水生植物中 OCPs 残留状况如表 3.17 所示。春汛期、丰水期、平水期和枯水期的会仙岩溶湿地湖泊水生植物中∑OCPs 的浓度范围分别为 8.25～36.65 ng/g、9.44～55.48 ng/g、6.55～30.13 ng/g 和 10.34～100.03 ng/g，平均值分别为 17.74 ng/g、21.34 ng/g、17.26 ng/g 和 33.93 ng/g；不同水期 OCPs 浓度大小呈现为枯水期＞丰水期＞春汛期≥平水期。其中不同水期湖泊水生植物中 HCHs 的浓度变化呈现为枯水期（平均值 16.08 ng/g）＞丰水期（平均值 12.13 ng/g）＞春汛期（平均值 11.07 ng/g）≥平水期（平均值 10.78 ng/g），DDTs 的浓度变化规律为枯水期（平均值 5.55 ng/g）＞丰水期（平均值 4.75 ng/g）＞平水期（平均值 4.05 ng/g）≥春汛期（平均值 4.01 ng/g），七氯类 OCPs 的浓度变化规律为枯水期（平均值 5.66 ng/g）＞丰水期（平均值 2.04 ng/g）＞春汛期（平均值 1.37 ng/g）≥平水期（平均值 1.32 ng/g），硫丹类 OCPs 各水期的浓度出现一定波动，但幅度波动不大，枯水期水生植物中艾氏剂和异狄氏剂的浓度均显著增加，但在其他 3 个水期变化不大。

表 3.17　会仙岩溶湿地不同水期湖泊水生植物中 OCPs 的残留状况

化合物	春汛期					丰水期					平水期					枯水期				
	浓度范围/(ng/g)	平均值/(ng/g)	SD	CV/%	检出率/%	浓度范围/(ng/g)	平均值/(ng/g)	SD	CV/%	检出率/%	浓度范围/(ng/g)	平均值/(ng/g)	SD	CV/%	检出率/%	浓度范围/(ng/g)	平均值/(ng/g)	SD	CV/%	检出率/%
α-HCH	ND～2.33	0.43	0.70	160.19	32.14	ND～2.19	0.55	0.82	148.52	35.71	ND～1.94	0.42	0.73	171.88	28.57	ND～5.53	1.60	1.59	99.50	64.29
β-HCH	5.28～15.65	9.58	2.33	24.27	100	5.26～19.66	10.27	3.36	32.74	100	4.89～14.66	9.46	2.74	28.92	100	4.36～19.34	10.71	3.94	36.75	100
γ-HCH	ND～2.28	0.44	0.70	159.98	32.14	ND～3.64	0.70	1.08	154.60	35.71	ND～2.47	0.59	0.89	149.96	35.71	ND～6.38	0.95	1.50	157.03	42.86
δ-HCH	ND～2.88	0.62	0.86	137.96	39.29	ND～2.63	0.62	0.92	150.33	35.71	ND～1.76	0.31	0.63	205.12	21.43	ND～7.96	2.81	2.62	93.26	67.86
七氯	ND～1.72	0.43	0.58	135.50	39.29	ND～2.47	0.62	0.83	134.54	42.86	ND～1.72	0.36	0.57	158.77	28.57	ND～46.02	4.79	8.81	183.66	71.43
环氧七氯	ND～1.89	0.95	0.57	60.17	78.57	ND～3.13	1.43	0.85	59.86	89.29	ND～1.80	0.96	0.67	69.66	78.57	ND～2.55	0.87	0.91	105.07	53.57
艾氏剂	ND～1.77	0.19	0.46	245.85	17.86	ND～2.58	0.33	0.73	221.06	21.43	ND～1.59	0.15	0.44	293.18	14.29	ND～10.17	2.86	3.14	109.80	57.14
异狄氏剂	ND～1.44	0.15	0.39	258.77	14.29	ND～2.37	0.20	0.55	274.19	14.29	ND～1.33	0.15	0.40	264.23	14.29	ND～9.69	2.43	3.22	132.75	50
cis-氯丹	ND～1.12	0.04	0.21	529.15	3.57	ND～2.16	0.27	0.56	208.93	21.43	ND	0.00	0.00	0.00	0	ND～4.64	0.26	0.93	361.66	10.71
α-硫丹	ND～2.13	0.16	0.49	311.90	10.71	ND～2.95	0.30	0.79	264.84	14.29	ND～1.71	0.12	0.46	374.17	7.14	ND～2.23	0.24	0.60	251.80	17.86

化合物	春汛期					丰水期					平水期					枯水期				
	浓度范围/（ng/g）	平均值/（ng/g）	SD	CV/%	检出率/%	浓度范围/（ng/g）	平均值/（ng/g）	SD	CV/%	检出率/%	浓度范围/（ng/g）	平均值/（ng/g）	SD	CV/%	检出率/%	浓度范围/（ng/g）	平均值/（ng/g）	SD	CV/%	检出率/%
β-硫丹	ND～2.54	0.13	0.52	397.18	7.14	ND～4.96	0.44	1.24	282.24	14.29	ND	0.00	0.00	0.00	0	ND～4.66	0.38	1.02	266.87	17.86
p,p'-DDE	ND～6.77	2.48	1.42	57.36	92.86	ND～8.54	2.98	1.70	57.08	92.86	1.20～5.79	2.67	1.31	49.07	100	ND～6.47	2.10	1.65	78.38	82.14
p,p'-DDD	ND～1.82	0.34	0.61	179.95	28.57	ND～2.60	0.46	0.83	178.98	28.57	ND～1.80	0.40	0.69	174.46	28.57	ND～3.29	0.65	0.99	151.95	35.71
p,p'-DDT	ND～3.00	1.19	0.87	73.31	75	ND～3.32	1.31	1.02	77.74	71.43	ND～2.24	0.99	0.86	86.57	64.29	ND～11.01	2.80	2.74	97.88	85.71
甲氧滴滴涕	ND～2.26	0.62	0.77	124.15	42.86	ND～3.93	0.87	1.13	129.76	42.86	ND～1.99	0.68	0.84	123.45	42.86	ND～2.98	0.48	0.87	182.77	25
ΣHCHs	5.28～17.69	11.07	2.71	24.48	100	5.26～25.66	12.13	4.30	35.40	100	4.89～18.15	10.78	3.46	32.07	100	5.69～33.21	16.08	6.88	42.77	100
ΣDDTs	1.34～9.25	4.01	1.84	45.85	100	ND～12.31	4.75	2.32	48.86	96	1.54～8.23	4.05	1.80	44.43	100	1.66～12.12	5.55	2.85	51.33	100
ΣHepta	ND～3.01	1.37	0.91	66.39	82.14	ND～4.81	2.04	1.35	66.26	89.29	ND～2.78	1.32	1.02	76.96	71.43	ND～46.02	5.66	8.52	150.61	92.86
ΣEndo	ND～3.23	0.29	0.80	278.39	14.29	ND～5.42	0.74	1.60	216.77	21.43	ND～1.71	0.12	0.46	374.17	7.14	ND～4.66	0.62	1.24	198.62	32.14
ΣOCPs	8.25～36.65	17.74	5.29	29.79	100	9.44～55.48	21.34	8.80	41.22	100	6.55～30.13	17.26	5.68	32.94	100	10.34～100.03	33.93	19.77	58.27	100

在春汛期、丰水期、平水期和枯水期湿地湖泊水生植物中 HCHs 占∑OCPs 比例的平均值分别为 63.34%、58.18%、63.22%和 51.60%，DDTs 对应的含量占比平均值分别为 22.14%、22.37%、23.03%和 18.36%，七氯类 OCPs 对应的含量占比平均值分别为 7.74%、9.59%、7.33%和 13.41%。因此，各水期湿地湖泊水生植物中 HCHs 含量占比均为最大，HCHs 是各水期 OCPs 的主要组分，其次为 DDTs，七氯类 OCPs 最低。各类 OCPs 浓度和含量占比在不同水期有不同程度的变化，在枯水期的变化幅度较其他 3 个水期的变化幅度大。

在湖泊水生植物 HCHs 组成中，*β*-HCH 在春汛期、丰水期、平水期、枯水期的浓度平均值和含量占比平均值分别为 9.58 ng/g 和 87.28%、10.27 ng/g 和 84.61%、9.46 ng/g 和 89.21%、10.71 ng/g 和 70.89%，因此，*β*-HCH 的浓度和含量占比均占绝对优势，是各水期水生植物中 HCHs 的主要组分；其次为 *δ*-HCH（浓度平均值为 0.31～2.81 ng/g，含量占比为 2.50%～15.24%）。各水期湖泊水生植物中 *β*-HCH 的检出率均为 100%，*α*-HCH、*γ*-HCH 和 *δ*-HCH 在枯水期的检出率分别为 64.29%、42.86%和 67.86%，其他 3 个水期的检出率均低于 40%。

在湖泊水生植物 DDTs 组成中，*p,p'*-DDE 是春汛期、丰水期和平水期植物中 DDTs 的主要组分，且在这 3 个水期的检出率均为最高；在枯水期 *p,p'*-DDT 的浓度和含量占比均为最高，是 DDTs 的主要组分；*p,p'*-DDD 在 4 个水期的浓度和含量占比波动不是很大，且检出率最低。

3.5.2.2 水生植物中有机氯农药的空间分布特征

依据会仙岩溶湿地湖泊水生植物各采样点样品中 OCPs 残留状况，采用 ArcGIS 软件和 Origin 软件绘制了会仙岩溶湿地湖泊水生植物中 OCPs 的空间分布图。图 3.26 为会仙岩溶湿地湖泊水生植物中各类 OCPs 浓度最小值、平均值和最大值空间分布特征。

由于采样点 S1 和 S3 位于河道中，该区域均无水生植物，故只采集到 10 个采样点水生植物样品。在湿地湖泊水生植物 10 个采样点中，从平均值来看，各采样点∑OCPs 浓度大小呈现为 S9＞S4≥S5≥S2＞S10≥S6≥S11＞S8≥S12≥S7，∑HCHs 浓度呈现为 S9＞S2≥S6≥S4＞S10≥S11≥S8＞S5≥S12≥S7，∑DDTs 浓度呈现为 S9＞S4＞S11≥S5≥S10≥S12≥S6≥S2≥S7＞S8，∑Hepta 浓度呈现为 S5＞S10＞S8≥S6≥S2≥S9≥S4≥S11≥S12＞S7，硫丹类 OCPs 浓度呈现为 S9＞S10＞S11＞S12≥S5≥S6≥S4≥S8≥S2＞S7。可见各类 OCPs 的高值点出现在水流较平缓的 S9 和 S5 采样点区域，低值点则出现在水流较急的采样点 S7 和 S12（图 3.26）。综观各采样点间各类 OCPs 浓度的最小值和最大值，采样点最小值间的差异相对较小，最大值间存在明显差异，空间分布呈现非均一性，可能受采样点水体 OCPs 浓度大小、水流速度、水生植物种类及其生长期变化等因素的影响。各采样点间各类 OCPs 浓度平均值除高值点和低值点差异较大外，其余采样点间的差异并不大，说明会仙岩溶湿地湖泊水生植物中 OCPs 空间分布总体均匀，各采样点水生植物对水体中 OCPs 的吸收能力基本一致。

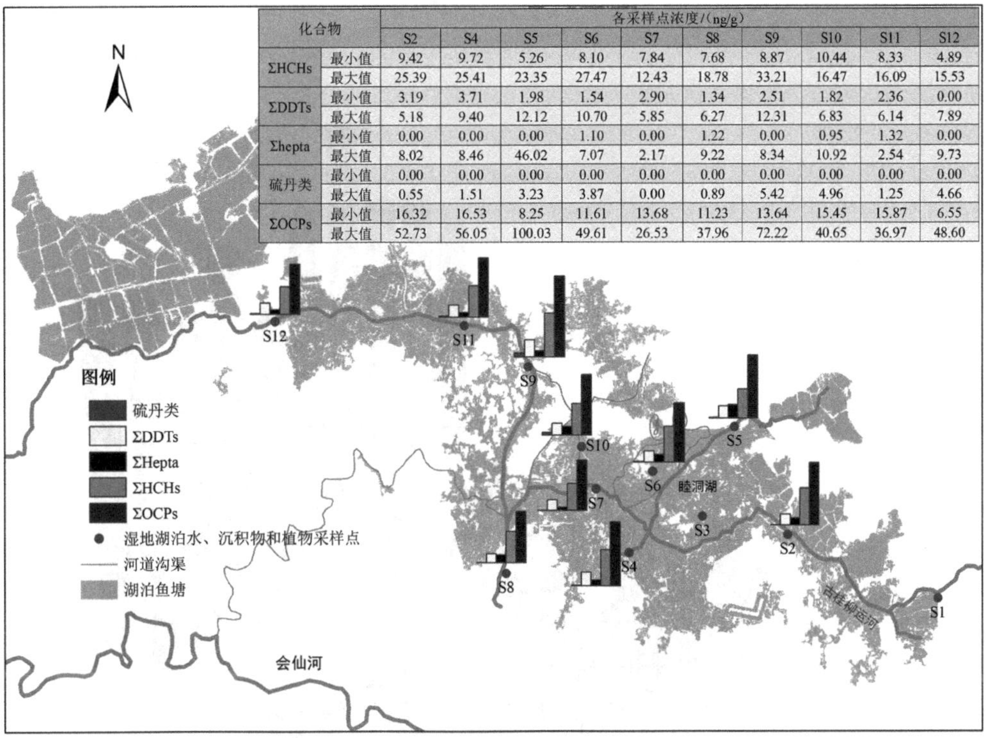

化合物		各采样点浓度/(ng/g)									
		S2	S4	S5	S6	S7	S8	S9	S10	S11	S12
ΣHCHs	最小值	9.42	9.72	5.26	8.10	7.84	7.68	8.87	10.44	8.33	4.89
	最大值	25.39	25.41	23.35	27.47	12.43	18.78	33.21	16.47	16.09	15.53
ΣDDTs	最小值	3.19	3.71	1.98	1.54	2.90	1.34	2.51	1.82	2.36	0.00
	最大值	5.18	9.40	12.12	10.70	5.85	6.27	12.31	6.83	6.14	7.89
Σhepta	最小值	0.00	0.00	0.00	1.10	0.00	1.22	0.00	0.95	1.32	0.00
	最大值	8.02	8.46	46.02	7.07	2.17	9.22	8.34	10.92	2.54	9.73
硫丹类	最小值	0.00	0.00	0.00	0.00	0.00	0.00	0.00	0.00	0.00	0.00
	最大值	0.55	1.51	3.23	3.87	0.00	0.89	5.42	4.96	1.25	4.66
ΣOCPs	最小值	16.32	16.53	8.25	11.61	13.68	11.23	13.64	15.45	15.87	6.55
	最大值	52.73	56.05	100.03	49.61	26.53	37.96	72.22	40.65	36.97	48.60

图 3.26　会仙岩溶湿地湖泊水生植物中各类 OCPs 空间分布特征

会仙岩溶湿地湖泊水生植物中 15 种单一 OCPs 浓度平均值在 10 个采样点中的分布特征如图 3.27 所示。从图中可以看出，各种 OCPs 在相同采样点水生植物中的分布极不均匀，其中 *β*-HCH 的浓度最高，其次为 *p,p′*-DDE，再次为 *p,p′*-DDT 和七氯，又次是 *δ*-HCH 和环氧七氯，*cis*-氯丹的浓度最低。总体来看，15 种单一 OCPs 在 10 个采样点中的分布也不均匀。在检出率方面，*β*-HCH 在 10 个采样点中的检出率均为 100%，*cis*-氯丹、*α*-硫丹和 *β*-硫丹的检出率均低于 14%；S9 和 S5 两个采样点的水生植物样品中检出了 15 种 OCPs，且检出率相对较高，其余采样点均存在 1 种以上 OCPs 未检出，且检出率相对较低，其中采样点 S8 有 5 种 OCPs 未检出，采样点 S10 有 4 种 OCPs 未检出。*β*-HCH、*α*-HCH、*γ*-HCH、*δ*-HCH、七氯、环氧七氯、艾氏剂、异狄氏剂、*cis*-氯丹、*α*-硫丹、*β*-硫丹、*p,p′*-DDE、*p,p′*-DDD、*p,p′*-DDT 和甲氧滴滴涕的变异系数（CV）分别为 14.63%、44.35%、82.19%、36.92%、71.21%、24.47%、37.80%、43.85%、135.68%、159.39%、136.24%、16.74%、99.56%、31.58%和 81.27%；其中 *α*-硫丹、*β*-硫丹、*cis*-氯丹、*p,p′*-DDD、*γ*-HCH、甲氧滴滴涕和七氯的变异系数较大，说明与其他 OCPs 相比，它们在湿地湖泊水生植物中的分布更不均匀，而 β-HCH 和 p,p'-DDE 的变异系数最小，说明其在各采样点的分布相对均匀。

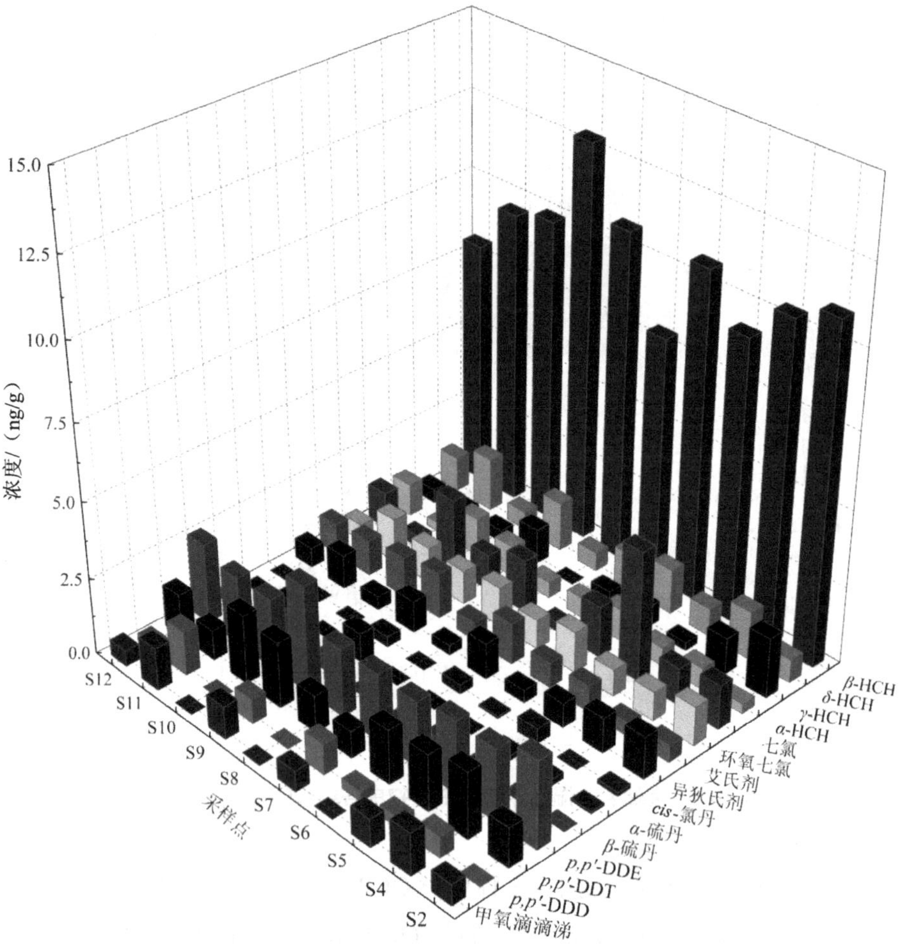

图 3.27 会仙岩溶湿地湖泊水生植物中 15 种 OCPs 空间分布特征

从浓度来看，湿地湖泊水生植物中 β-HCH、p,p'-DDE、艾氏剂和 α-硫丹的浓度最高值均出现在采样点 S9，最低值分别出现在采样点 S7、S6、S4 和 S8；p,p'-DDT、α-HCH 和 β-硫丹的浓度最高值均出现在采样点 S10，最低值则分别出现在采样点 S7、S11 和 S7；δ-HCH、环氧七氯和 p,p'-DDD 的浓度最高值均出现在采样点 S11，最低值则分别出现在采样点 S10、S12 和 S8；γ-HCH 和异狄氏剂的浓度最高值均出现在采样点 S2，最低值均出现在采样点 S8；七氯和 *cis*-氯丹的浓度最高值均出现在采样点 S5，最低值则分别出现在采样点 S7 和 S8；甲氧滴滴涕的浓度最高值出现在采样点 S4，最低值出现在采样点 S8。可见，会仙岩溶湿地湖泊水生植物中各种有机氯农药的浓度最高值和最低值的采样点均比较分散，这个结果与稻田土壤中 OCPs 的分布状况相似。

3.6　会仙岩溶湿地水体和沉积物中有机氯农药的来源解析

主成分分析（PCA）和多元线性回归分析（MLRA）是各类环境介质中污染物来源识别的重要手段之一[206]。该方法可应用于重金属、持久性有机污染物及各类其他污染物的源解释和定量解析[207]。因此，本节采用 PCA 对会仙岩溶湿地湖泊水体和沉积物中 OCPs 的来源进行分析，随后再用 MLRA 对每个采样点的贡献源数量进行计算。主体上共引入 5 个未经矫正和不存在共线性的指标，分别为∑HCHs（α-HCH + β-HCH + γ-HCH + δ-HCH）、∑Hepta（七氯+环氧七氯）、∑DDTs（p,p'-DDE + p,p'-DDD + p,p'-DDT）、其余 OCPs（艾氏剂+异狄氏剂+ *cis*-氯丹+甲氧滴滴涕）、∑Endo（α-硫丹+β-硫丹）。首先对数据进行 Kairser 标准化和最大方差旋转，再经过 KMO（Kaiser-Meyer-Olkin，抽样适合性检验）检验，当 KMO＞0.5 时进行后续 PCA 分析，提取特征值＞1 的主成分。

Kairser 标准化方程为

$$X = \left(x - \bar{x}\right)/\sigma_x \qquad (3.1)$$

式中，x 为任一变量；$\bar{x}$ 为 x 的平均值；σ_x 为 x 的标准偏差。这个新的变量 X 代表一个特定样品在标准差单位上与平均值的距离。

经主成分分析之后，特征值大于 1 的主成分被筛选出来。主成分与化合物的关系是基于因子载荷来确定的，同时与源的组成有关。因子得分的 MLRA 被用来定量源贡献值。使用绝对因子得分作为自变量，化合物浓度作为因变量来执行 MLRA，以期评价不同源的百分比贡献值。

MLRA 的基本方程为

$$y = \sum m_i X_i + b \qquad (3.2)$$

这个模型的前提是因子 X_i 不存在多重共性问题。按照定义，非共线性由选择的 PCA 因子得分作为自变量 X_i 来保证。因变量 y 是总浓度，如∑CPs。当式（3.1）中的变量都被标准化之后，回归系数表示为 B，截距 b 为 0。

MLRA 使用 SPSS 软件逐步进行。阶梯式的步骤允许每一个自变量按照它们与因变量的简单相关性，从最高到最低，逐渐加入回归当中。当自变量的加入能显著提高相关性时，它才被加入回归方程中。默认的显著性水平为 0.05。每一个新的变量进入回归方程后，原来选进的变量便会丢失一部分解释力［例如，当回归方程中只有一个自变量 a 时，它可以解释 80%的因变量，而新添加一个变量 b 后，a 的解释力可能变为 60%，而 b 的解释力为 30%，总的解释力（90%）上升，但对于 a 来说，其解释力出现下降］。如果原来已经存在于方程中的显著性低于 0.1，就移除这个变量。

运用主成分分析和多元线性回归分析对会仙岩溶湿地湖泊水体和沉积物两种环境介质中 OCPs 的来源解析详述如下。

3.6.1 会仙岩溶湿地湖泊水体中有机氯农药的来源特征

对 2017 年 3 个水期内各个点位湖泊水体中 OCPs 的来源进行 PCA 分析，结果发现共提取出 2 个特征值大于 1 的主成分（PCs），这 2 项共占总方差的 66%（表 3.18）。PC1 的主控因子为ΣEndo（*α*-硫丹+*β*-硫丹）和其余 OCPs（艾氏剂+异狄氏剂+ *cis*-氯丹+甲氧滴滴涕）。在水体中，*α*-硫丹/*β*-硫丹的比值均值为 0.65。由于 *α*-硫丹的饱和蒸气压和亨利系数更高，降解速率更慢，因此较低的比值可能说明水体中的 *α*-硫丹已有一部分挥发至大气中。艾氏剂在我国已禁用多年，因此 PC1 的主成分可能代表了沉积物或者土壤因子的释放源。PC2 的主控因子为ΣDDTs 和ΣHepta（七氯+环氧七氯）。经前述分析，DDTs 输入源包括历史残留和新的污染源近期的输入，因此 PC2 可能与直接的农业输入来源有关。尽管 HCHs 是该地区历史上使用最为广泛的一类农药，然而，ΣHCHs 在 PC1 和 PC2 上的载荷均较低。这表明，水体中的 HCHs 可能发生了较为复杂的环境行为，如吸附、释放、降解和挥发等。

表 3.18 水体中 OCPs 主成分分析提取的成分载荷*

主成分	PC1	PC2
ΣHCHs	0.324	0.390
ΣDDTs	0.014	**0.793**
ΣHepta（七氯+环氧七氯）	−0.087	**0.881**
ΣEndo（*α*-硫丹+*β*-硫丹）	**0.895**	0.054
其余 OCPs（艾氏剂+异狄氏剂+ *cis*-氯丹+甲氧滴滴涕）	**0.916**	−0.057
占总方差比重/%	35	31
代表来源	沉积物释放	农田面源输入

注：*旋转在 3 次迭代后收敛。

对水体中每个采样点 OCPs 的贡献来源进行了 MLRA 分析。具体过程为在每个采样点使用 2 个主成分的得分对该采样点进行线性回归；置信区间为 95%；过程中获取每个成分的回归系数。在每个采样点中，主成分 *i* 的贡献值 C_i 计算公式[208]为

$$C_i = \text{mean}\sum \text{OCPs} \times \left(\frac{B_i}{\Sigma B_i}\right) + B_i \times \sigma_{\text{OCPs}} \times \text{FS}_i \tag{3.3}$$

式中，mean∑OCPs 及 σ_{OCPs} 分别为水体中 OCPs 的平均浓度和标准偏差；$\sum B_i$ 为回归系数之和；FS_i 是主成分 *i* 的成分得分。

统计计算发现，沉积物释放源和农田面源输入对会仙岩溶湿地湖泊水体中 OCPs 的平均贡献值分别为 37%和 63%。模拟所得的 OCPs 值与实测值之间的线性相关性达到了

0.901（图 3.28）。

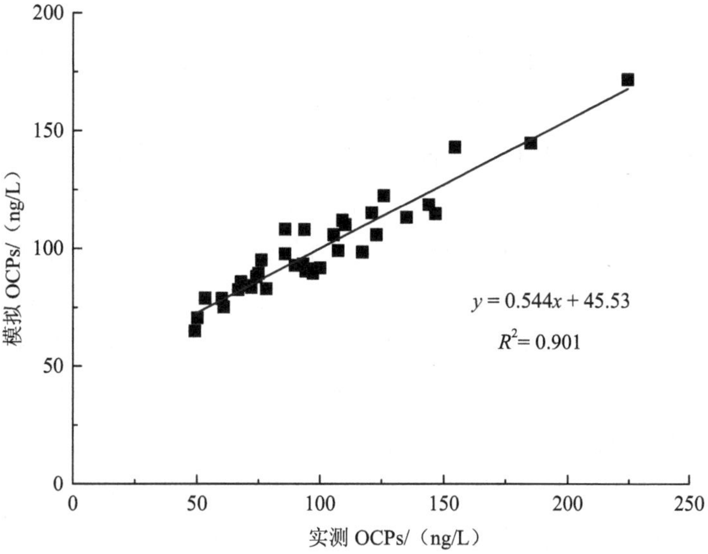

图 3.28　基于 PCA-MLRA 的水体 OCPs 模拟值和实测值的线性关系

如图 3.29 所示，农田面源输入的贡献变化范围大于沉积物释放。从季节来看，丰水期湖泊水体中 OCPs 的来源比其他水期更为稳定，这可能与丰水期的强降雨对湖泊产生了整体性的水体扰动有关。枯水期和平水期时，部分点位的沉积物释放源和农田面源输入的比例均出现显著增加，这可能与这两个时期的农业抽水导致的水体扰动、农业输入有关。整体上看，农田面源灌溉排水输入是会仙岩溶湿地湖泊水体中 OCPs 的主要来源，在所有采样点中占有优势地位。

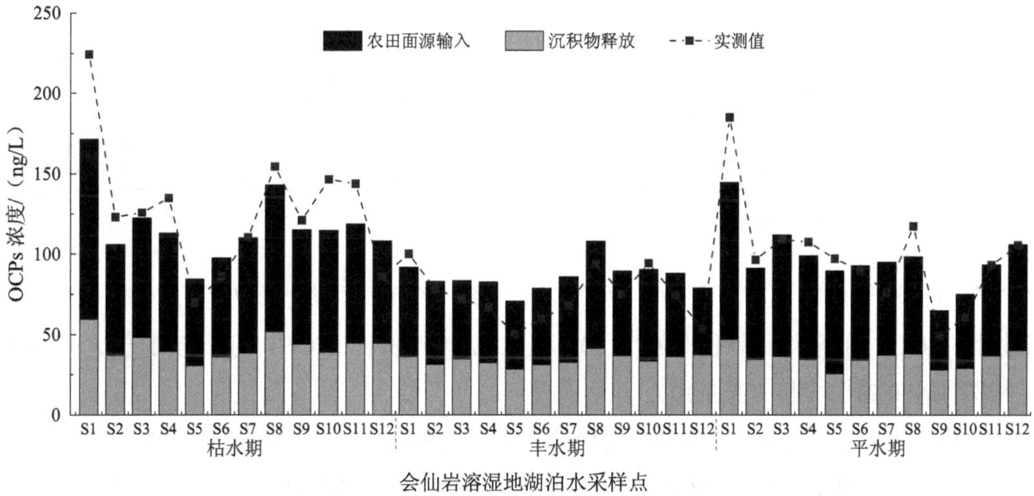

图 3.29　不同时期会仙岩溶湿地湖泊水体中不同采样点 OCPs 来源贡献特征

3.6.2 会仙岩溶湿地湖泊沉积物中有机氯农药的来源特征

对 2017 年 3 个水期内会仙岩溶湿地 12 个采样点位沉积物中 OCPs 的来源进行 PCA 解析，共提取了 2 个主成分，PC1 和 PC2 分别解释了总方差的 54%和 29%（表 3.19）。其中，PC1 的主控因子为 HCHs、ΣHepta 和其余 OCPs（艾氏剂+异狄氏剂+ *cis*-氯丹+甲氧滴滴涕）。由于 HCHs 是研究区域历史上的主要有机氯农药使用种类，因此该成分可能代表了历史的输入来源，即农业面源输入由水相沉降而来。在沉积物中，PC2 的主控因子为ΣHCHs、ΣDDTs 和ΣEndo（α-硫丹+β-硫丹）。由前述各类化合物的物理化学性质可知，DDTs 和硫丹的辛醇-水分配系数数值相差 10^3 数量级，表明至少这两类化合物之间存在物理化学性质之间的差异。硫丹的饱和蒸气压高于 DDTs，更倾向于从介质中挥发至大气中。而硫丹的亨利系数值与 DDTs 相接近。α-硫丹/β-硫丹的比值均值为 1.45，远大于在湖泊水体中的比值。与 β-硫丹相比，α-硫丹的饱和蒸气压和亨利系数更高，降解速率更慢，因此，沉积物中高比值的 α-硫丹/β-硫丹可能反映出在沉积物中 β-硫丹已经发生了显著的降解，PC2 可能代表沉积物中 OCPs 的降解贡献。值得注意的是，PC1 和 PC2 在ΣHCHs 上都有较高的载荷。因此，历史上输入的 HCHs 可能累积在沉积物中并发生了降解行为。

表 3.19 沉积物中 OCPs 主成分分析提取的成分载荷*

主成分	PC1	PC2
ΣHCHs	**0.628**	**0.564**
ΣDDTs	0.274	**0.877**
ΣHepta（七氯+环氧七氯）	**0.969**	0.073
ΣEndo（α-硫丹+β-硫丹）	−0.131	**0.867**
其余 OCPs（艾氏剂+异狄氏剂+ *cis*-氯丹+甲氧滴滴涕）	**0.947**	0.010
占总方差比重/%	54	29
代表来源	历史输入源（水相沉降）	沉积物降解源

注：* 旋转在 3 次迭代后收敛。

分析计算结果显示，历史输入源（水相沉降）和沉积物降解源对会仙岩溶湿地湖泊沉积物中 OCPs 的平均贡献值分别为 60%和 40%。模拟所得的 OCPs 值与实测值之间的线性相关性在 0.910 以上（图 3.30）。

由图 3.31 可以看出，沉积物中历史输入源（水相沉降）的贡献最大，变化范围波动也最大。与上述湖泊水体中 OCPs 的来源相似，波动主要发生在枯水期和平水期，且主要发生在 S1 点位，即主要发生在新陡门的采样点处。从季节来看，在丰水期会仙岩溶湿地湖泊沉积物中 OCPs 的来源比其他水期更为稳定，且主要是历史输入源（水相沉降），而在平水期和枯水期则受到沉积物降解源这一行为的影响。该结果与湖泊水体中的结果相一致，表明二者之间存在较为密切的污染物的关联性。在研究中发现了负的贡献源，这可能与沉积物中数值之间的相对标准偏差较大有关。总体来看，沉积物中仍存在由水体持续沉降输入 OCPs 的特征，应引起重点关注。

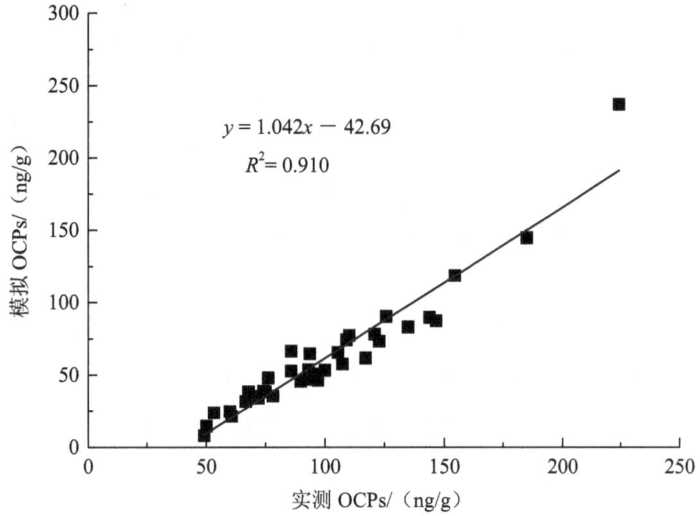

图 3.30 基于 PCA-MLRA 的沉积物 OCPs 模拟值和实测值的线性关系

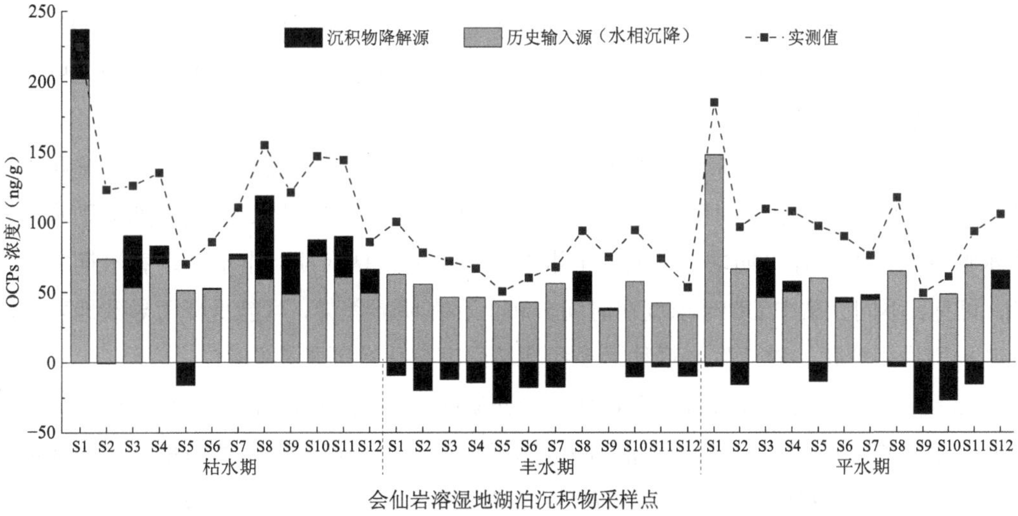

图 3.31 不同时期会仙岩溶湿地沉积物不同采样点 OCPs 来源贡献特征

3.7 小 结

本章通过野外调查取样和室内检测分析相结合，研究了会仙岩溶湿地地表水、地下水、沉积物、稻田土壤和水生植物等各种环境介质中有机氯农药的残留特征，取得的主要研究结果和结论如下：

（1）会仙岩溶湿地水体、沉积物、稻田土壤和水生植物中均检出 *α*-HCH、*β*-HCH、*γ*-HCH、*δ*-HCH、七氯、环氧七氯、艾氏剂、异狄氏剂、*cis*-氯丹、*α*-硫丹、*β*-硫丹、*p,p′*-DDE、*p,p′*-DDD、*p,p′*-DDT 和甲氧滴滴涕等 15 种 OCPs，它们在水体、沉积物、稻田土壤中检出率较高，均在 74%以上，而在湿地水生植物中大部分 OCPs 的检出率低于 50%；HCHs 在所调查的各种环境介质中的检出率最高，其中 *β*-HCH 的检出率均为 100%。

（2）会仙岩溶湿地地表水、地下水、沉积物、稻田土壤和水生植物中∑OCPs 的浓度范围分别为 46.82～305.77 ng/L、26.01～232.60 ng/L、44.76～345.10 ng/g、57.76～169.76 ng/g 和 6.55～100.03 ng/g，其中各环境介质中 HCHs 的浓度均为最高，其次为 DDTs 和七氯类 OCPs，这与该地区历史上有机氯农药使用的种类相吻合。与国内外其他地区的自然湿地或农业生产区相比，会仙岩溶湿地各种环境介质中 OCPs 浓度均处于中等偏上水平。

（3）特征组分比例显示，会仙岩溶湿地各环境介质 HCHs 的 4 种同分异构体中，*β*-HCH 的浓度和含量占比均为最高，是 HCHs 的主要组分，表明水体、沉积物、稻田土壤和植物中 HCHs 主要源于工业 HCHs 和林丹的共同使用，均为早期历史残留；会仙岩溶湿地各环境介质 DDTs 的 3 种异构体中，*p,p′*-DDT 的浓度和含量占比均为最高，是 DDTs 的主要组分，环境中 *p,p′*-DDT 以好氧降解为主，DDTs 既来源于历史残留，近期也可能因使用了三氯杀螨醇等有机氯杀虫剂导致有新的输入。

（4）从时间分布特征来看，会仙岩溶湿地不同水期水体、沉积物、稻田土壤和水生植物中 OCPs 浓度大小分别呈现为平水期＞丰水期＞春汛期＞枯水期、枯水期＞平水期＞丰水期＞春汛期、春汛期＞平水期＞丰水期＞枯水期、枯水期＞丰水期＞春汛期≥平水期。可见，不同介质中 OCPs 浓度在时间分布上存在明显差异，可能受降雨导致地表径流及其冲刷作用变化、农业生产耕种活动和环境温度变化等因素影响。

（5）从空间分布特征来看，在各种环境介质中，各类 OCPs 浓度的最小值和最大值均存在采样点间的明显差异，平面空间分布呈现为非均一性，这可能与采样点的地理位置、周边农业活动和地表径流的差异有关；但各采样点间各类 OCPs 的浓度平均值差异均不明显，介质中 OCPs 的长时间跨度平面空间分布总体均匀，这可能是因为会仙岩溶湿地地势较平坦，湿地内和周边耕种的农田分布较均匀，OCPs 为农业面源污染，有利于污染物的均匀扩散和混合。

（6）在环境介质的相同采样点中，各种 OCPs 的残留量均存在明显差异，而 15 种单一 OCPs 在不同采样点的分布也不均匀。以湿地湖泊水和沉积物中 OCPs 的残留特征为例，OCPs 浓度的高值点一般是靠近岸边且周边有大面积的农田，而低值点是靠近山体或远离农田。

（7）会仙岩溶湿地 OCPs 在表层与次表层沉积物中分布存在明显差异，部分 OCPs 在表层沉积物中残留量高于次表层，而其余 OCPs 则是在表层沉积物中残留量低于次表层；其中表层沉积物中的 β-HCH、δ-HCH、艾氏剂、异狄氏剂和甲氧滴滴涕较其余 OCPs 更易向湿地湖泊水释放，导致其浓度和占比均低于次表层。

（8）主成分分析和多元线性回归分析表明，会仙岩溶湿地湖泊水体中有机氯农药的主要来源为农田面源输入源和沉积物释放源，其相应贡献率分别 63%和 37%；而沉积物中有机氯农药的主要来源为历史输入源（农业面源排入再通过水相沉降）和沉积物降解源，其相应贡献率分别 60%和 40%。根据主成分分析和多元线性回归分析计算所得的 OCPs 模拟值与实测值的线性相关性良好，该方法可较准确地解释会仙岩溶湿地环境介质中 OCPs 的来源。

第 4 章
有机氯农药在会仙岩溶湿地系统中的迁移归趋研究

4.1 引　言

第 3 章系统地研究探讨了会仙岩溶湿地各环境介质中 OCPs 的含量、组成和时空分布特征，初步认识了该区域 OCPs 的污染特征和来源。在农业生产活动中曾大量使用的 OCPs 进入会仙岩溶湿地后，可在土壤、水体、沉积物和水生植物等环境介质间发生迁移交换、转化、分配和降解等，但由于 OCPs 种类繁多，且理化性差异较大，各种类 OCPs 的迁移转化、归宿趋势可能不同。有研究通过Ⅳ级环境多介质逸度模型模拟了 *p,p′*-DDT 和 *γ*-HCH 在珠三角地区的环境归趋，发现它们由大气分别向土壤和水体、土壤向水体、水体向底泥传输，最终赋存于土壤和底泥中[114]。张晓涛等[209]采用 Level Ⅲ逸度模型研究有机氯农药在福建泉州湾环境介质迁移与归趋的结果显示，*α*-HCH 表现为水体向大气迁移，而 *p,p′*-DDT 则表现为水体向沉积物迁移，沉积物及土壤是它们的最大储库。然而，到目前为止尚无关于会仙岩溶湿地 OCPs 迁移归趋的系统研究报道，而弄清 OCPs 的迁移归趋对该区域持久性有机物防控、保障生产和生活用水安全具有重要意义。因此，本章主要研究在雨水径流冲刷下会仙岩溶湿地各环境介质中 OCPs 的迁移转化和归趋，着重探讨会仙岩溶湿地湖泊中 OCPs 在湖泊水和沉积物之间的交换特征。

4.2 样品采集与分析

样品采集与分析详见本书 3.2 节。

4.3 有机氯农药在会仙岩溶湿地系统中的水平迁移特征

基于环境水分运动和水量变化是环境介质中污染物迁移的重要动力，而春汛期和丰水期正是水分运动和水量变化最活跃的时期，本节统计汇总了会仙岩溶湿地的春汛期和丰水期各种环境介质中 OCPs 的残留水平（表 4.1），以期查明有机氯农药在会仙岩溶湿地系统中的水平迁移规律。

综观春汛期和丰水期会仙岩溶湿地各种环境介质中ΣOCPs 浓度平均值，可发现从春汛期到丰水期稻田表层土壤ΣOCPs 浓度呈降低趋势，而沟渠水、湿地湖泊水、湖泊沉积物和湖泊水生植物中ΣOCPs 浓度均呈增大趋势，说明在这两个降水频繁期，雨势雨量增大强化了稻田表层土壤中 OCPs 的溶出，并在地表径流有力冲刷下，将含较高浓度 OCPs 的泥水通过农田沟渠排入湿地湖泊，完成了 OCPs 从稻田向湿地湖泊的迁移。因此，OCPs 在会仙岩溶湿地系统中的水平迁移路径总体呈现为稻田表层土壤→沟渠水体→湿地湖泊水→湿地湖泊沉积物和水生植物。湿地系统中各类 OCPs 的水平迁移特征分析如下。

4.3.1　会仙岩溶湿地系统中 HCHs 的水平迁移规律

由表 4.1 可知，稻田表层土壤、沟渠水、湿地湖泊水中ΣHCHs 的浓度从春汛期到丰水期均呈现下降趋势，而湖泊沉积物和水生植物中ΣHCHs 的浓度则呈增大趋势。可见，随着雨水径流的增大，稻田表层土壤 HCHs 向湿地湖泊的迁移量不断增加，导致自身浓度下降，同时对沟渠水、湿地湖泊水中 HCHs 产生了扩散稀释作用，而湖泊沉积物和水生植物则成为从土壤中迁出 HCHs 的汇，介质间 HCHs 呈现为长时期的持续平缓迁移。湖泊沉积物中 HCHs 浓度的明显增加，其原因一方面是稻田径流进入湿地湖泊后流速急剧降低有利于其挟带的 HCHs 大量沉降到沉积物中，另一方面是稻田径流中携带含较高浓度 HCHs 的土壤的沉降。

表 4.1　会仙岩溶湿地春汛期和丰水期各环境介质中 OCPs 的残留状况

环境介质	稻田表层土壤		沟渠水		湿地湖泊水		湖泊沉积物		湖泊水生植物	
化合物	浓度平均值/(ng/g)		浓度平均值/(ng/L)		浓度平均值/(ng/L)		浓度平均值/(ng/g)		浓度平均值/(ng/g)	
	春汛期	丰水期	春汛期	丰水期	春汛期	丰水期	春汛期	丰水期	春汛期	丰水期
α-HCH	2.87	4.06	7.65	6.59	7.56	8.22	4.91	4.77	0.43	0.55
β-HCH	35.51	30.03	85.93	70.26	74.47	58.48	23.73	33.45	9.58	10.27
γ-HCH	5.58	4.48	6.38	5.69	6.83	5.77	5.49	6.96	0.44	0.70
δ-HCH	7.81	9.14	4.63	15.37	5.19	8.19	8.20	9.77	0.62	0.62
七氯	7.85	9.80	5.96	19.77	5.69	17.38	7.08	9.52	0.43	0.62
环氧七氯	2.23	2.57	1.90	7.13	2.52	9.10	1.91	3.10	0.95	1.43
艾氏剂	1.65	1.88	5.28	1.69	3.63	4.49	1.52	1.38	0.19	0.33
异狄氏剂	2.15	3.16	0.76	0.81	0.90	2.77	0.67	0.55	0.15	0.20
cis-氯丹	1.49	0.97	1.27	6.97	1.51	1.31	2.24	2.87	0.04	0.27

环境介质	稻田表层土壤		沟渠水		湿地湖泊水		湖泊沉积物		湖泊水生植物	
化合物	浓度平均值/(ng/g)		浓度平均值/(ng/L)		浓度平均值/(ng/L)		浓度平均值/(ng/g)		浓度平均值/(ng/g)	
	春汛期	丰水期	春汛期	丰水期	春汛期	丰水期	春汛期	丰水期	春汛期	丰水期
α-硫丹	2.79	2.31	1.28	1.46	1.38	0.96	1.74	1.89	0.16	0.30
β-硫丹	10.78	9.13	5.22	4.59	4.27	5.06	3.23	3.56	0.13	0.44
p,p'-DDE	7.14	5.39	0.96	9.01	2.26	10.07	5.21	5.17	2.48	2.98
p,p'-DDD	1.74	1.49	0.55	6.15	0.28	4.12	0.87	1.03	0.34	0.46
p,p'-DDT	7.71	6.93	7.88	14.28	6.29	10.98	5.78	6.89	1.19	1.31
甲氧滴滴涕	7.81	3.21	1.84	4.20	1.16	5.27	2.12	2.92	0.62	0.87
ΣHCHs	51.77	47.71	104.58	97.90	94.05	80.66	42.33	54.95	11.07	12.13
ΣDDTs	16.58	13.81	9.39	29.44	8.83	25.16	11.86	13.10	4.01	4.75
ΣHepta	10.08	12.37	7.86	26.90	8.21	26.48	8.99	12.62	1.37	2.04
ΣEndo	13.57	11.44	6.50	6.05	5.64	6.02	4.97	5.45	0.29	0.74
ΣOCPs	105.10	94.56	137.49	173.96	123.93	152.17	74.70	93.84	17.74	21.34

虽然会仙岩溶湿地系统中 HCHs 总体表现为随着地表径流由稻田表层土壤迁向湿地湖泊，但 HCHs 的 4 个同分异构体的迁移能力存在明显差异。对比各介质中 HCHs 的 4 个同分异构体的浓度变化特征，可发现 β-HCH 和 γ-HCH 更易随着地表径流从稻田表层土壤中迁出，通过沟渠汇入湿地湖泊并大量沉降到底部的沉积物上，再经过大量雨水的稀释，β-HCH 和 γ-HCH 在沟渠水和湖泊水中浓度明显下降。稻田表层土壤中 α-HCH 和 δ-HCH 浓度呈增大趋势，可能是大量雨水冲刷促进了稻田表层土壤中 α-HCH 和 δ-HCH 的大面积扩散混匀，以及在浓度差的驱动下它们从下层土壤向上迁移所致。另外，在丰水期雨水径流的强劲冲刷下，δ-HCH 从稻田表层土壤向湿地湖泊的迁移能力明显增强，故而在沟渠水、湿地湖泊水和沉积物中的浓度均明显增大。

4.3.2 会仙岩溶湿地系统中 DDTs 的水平迁移规律

稻田表层土壤中ΣDDTs 的浓度从春汛期到丰水期呈现下降趋势，而沟渠水、湿地湖泊水、湖泊沉积物和水生植物中ΣDDTs 的浓度均呈明显的增大趋势，这表明随着雨水径流冲刷作用的增强，其对稻田表层土壤 DDTs 的洗脱效果不断提高，向湿地湖泊的迁移能力明显增强，湖泊沉积物和水生植物也是从土壤中迁出 DDTs 的汇，介质间 DDTs 表现为伴随强降雨径流的短时爆发式迁移。湖泊沉积物中 DDTs 浓度的增长幅度远低于 HCHs，说明 DDTs 从稻田表层土壤向湿地湖泊的迁移能力和迁移量明显低于 HCHs，这可能是由于 DDTs 较 HCHs 具有更高的正辛醇-水分配系数（K_{OW}）和更低的水溶解度，土壤对 DDTs

的吸附作用更大所致。

从春汛期到丰水期，DDTs 的 3 种异构体（*p,p′*-DDE、*p,p′*-DDD、*p,p′*-DDT）在会仙岩溶湿地各种环境介质中的浓度变化趋势与 ∑DDTs 一致，但它们的迁移能力存在较大差异。与 *p,p′*-DDT 相比，*p,p′*-DDE 和 *p,p′*-DDD 的水溶解度更高，在雨水径流冲刷下，它们的迁移能力强于 *p,p′*-DDT，因此在沟渠水、湿地湖泊水中浓度增长的幅度更大。但在湿地湖泊沉积物中 *p,p′*-DDT 浓度增长的幅度明显大于 *p,p′*-DDE 和 *p,p′*-DDD，这一方面可能是由于 *p,p′*-DDT 水溶解度低而易于沉降和被沉积物吸附，另一方面可能是雨水径流冲刷带来的稻田表层土壤在湿地湖泊中沉降（稻田表层土壤中 *p,p′*-DDT 浓度明显高于 *p,p′*-DDE 浓度和 *p,p′*-DDD 浓度）。

4.3.3　会仙岩溶湿地系统中其余种类 OCPs 的水平迁移规律

（1）七氯类 OCPs 的水平迁移规律

会仙岩溶湿地系统中稻田表层土壤、沟渠水、湿地湖泊水、湖泊沉积物和水生植物等各种介质中七氯和环氧七氯的浓度从春汛期到丰水期均呈现为明显增大的趋势（表 4.1），且两者的浓度增幅相当。这反映出随着雨水径流冲刷作用的增强，提高了大面积稻田表层土壤中七氯类 OCPs 的均匀扩散和洗脱效果，稻田内的扩散迁移和向湿地湖泊的迁移能力均明显增强，湖泊沉积物和水生植物也是从土壤中迁出七氯类 OCPs 的汇。

（2）其余 6 种 OCPs 的水平迁移规律

从春汛期到丰水期，稻田表层土壤中 *α*-硫丹、*β*-硫丹、*cis*-氯丹和甲氧滴滴涕的浓度均呈现下降趋势，它们在湖泊沉积物和水生植物中的浓度均呈增大趋势。沟渠水和湿地湖泊水中甲氧滴滴涕的浓度均呈明显增大的趋势，而 *α*-硫丹、*β*-硫丹和 *cis*-氯丹是有增有减，规律不统一。异狄氏剂除在湖泊沉积物中略有降低外，在其余介质中均呈现增大趋势；而艾氏剂则在沉积物和沟渠水中呈下降趋势，在其余介质中均呈现增大趋势。综上所述，随着雨水径流冲刷作用的增强，稻田表层土壤甲氧滴滴涕的洗脱效果和向湿地湖泊的迁移能力均明显增强，而对其余 5 种 OCPs 的影响不明显，但都促进了它们的水平迁移。

4.4　有机氯农药在会仙岩溶湿地系统中的垂直分布与迁移特征

4.4.1　稻田土壤柱中有机氯农药的含量及组成特征

会仙岩溶湿地稻田土壤柱中各种 OCPs 残留含量如表 4.2 所示。在湿地稻田土壤柱样品中也检出了相同的 15 种 OCPs，但它们在各个土壤柱中检出情况不同，在 D3 和 D7 土壤柱中 15 种 OCPs 均有不同程度的检出，在 D2 和 D5 土壤柱中均未检出异狄氏剂和 *p,p'*-DDD，在 D6 土壤柱中未检出 *α*-硫丹和甲氧滴滴涕，在 D8 土壤柱中未检出 *cis*-氯丹、*α*-硫丹和甲氧滴滴涕。*α*-HCH、*β*-HCH、*γ*-HCH、*δ*-HCH、七氯、环氧七氯、艾氏剂和 *p,p'*-DDT 等 8 种 OCPs 在 6 个土壤柱中的检出率均为 100%。

湿地稻田土壤柱 D2、D3、D5、D6、D7 和 D8 中∑OCPs 浓度范围分别为 56.76～145.62 ng/g、76.58～128.45 ng/g、78.14～153.00 ng/g、80.27～122.13 ng/g、101.28～218.49 ng/g 和 70.08～166.49 ng/g，平均值分别为 108.50 ng/g、106.88 ng/g、106.21 ng/g、101.95 ng/g、162.45 ng/g 和 101.59 ng/g。可见，D7 土壤柱中 OCPs 浓度显著高于其余土壤柱，而其余 5 个土壤柱中 OCPs 浓度水平基本一致。稻田土壤柱中 HCHs 浓度最高，其浓度范围为 31.88～194.76 ng/g（平均值为 85.42 ng/g）；其次为七氯类 OCPs，其浓度范围为 6.93～19.76 ng/g（平均值为 12.27 ng/g）；再次为 DDTs，其浓度范围为 1.05～22.93 ng/g（平均值为 7.49 ng/g）；其余 OCPs 的浓度均较低，硫丹类 OCPs、艾氏剂、异狄氏剂、*cis*-氯丹和甲氧滴滴涕的浓度范围分别为 ND～6.15 ng/g（平均值为 2.81 ng/g）、0.67～3.69 ng/g（平均值为 1.50 ng/g）、ND～18.83 ng/g（平均值为 3.95 ng/g）、ND～2.92 ng/g（平均值为 0.42 ng/g）和 ND～9.66 ng/g（平均值为 0.74 ng/g）。综上所述，稻田土壤柱中 HCHs 类有机氯农药的残留浓度显著高于其他类 OCPs，HCHs 是稻田土壤柱中 OCPs 的主要组分，反映出会仙岩溶湿地历史农业生产中以 HCHs 类有机氯农药为主要杀虫剂。

在 HCHs 的组成上，稻田土壤柱中 *α*-HCH、*β*-HCH、*γ*-HCH、*δ*-HCH 的浓度范围分别为 2.24～5.82 ng/g（平均值为 3.67 ng/g）、0.66～70.12 ng/g（平均值为 14.62 ng/g）、1.78～3.01 ng/g（平均值为 2.22 ng/g）和 1.91～183.04 ng/g（平均值为 64.92 ng/g），可见 *δ*-HCH 的浓度显著高于其他 3 种异构体，*δ*-HCH 是 HCHs 的主要组分，其次为 *β*-HCH。因此，稻田土壤柱中 HCHs 的组成特征与其耕作层截然不同，耕作层中 *β*-HCH 是 HCHs 的主要组分。样品中 *β*-HCH 和 *δ*-HCH 的总和占 HCHs 的 83%以上，说明稻田土壤柱中 *α*-HCH 和 *γ*-HCH 降解较充分，绝大部分已转化为 *β*-HCH 和 *δ*-HCH，因此 HCHs 源于历史残留，近期无新的 HCHs 输入。

在七氯类 OCPs 组成中，稻田土壤柱中七氯、环氧七氯的浓度范围分别为 4.39～16.73 ng/g（平均值为 9.75 ng/g）和 0.97～5.61 ng/g（平均值为 2.52 ng/g），七氯占绝对优势。

在 DDTs 的组成中，稻田土壤柱中 *p,p'*-DDE、*p,p'*-DDD 和 *p,p'*-DDT 的浓度范围分别为 ND～14.23 ng/g（平均值为 1.10 ng/g）、ND～1.25 ng/g（平均值为 0.24 ng/g）和 0～10.88 ng/g（平均值为 6.15 ng/g），检出率分别为 75%、25%和 97.22%，因此 *p,p'*-DDT 是 DDTs 的主要组分，*p,p'*-DDD 浓度和检出率很低，且 *p,p'*-DDE 和 *p,p'*-DDD 总浓度也比较低，说明稻田土壤中 *p,p'*-DDT 以好氧降解为主，但降解率较低。

表 4.2　会仙岩溶湿地稻田土壤柱中 OCPs 的残留状况

采样点编号	D2			D3			D5			D6			D7			D8		
化合物	浓度范围/(ng/g)	平均值/(ng/g)	检出率/%	浓度范围/(ng/g)	平均值/(ng/g)	检出率/%	浓度范围/(ng/g)	平均值/(ng/g)	检出率/%	浓度范围/(ng/g)	平均值/(ng/g)	检出率/%	浓度范围/(ng/g)	平均值/(ng/g)	检出率/%	浓度范围/(ng/g)	平均值/(ng/g)	检出率/%
α-HCH	2.66～3.59	3.10	100	2.37～4.99	3.59	100	2.24～4.31	3.53	100	2.58～5.14	3.67	100	4.02～5.82	4.74	100	2.71～3.97	3.38	100
β-HCH	7.23～24.52	13.88	100	3.48～70.12	24.30	100	4.53～49.19	15.19	100	3.89～38.13	12.66	100	0.66～36.72	10.64	100	1.14～33.06	11.05	100
γ-HCH	1.84～2.01	1.96	100	1.79～2.97	2.26	100	1.78～3.01	2.47	100	1.85～2.46	2.17	100	2.05～2.53	2.31	100	1.84～2.45	2.16	100
δ-HCH	2.61～90.00	61.14	100	1.91～86.84	44.75	100	29.37～115.21	55.86	100	1.96～88.98	57.22	100	2.83～183.04	111.89	100	9.63～127.36	58.64	100
七氯	6.47～14.28	10.98	100	6.37～16.73	11.38	100	5.14～14.72	10.46	100	4.39～9.11	6.28	100	7.77～10.91	9.56	100	6.12～15.51	9.83	100
环氧七氯	2.35～3.22	2.84	100	0.97～3.59	2.39	100	1.69～2.91	2.21	100	1.47～3.73	2.39	100	1.21～5.61	2.78	100	1.08～4.25	2.53	100
艾氏剂	1.33～1.85	1.62	100	0.67～1.91	1.44	100	0.73～3.69	1.84	100	0.81～1.87	1.33	100	0.74～2.03	1.25	100	0.72～2.22	1.54	100
异狄氏剂	ND	0	0	5.29～9.54	6.65	100	ND	0	0	2.26～6.39	5.20	100	4.22～18.83	7.44	100	ND～6.88	4.42	83.33
cis-氯丹	ND～1.51	0.42	33.33	ND～0.66	0.11	16.67	ND～1.69	0.80	66.67	ND～1.16	0.29	33.33	ND～2.92	0.87	50	ND	0	0
α-硫丹	ND～0.98	0.16	16.67	ND～0.61	0.10	16.67	ND～0.46	0.08	16.67	ND	0	0	ND～0.65	0.11	16.67	ND	0	0

采样点编号	D2			D3			D5			D6			D7			D8		
化合物	浓度范围/（ng/g）	平均值/（ng/g）	检出率/%	浓度范围/（ng/g）	平均值/（ng/g）	检出率/%	浓度范围/（ng/g）	平均值/（ng/g）	检出率/%	浓度范围/（ng/g）	平均值/（ng/g）	检出率/%	浓度范围/（ng/g）	平均值/（ng/g）	检出率/%	浓度范围/（ng/g）	平均值/（ng/g）	检出率/%
β-硫丹	ND～5.48	3.57	83.33	ND～5.19	1.66	33.33	ND～5.97	4.62	83.33	ND～5.54	2.50	50.00	ND～4.99	1.62	33.33	ND～4.98	2.42	50
p,p'-DDE	ND～1.33	0.73	66.67	ND～3.11	0.63	33.33	ND～2.89	1.22	83.33	ND～14.23	2.69	66.67	0.41～1.05	0.68	100	ND～1.66	0.69	100
p,p'-DDD	ND	0	0	ND～1.01	0.30	33.33	ND	0	0	ND～1.06	0.32	33.33	ND～1.25	0.21	16.67	ND～1.21	0.61	66.67
p,p'-DDT	6.71～10.88	7.75	100	2.31～9.57	6.80	100	6.82～9.18	7.59	100	2.46～7.64	5.26	100	1.75～9.76	5.17	100	ND～7.52	4.33	100
甲氧滴滴涕	ND～2.14	0.36	16.67	ND～3.12	0.52	16.67	ND～2.12	0.35	16.67	ND	0	0	ND～9.66	3.20	33.33	ND	0	0
ΣHCHs	31.88～111.27	80.08	100	52.49～95.35	74.91	100	42.97～130.15	77.04	100	45.36～98.75	75.72	100	47.64～194.76	129.57	100	39.33～142.42	75.23	100
ΣDDTs	7.29～10.88	8.47	100	2.31～13.45	7.73	100	7.53～10.22	8.81	100	2.46～22.93	8.26	100	2.28～11.46	6.06	100	1.05～8.23	5.63	100
ΣHepta	9.11～17.50	13.82	100	8.51～19.27	13.77	100	7.53～17.63	12.67	100	6.93～10.58	8.66	100	8.98～16.33	12.33	100	8.15～19.76	12.35	100
ΣEndo	ND～6.15	3.74	83.33	ND～5.8	1.76	33.33	ND～5.97	4.70	83.33	ND～5.54	2.50	50	0～4.99	1.73	50	ND～4.98	2.42	50
ΣOCPs	56.76～145.62	108.50	100	76.58～128.45	106.88	100	78.14～153.00	106.21	100	80.27～122.13	101.95	100	101.28～218.49	162.45	100	70.08～166.49	101.59	100

4.4.2　稻田土壤柱中有机氯农药的垂直分布特征

在会仙岩溶湿地周边随机选择了 D2、D3、D5、D6、D7 和 D8 等 6 个稻田土壤采样点，采用土壤柱状采样器采集了 0～100 cm 间的柱状土壤，分别检测 0～5 cm、10～20 cm、30～40 cm、50～60 cm、70～80 cm 和 90～100 cm 的土壤样品中的 OCPs 浓度，并利用 Origin 软件绘制了 OCPs 在稻田土壤剖面的垂直分布图。各土壤柱不同深度 OCPs 分布如图 4.1～图 4.6 所示，以下逐一对各土壤柱中 OCPs 的分布进行分析。

（1）土壤柱 D2 中 OCPs 的分布特征

如图 4.1 所示，在稻田土壤柱 D2 中，从表层到 60 cm 深度，土壤中 ΣOCPs、ΣHCHs、δ-HCH 和七氯的浓度均呈逐步增大的趋势并达到峰值，到 70～80 cm 时它们的浓度明显降低，但深度增加到 90～100 cm 时它们的浓度又出现回升。相对而言，ΣDDTs、ΣHepta、环氧七氯、α-HCH 和 γ-HCH 的浓度均较平稳，随着深度的增加无明显增减变化趋势；β-HCH 则是从表层到 40 cm 深度呈下降趋势，随后趋于平稳。

（2）土壤柱 D3 中 OCPs 的分布特征

如图 4.2 所示，在稻田土壤柱 D3 中，α-HCH 和 γ-HCH 的浓度在表层最高，然后随着深度的增加略有波动并逐渐趋于平稳；β-HCH 浓度从表层到 40 cm 深度呈快速下降趋势，随后保持平稳；δ-HCH 浓度则从表层到 40 cm 深度呈快速增大趋势，50～80 cm 出现明显回落，到 90～100 cm 时又显著增大；ΣDDTs、ΣHepta 和环氧七氯的浓度均随着深度的增加稍有增减，但波动幅度不大；七氯的浓度在 10～20 cm 深度时最大，此后随着深度的增加而波动下降；土壤中 ΣOCPs 和 ΣHCHs 在 10～20 cm 深度时的浓度大于表层，20～80 cm 随着深度的增加它们的浓度呈现明显下降趋势，但深度增加到 90～100 cm 时它们的浓度又快速回升。

（3）土壤柱 D5 中 OCPs 的分布特征

如图 4.3 所示，在稻田土壤柱 D5 中，α-HCH、γ-HCH、ΣDDTs 和 ΣHepta 的浓度从表层到 100 cm 深度均呈现为略有波动的下降趋势；环氧七氯的浓度在整个垂直剖面中基本保持稳定；β-HCH 的浓度从表层到 20 cm 深度呈快速下降趋势，随后保持平稳；δ-HCH 浓度则从表层到 40 cm 深度保持稳定，随后振荡上涨，到 90～100 cm 时最大；七氯的浓度在 10～20 cm 深度时最大，此后随深度增加而持续下降；土壤中 ΣOCPs 和 ΣHCHs 的浓度从表层到 100 cm 深度均呈现为较大幅的起伏升降，在 90～100 cm 深度时最大。

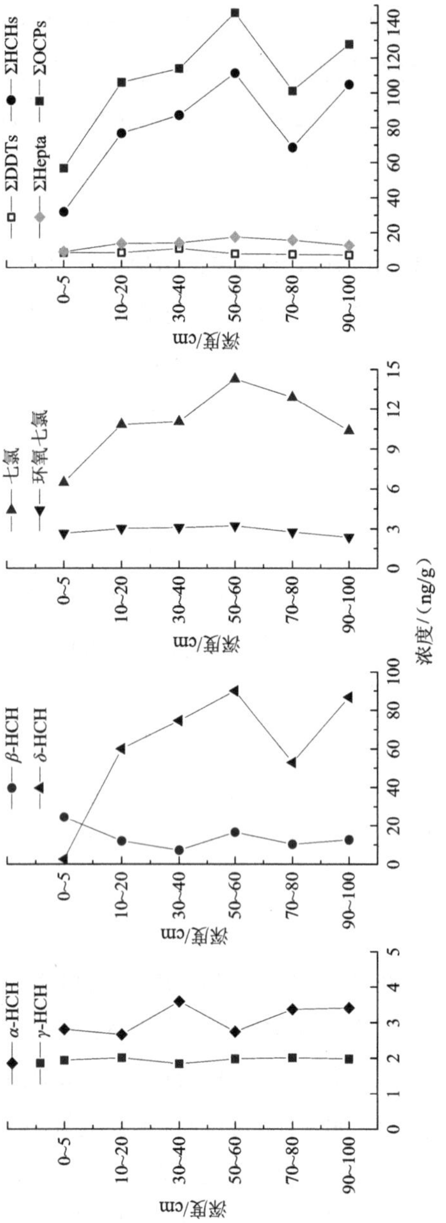

图 4.1 稻田土壤柱 D2 中有机氯农药的垂直分布

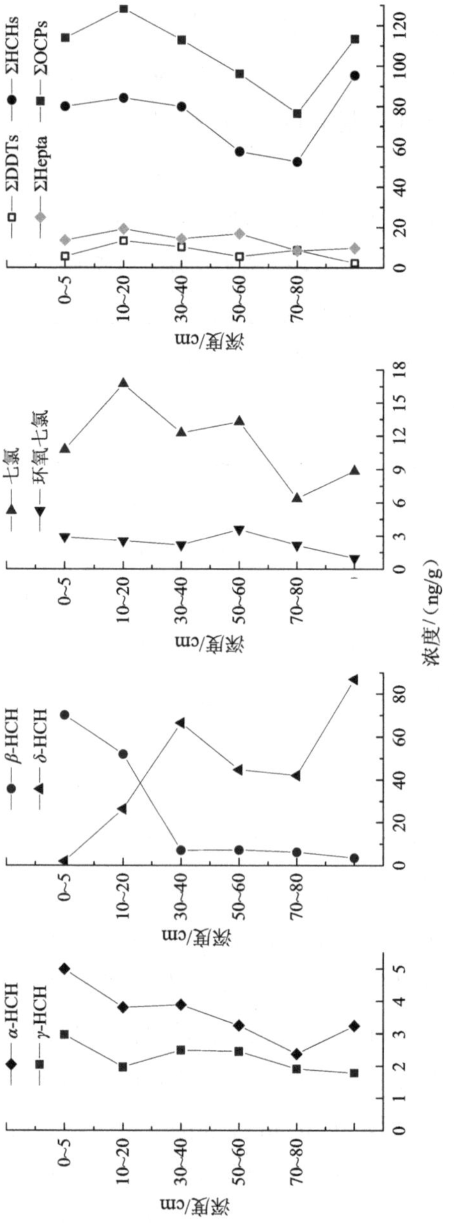

图 4.2 稻田土壤柱 D3 中有机氯农药的垂直分布

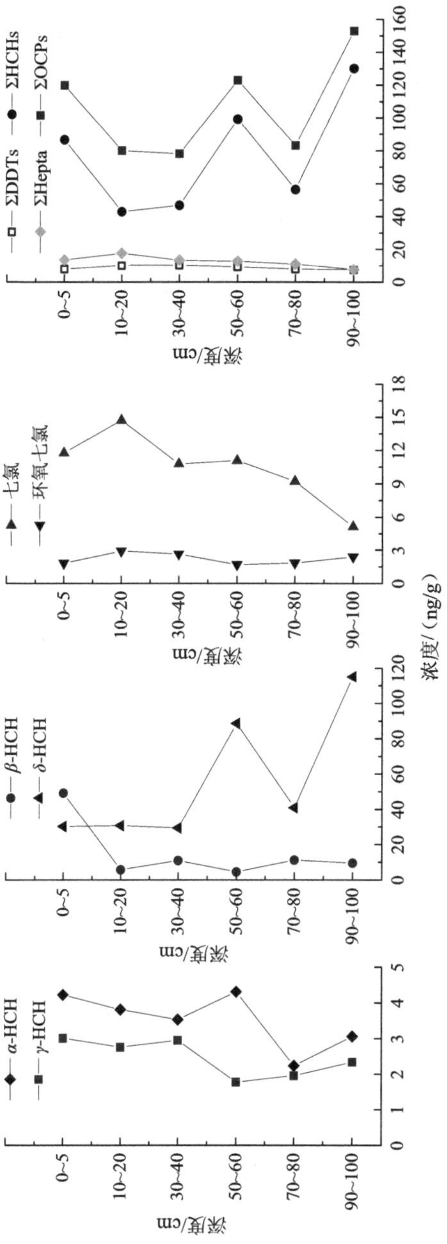

图 4.3　稻田土壤柱 D5 中有机氯农药的垂直分布

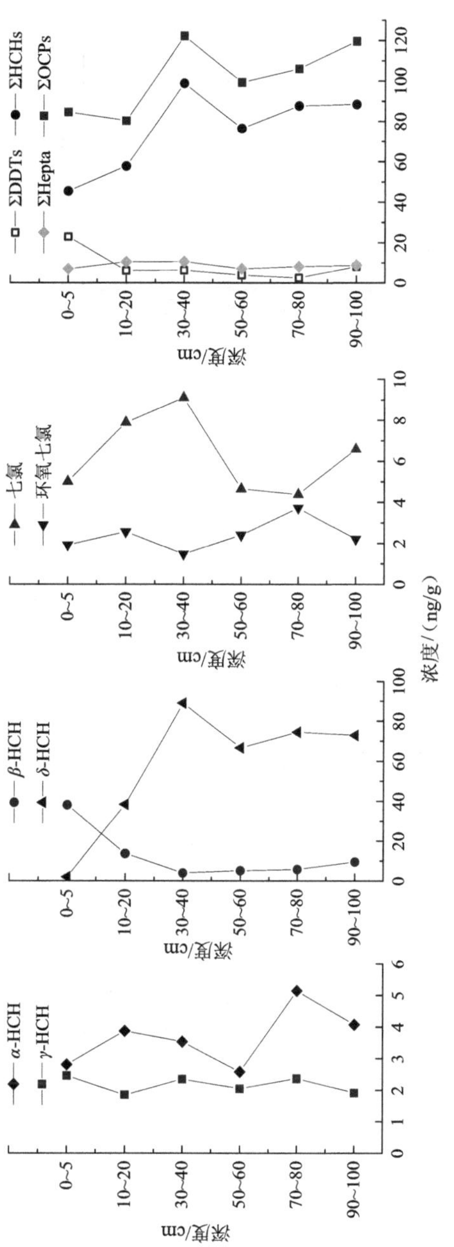

图 4.4　稻田土壤柱 D6 中有机氯农药的垂直分布

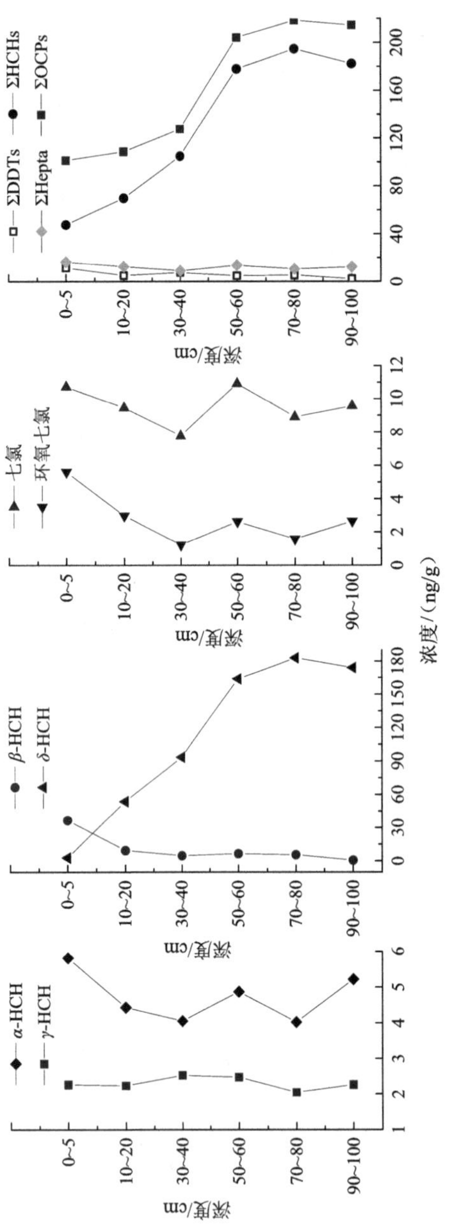

图 4.5 稻田土壤柱 D7 中有机氯农药的垂直分布

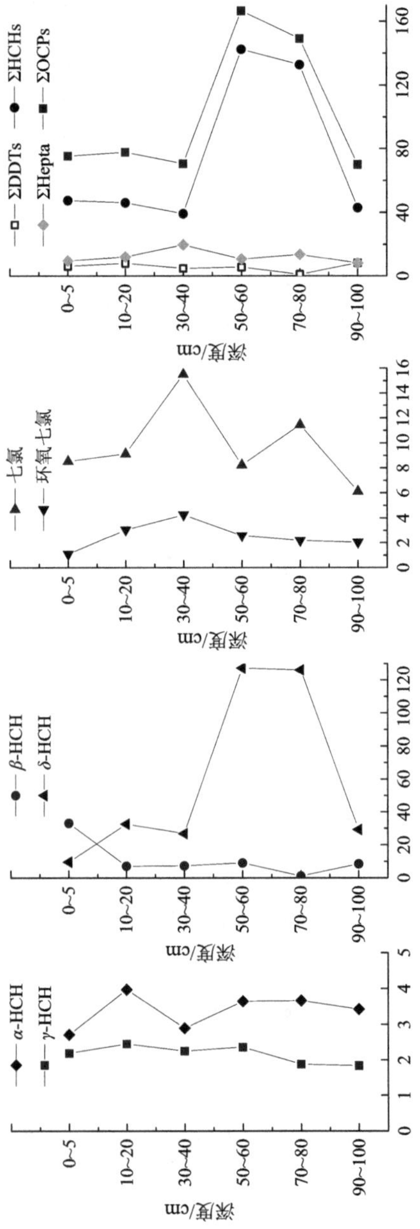

图 4.6 稻田土壤柱 D8 中有机氯农药的垂直分布

（4）土壤柱 D6 中 OCPs 的分布特征

如图 4.4 所示，在稻田土壤柱 D6 中，α-HCH、γ-HCH、环氧七氯、ΣDDTs 和ΣHepta 的浓度从表层到 100 cm 深度均呈现为小幅的起伏增减；β-HCH 的浓度从表层到 40 cm 深度呈快速下降趋势，随后保持平稳；δ-HCH 浓度则从表层到 40 cm 深度呈现快速增大趋势并达到最大值，随后又迅速回落；七氯的浓度从表层到 40 cm 深度也呈现增大趋势并达到最大值；土壤中ΣOCPs 和ΣHCHs 的浓度从表层到 40 cm 深度均呈现为增大趋势并达到最大值，在 50～60 cm 深度回落后又缓慢增加。

（5）土壤柱 D7 中 OCPs 的分布特征

如图 4.5 所示，在稻田土壤柱 D7 中，α-HCH、β-HCH、七氯、环氧七氯、ΣDDTs 和ΣHepta 的浓度都是表层最大，从表层到 100 cm 深度随着深度的增加均呈现振荡下降趋势；γ-HCH 的浓度从表层到 100 cm 深度基本保持平稳；土壤中 δ-HCH、ΣOCPs 和Σ HCHs 的浓度从表层到 80 cm 深度呈现增大趋势并达到最大值，随后趋于平稳。

（6）土壤柱 D8 中 OCPs 的分布特征

如图 4.6 所示，在稻田土壤柱 D8 中，α-HCH、γ-HCH、环氧七氯和ΣDDTs 的浓度从表层到 100 cm 深度均呈现小幅的起伏增减，总体保持平稳；β-HCH 的浓度在表层最大，从表层到 20 cm 深度呈快速下降趋势，随后保持平稳；δ-HCH 浓度在表层最小，从表层到 80 cm 深度呈现起伏增大趋势，并在 50～60 cm 深度达到最大值，到 90～100 cm 深度时又急剧回落；七氯和ΣHepta 的浓度从表层到 40 cm 深度均呈现增大趋势并达到最大值，随后振荡回落；土壤中ΣOCPs 和ΣHCHs 的浓度从表层到 40 cm 深度均表现为略有下降趋势，到 50～60 cm 时迅速增大并达到最大值，随后又快速回落。

4.4.3　稻田土壤中有机氯农药的垂直迁移分析

由图 4.1～图 4.6 可知，在所有的稻田土壤柱垂直剖面不同深度，15 种 OCPs 有不同程度的检出和浓度值，均出现下层土壤中ΣOCPs 浓度显著大于表层的浓度，说明有机氯农药在会仙岩溶湿地稻田中产生了垂直向下迁移，但各种 OCPs 的迁移速率和迁移量有明显区别。各种 OCPs 的垂直迁移特征分析如下。

（1）HCHs 类有机氯农药的垂直迁移转化特征

在会仙岩溶湿地采集的所有稻田土壤柱中，随着深度的增加，ΣHCHs 的浓度变化趋势与ΣOCPs 的浓度变化趋势一致，表明 HCHs 是 OCPs 向下迁移的主要组分。综观图 4.1～图 4.6，土壤柱中 HCHs 各同分异构体的转化和垂直向下迁移均存在明显区别。在土壤柱的表层土壤中，β-HCH 的浓度均显著高于 δ-HCH，下层土壤中 δ-HCH 的浓度却显著高于 β-HCH，而在土壤柱中 α-HCH 和 γ-HCH 的浓度均较低，且自上而下基本维持平稳，说明历史农业生产使用的 HCHs 类农药中 α-HCH 和 γ-HCH 两种主要成分进入土壤后在不同深度的转化方式不同，在表层主要转化为 β-HCH，但在下层则主要转化为 δ-HCH。

对比会仙岩溶湿地地下水中 α-HCH（ND～31.52 ng/L，平均值为 5.32 ng/L）、β-HCH（3.57～85.22 ng/L，平均值为 23.29 ng/L）、γ-HCH（0.57～41.02 ng/L，平均值为 6.45 ng/L）和 δ-HCH（1.37～32.12 ng/L，平均值为 7.91 ng/L）的浓度特征，可发现 β-HCH 在地下水中的浓度最高，这说明与其余 3 种异构体相比，土壤中 β-HCH 更易随着水分运动向下迁移直至地下水中。土壤柱下层土壤中 α-HCH、β-HCH 和 γ-HCH 的浓度随着深度的增加仍基本保持平稳，反映出它们并没有被土壤胶体大量吸附截留，而是随着水分运动较平稳地向下迁移，但 δ-HCH 可能较易被土壤胶体大量吸附截留，故在下层土壤中的浓度极高，随着深度的增加出现大幅增减变化可能是下层土壤结构发生变化所致，因此，δ-HCH 的水溶解度在 HCHs 的 4 种同分异构体中最大，它的有机碳吸附系数也是四者中最大的，因而易被土壤吸附导致其向下迁移能力显著变弱，这一结论与孙玉川等[183]的研究结果相一致。

各土壤柱中 δ-HCH 的浓度最大值出现的深度以及随着深度增加的变化趋势和振幅均有所不同，一方面反映出 δ-HCH 在各个采样点位的向下迁移速率不同，另一方面说明各个采样点位的土层土壤结构、水量、水分运动特征等存在差异。

（2）七氯类有机氯农药的垂直迁移特征

稻田土壤柱中七氯类 OCPs（七氯+环氧七氯）的浓度仅次于 HCHs，也是土壤柱中 OCPs 的重要组成部分，随着土壤柱深度的增加，环氧七氯的浓度起伏波动变小，而七氯的浓度有明显的起伏波动且总体呈下降趋势，说明在向下迁移过程中土壤胶体对环氧七氯的吸附滞留作用相对较弱，而对七氯的吸附滞留作用较强。因此，在土壤柱下层土壤中均出现了不同强度的峰值，但不同土壤柱中出现峰值的深度不同，这同样可能是各采样点的土层土壤结构、水分运动特征等差异所导致的。

对比会仙岩溶湿地地下水中七氯和环氧七氯的浓度可知，七氯的浓度显著高于环氧七氯，这可能是由于它们在土壤中显著的浓度差，土壤中七氯的浓度也显著高于环氧七氯，因此，在向下迁移时虽然土壤胶体对七氯的吸附滞留作用大于环氧七氯，但由于七氯有更高的浓度，所以其迁移量仍会大于环氧七氯，这也暗示了它们的向下迁移速率不存在明显差异。

（3）DDTs 类有机氯农药的垂直迁移转化特征

会仙岩溶湿地稻田土壤柱中 DDTs 的垂直分布特征如图 4.7 所示。在土壤柱 D2 和 D5 中均未检出 p,p′-DDD，而其余 4 个土壤柱中在 1～2 个层深的土壤中有较低浓度的检出；虽然在土壤柱中均能检出 p,p′-DDE，但其浓度均远低于 p,p′-DDT，这表明在会仙岩溶湿地稻田下层土壤中 p,p′-DDT 的降解率较低，且基本是好氧降解为 p,p′-DDE，厌氧降解概率极低，可能是土壤中缺乏具备降解 p,p′-DDT 的厌氧微生物所致。

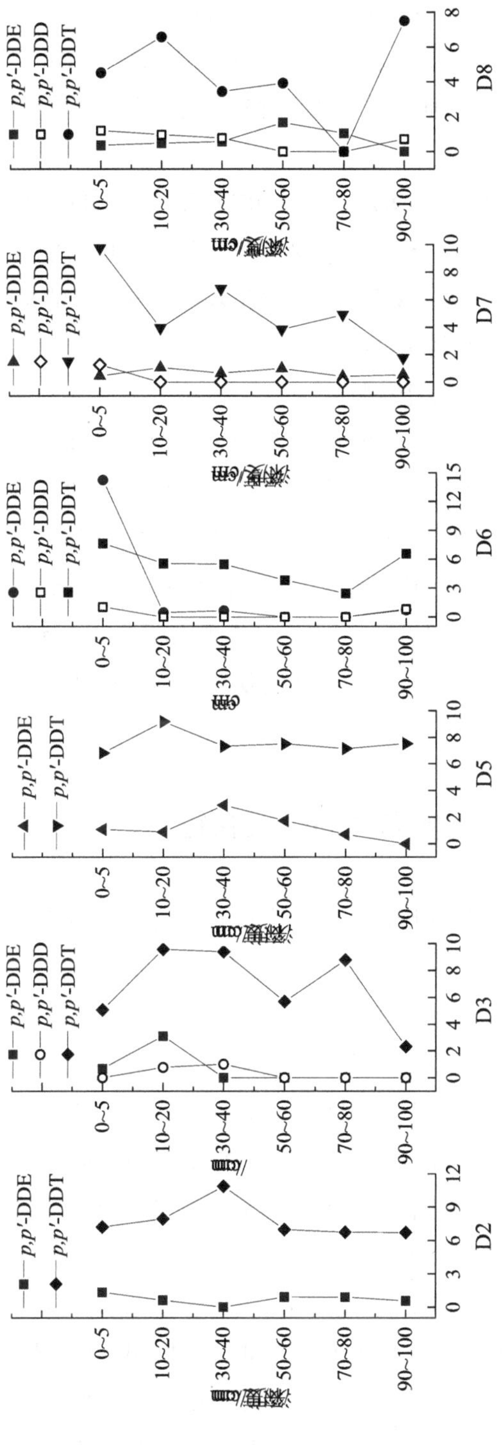

图 4.7　D2～D8 稻田土壤柱中 DDTs 的垂直分布

由于土壤柱中 *p,p′*-DDD 的检出率极低，因此可以认为 *p,p′*-DDD 基本没有垂直向下迁移，而 *p,p′*-DDE 只有少量向下迁移。在稻田土壤柱 D2、D5 和 D6 中，随着深度的增加，*p,p′*-DDT 的浓度均未出现明显的波动，而在土壤柱 D3、D7 和 D8 中则有明显的起伏波动，说明采样点位间 *p,p′*-DDT 的垂直向下迁移存在明显差异，可能与采样点位间的水分运动和土壤结构等方面的差异有关。

对比会仙岩溶湿地地下水中 *p,p′*-DDE、*p,p′*-DDD 和 *p,p′*-DDT 的浓度，可以发现 *p,p′*-DDD 的浓度略高于 *p,p′*-DDT，而远高于 *p,p′*-DDE，这一方面可能是迁移到地下水中的 *p,p′*-DDT 通过厌氧降解反应产生了较多的 *p,p′*-DDD，另一方面可能是周边含 *p,p′*-DDD 的地表水快速入渗或邻区地下水的侧向径流补给。

（4）其余 6 种有机氯农药的垂直迁移特征

在其余 6 种 OCPs 中，*cis*-氯丹、*α*-硫丹、*β*-硫丹和甲氧滴滴涕的检出率均较低，且在土壤柱垂直分布上均不连贯、时有时无，因此可推断它们在会仙岩溶湿地稻田土壤中垂直向下迁移无规律或基本没有向下迁移。艾氏剂在土壤柱垂直分布上总体呈现为随着土壤深度的增加而降低的趋势，反映出艾氏剂主要滞留在中上层，向下迁移量逐步减少。在土壤柱 D2 和 D5 中均未检出异狄氏剂，而在其余 4 个土壤柱中，异狄氏剂的浓度自上而下随着土壤深度的增加基本保持稳定，说明各土层土壤对其的吸附滞留作用不强且无明显差异，故异狄氏剂可以较平缓地向下迁移。

4.5 有机氯农药在水体–沉积物间的交换特征

污染物通过各种方式进入自然环境后，会在不同环境介质间发生跨界面迁移交换，并进行介质间的动态分配，最终按一定的比例存留在不同的环境介质中实现动态平衡[210]，当外部环境条件发生改变时，污染物会重新在环境介质界面间进行交换分配。因此，根据污染物在各种环境介质中的分布状况、介质和污染物的理化性质以及环境条件，通过数学模型建立污染物在不同环境介质间的相互关系，进而研究污染物在不同环境介质间的分配、交换和迁移行为。1979 年，加拿大环境学者 Donald Mackay 将“逸度”（Fugacity）的概念引入环境模型中，用于描述化合物在两环境介质间的迁移趋势或倾向，并首次运用逸度模型分析了有机化学品在环境各介质中的分布[211,212]。综合考虑多介质环境体系的状况变化和复杂性，该逸度模型发展出了 Level Ⅰ、Level Ⅱ、Level Ⅲ和 Level Ⅳ等四级逸度模型，并被广泛应用于污染物的环境归趋模拟研究。例如，许多研究基于 Level Ⅲ 逸度模型分别探讨了持久性有机污染物在南极地区环境中的归趋[213]，鄱阳湖区 PAHs 的多介质迁移和归趋[214]，青藏高原纳木错流域 *α*-HCH、*p,p′*-DDT、Phe 和 BaP 等 4 种 POPs 的多介质迁移与归趋[113]。

本节基于环境介质中 OCPs 的实际浓度，运用环境介质逸度模型探讨 OCPs 在环境中的归趋行为，研究会仙岩溶湿地 OCPs 在地表水水相和沉积物相之间的交换特征。

逸度容量 Z，通常用来表征在指定的逸度条件下某种环境介质可容纳污染物的能力水平。逸度容量既受污染物和环境介质自身的理化性质影响，又受环境温度、压力和外界扰动等因素影响。

水相：
$$Z_W = 1/K_b \tag{4.1}$$
$$f_W = C_W/Z_W \tag{4.2}$$
沉积物相：
$$Z_S = W_{OC} \times K_{OC}/K_b \tag{4.3}$$
$$f_S = C_S/Z_S \tag{4.4}$$
$$ff_{SW} = C_S/（C_S + C_W \times W_{OC} \times K_{OC}） \tag{4.5}$$

式中，Z_W、Z_S 分别为水相、沉积物相的污染物逸度容量；K_b 为污染物的亨利常数，$Pa·m^3/mol$；f_W、f_S 分别为水相、沉积物相的污染物逸度系数，Pa；C_W 为水相中污染物的浓度，ng/mL；C_S 为沉积物中污染物的浓度，ng/g；W_{OC} 为沉积物中有机碳百分含量；K_{OC} 为污染物的有机碳吸附系数；ff_{SW} 为污染物在两相间的逸度系数，可描述污染物在两种介质间的平衡状态及逃逸趋势。若逸度系数 $ff_{SW} = 0.5$，反映出污染物在水相与沉积物相间处于平衡状态；当 $ff_{SW} > 0.5$ 时，反映出污染物将从沉积物释放到水相中；当 $ff_{SW} < 0.5$ 时，反映出污染物将从水相沉降并吸附在沉积物上[215,216]。

基于上述逸度模型，收集和计算模型所需的 OCPs 理化参数，如表 4.3 所示，统计了各水期、各采样点会仙岩溶湿地湖泊水及其对应的湖泊沉积物中 OCPs 的浓度平均值，代入模型公式可得到各水期、各采样点各种 OCPs 在会仙岩溶湿地水相与沉积物相间的逸度商，分别如图 4.8 和图 4.9 所示。

表 4.3　15 种 OCPs 的部分理化参数

OCPs	亨利常数 K_b（25℃）/（$Pa·m^3/mol$）	正辛醇-水分配系数 K_{OW}	有机碳吸附系数 K_{OC}
α-HCH	$1.22×10^{-5}$	$6.61×10^3$	$4.16×10^3$
β-HCH	$4.40×10^{-7}$	$6.03×10^3$	$3.80×10^3$
γ-HCH	$5.14×10^{-6}$	$5.25×10^3$	$3.31×10^3$
δ-HCH	$4.29×10^{-7}$	$1.38×10^4$	$8.69×10^3$
七氯	$2.94×10^{-4}$	$1.26×10^6$	$7.94×10^5$
环氧七氯	$2.10×10^{-5}$	$9.55×10^4$	$6.02×10^4$
艾氏剂	$4.40×10^{-5}$	$3.16×10^6$	$1.99×10^6$
异狄氏剂	$6.36×10^{-6}$	$1.58×10^5$	$9.95×10^4$
cis-氯丹	$3.47×10^{-4}$	$1.26×10^6$	$7.94×10^5$

OCPs	亨利常数 K_b（25℃）/（Pa·m^3/mol）	正辛醇-水分配系数 K_{OW}	有机碳吸附系数 K_{OC}
α-硫丹	7.09×10^{-6}	6.76×10^{3}	4.26×10^{3}
β-硫丹	3.91×10^{-7}	6.76×10^{3}	4.26×10^{3}
p,p'-DDE	4.16×10^{-5}	3.24×10^{6}	2.04×10^{6}
p,p'-DDD	6.60×10^{-6}	1.05×10^{6}	6.62×10^{5}
p,p'-DDT	8.32×10^{-6}	8.13×10^{6}	5.12×10^{6}
甲氧滴滴涕	2.03×10^{-7}	1.20×10^{5}	7.56×10^{4}

数据来源：https://chem.nlm.nih.gov。

注：$K_{OC}=0.63\times K_{OW}$。

由图 4.8 和图 4.9 可以看出，α-硫丹在会仙岩溶湿地水相与沉积物相间的逸度商最大，其次是 β-硫丹、α-HCH、β-HCH、γ-HCH 和 δ-HCH，再次是环氧七氯和甲氧滴滴涕，艾氏剂和 p,p'-DDT 的逸度商最小。随着水期和采样点位的变化，15 种 OCPs 在水相与沉积物相间的逸度商均未表现出明显的变化规律，且均远小于 0.5，据此可认为在无外界大扰动下全年不同水期及采样点的会仙岩溶湿地湖泊水中 OCPs 持续向沉积物相沉积。这可能是因为会仙岩溶湿地周围分布有广袤的稻田，稻田土壤中 OCPs 随着地表径流源源不断地输入湿地湖泊水中，导致湖泊水中 OCPs 全年保持较高的浓度水平；而会仙岩溶湿地地势平坦、水流平缓，有利于污染物的沉积。前文的研究中也发现会仙岩溶湿地湖泊沉积物 OCPs 浓度呈现为枯水期＞平水期＞丰水期＞春汛期，证实了会仙岩溶湿地水相中 OCPs 是持续向沉积物相沉积的，因此，沉积物中的 OCPs 浓度逐步增大。

由于实际环境中的有机氯农药是多组分共存的，本节汇总了各水期、各采样点各类 OCPs 在会仙岩溶湿地水相与沉积物相间的逸度系数，如图 4.10 和图 4.11 所示。

由图 4.10 和图 4.11 可知，HCHs 和硫丹类 OCPs 的逸度系数相当，DDTs 的逸度系数最小，各类 OCPs 的逸度系数算术和均明显小于 0.5，且各水期之间及各采样点之间的差异均较小，说明会仙岩溶湿地各类 OCPs 在所有水期及采样点位均表现为由湖泊水向湖泊沉积物沉积。通过计算 15 种 OCPs 的逸度系数总和，发现各水期、各采样点∑OCPs 的逸度系数均大于 0.5，可能会发生由沉积物向水体的释放。直接采用算术和求解 OCPs 混合物的逸度系数可能不够科学合理，主要是忽略了多元污染物在水固两相间的吸附-解吸的复杂性。

为了弄清各个采样点位在各个采样时段会仙岩溶湿地湖泊水与湖泊沉积物间有机氯农药的实时交换特征，用各采样批次不同采样点湖泊水及对应沉积物 OCPs 检测值代入逸度模型公式，获得 OCPs 在水相与沉积物相间的 ff_{SW}，如表 4.4 所示。

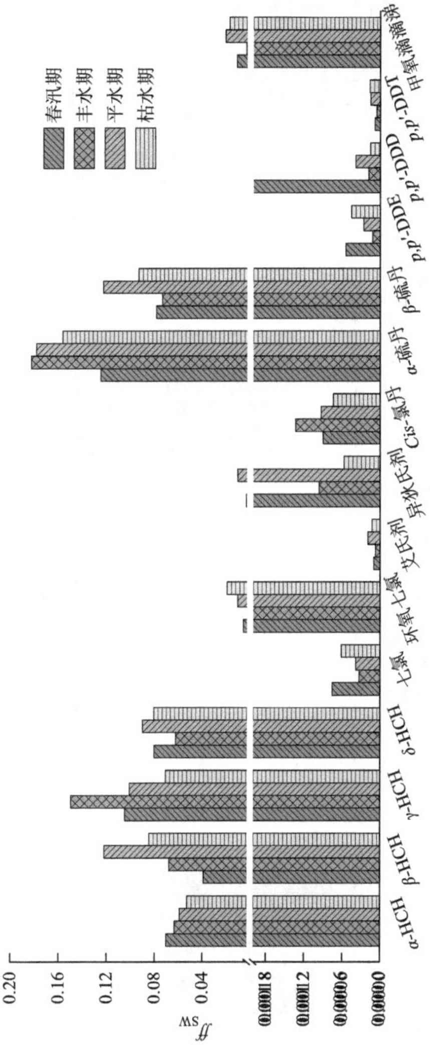

图 4.8　各水期各种 OCPs 在水相与沉积物相间的逸度系数

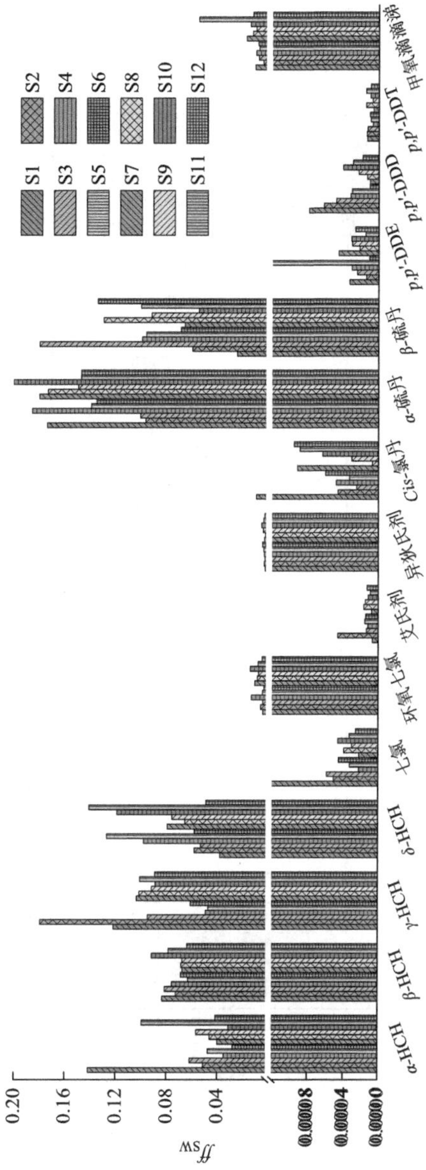

图 4.9　不同采样点各种 OCPs 在水相与沉积物相间的逸度系数

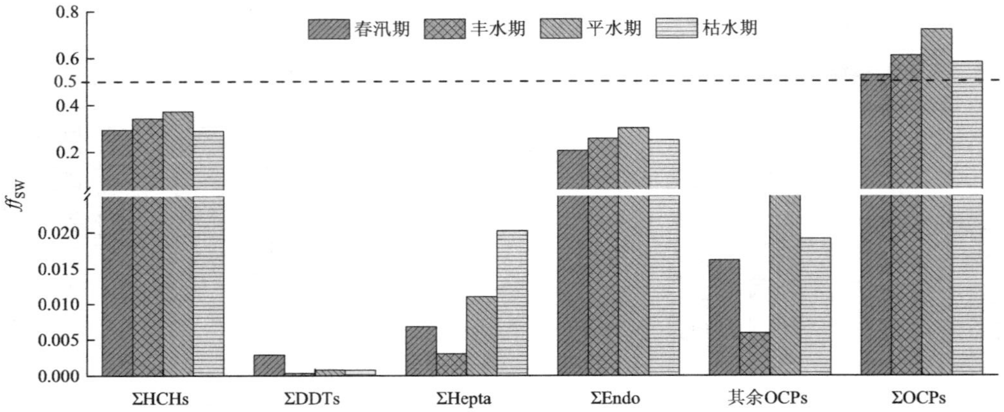

图 4.10 各水期各类 OCPs 在水相与沉积物相间的逸度系数

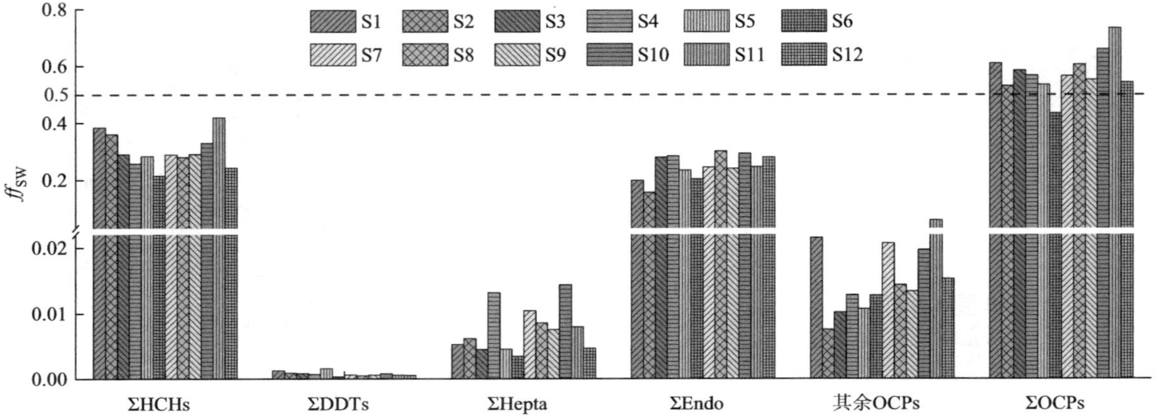

图 4.11 不同采样点各类 OCPs 在水相与沉积物相间的逸度系数

表 4.4　各采样批次不同采样点 OCPs 在水相与沉积物相间的逸度系数

OCPs	ff_{SW}											
	S1	S2	S3	S4	S5	S6	S7	S8	S9	S10	S11	S12
α-HCH	0.037～0.666（1 个）	0.015～0.149	0.062～0.418	0.070～0.287	0.014～0.339	0.023～0.369	0.015～0.191	0.017～0.256	0.030～0.377	0.024～0.320	0.076～0.288	0.012～0.192
β-HCH	0.018～0.415	0.021～0.092	0.029～0.331	0.015～0.240	0.024～0.153	0.023～0.102	0.020～0.237	0.015～0.228	0.026～0.170	0.030～0.272	0.017～0.330	0.019～0.272
γ-HCH	0.071～0.438	0.144～0.577（1 个）	0.043～0.408	0.047～0.230	0.049～0.657（1 个）	0.041～0.147	0.059～0.542（1 个）	0.048～0.318	0.061～0.462	0.055～0.541（1 个）	0.039～0.452	0.032～0.559（1 个）
δ-HCH	0.006～0.147	0.015～0.627（1 个）	0.009～0.159	0.042～0.221	0.062～1.000（1 个）	0.032～0.184	0.035～0.424	0.046～1.000（1 个）	0.051～0.446	0.027～0.419	0.022～0.448	0.028～0.172
七氯	≤0.005	≤0.003	≤0.002	0.000 1～0.001	0.000 1～0.001	0.000 2～0.001	0.000 1～0.003	0.000 1～0.001	0.000 1～0.002	0.000 2～0.001	0.000 2～0.001	0.000 1～0.002
环氧七氯	0.001～1.000（1 个）	0.001～0.053	0.001～0.018	0.003～0.124	0.000～1.000（2 个）	0.001～0.016	≤0.099	0.003～1.000（1 个）	0.004～1.000（1 个）	0.003～1.000（2 个）	0.002～1.000（2 个）	0.000～1.000（1 个）
艾氏剂	0.000～1.000（1 个）	0.000～1.000（1 个）	≤0.001	≤0.000 4	0.000 1～0.001	≤0.000 5	0.000～1.000（1 个）	≤0.000 5	0.000～1.000（2 个）	≤0.001	≤0.000 3	≤0.000 4
异狄氏剂	≤0.015	0.000～1.000（1 个）	0.001～0.010	≤0.007	≤0.010	≤0.014	0.000 2～0.022	≤0.005	≤0.022	≤0.018	0.000～1.000（1 个）	0.000～1.000（1 个）
cis-氯丹	0.001～0.020	0.000～1.000（1 个）	≤0.001	≤0.001	0.000～1.000（2 个）	0.000 1～0.002	≤0.005	0.000～1.000（1 个）	0.000～1.000（1 个）	0.000～1.000（1 个）	0.000 3～1.000（1 个）	≤0.004

OCPs	ff_{SW}											
	S1	S2	S3	S4	S5	S6	S7	S8	S9	S10	S11	S12
α-硫丹	0.000～0.320	0.000～1.000（1个）	≤0.176	≤0.361	0.000～1.000（2个）	≤0.199	0.000～1.000（1个）	0.044～1.000（2个）	0.040～0.474	0.118～1.000（2个）	0.077～1.000（1个）	0.000～1.000（1个）
β-硫丹	0.006～0.085	0.009～1.000（1个）	0.077～0.603（1个）	0.048～0.142	≤0.166	0.000～0.507（1个）	≤0.444	≤0.243	0.006～0.521（1个）	0.020～0.212	≤0.152	≤0.305
p,p'-DDE	≤0.012	≤0.011	≤0.002	0.000 1～1.00（1个）	0.001～1.000（2个）	0.000～1.000（1个）	0.000 2～1.000（2个）	0.000 1～1.00（1个）	0.000 1～0.015	0.000 1～1.00（2个）	≤0.000 9	0.000～1.000（1个）
p,p'-DDD	0.001～1.000（2个）	0.000～1.000（2个）	≤0.002	0.000 4～1.00（1个）	0.000～1.000（3个）	0.000～1.000（3个）	0.000～1.000（2个）	0.000～1.000（2个）	≤0.009	0.001～1.000（2个）	0.000 2～1.00（3个）	0.000～1.000（2个）
p,p'-DDT	≤0.002	0.000～1.000（1个）	≤0.000 2	≤0.000 2	≤0.000 2	≤0.000 4	0.000～1.000（1个）	0.000～1.000（1个）	≤0.000 1	≤0.000 2	0.000～1.000（1个）	0.000～1.000（1个）
甲氧滴滴涕	0.002～0.022	≤0.014	0.000 4～1.00（1个）	0.000～1.000（3个）	0.000～1.000（1个）	0.000～1.000（1个）	0.004～1.000（3个）	≤0.015	0.000～1.000（3个）	0.000～1.000（3个）	0.000～1.000（2个）	0.000～1.000（3个）

注：表中括号中的个数表示 $ff_{SW}>0.5$ 的个数；当水中某一 OCPs 的浓度低于检出限时，$ff_{SW}=1$。

由表 4.4 可以看出，所有采样批次和点位 β-HCH、七氯在水相与沉积物相间的 ff_{SW} 均小于 0.5，而其余 OCPs 均存在 ff_{SW} 大于 0.5 的情况（其中 p,p'-DDD 出现 22 次，甲氧滴滴涕出现 20 次，p,p'-DDE、α-硫丹和环氧七氯均出现 10 次，其余 OCPs 均出现 7 次以下），反映出在无外界强扰动下 β-HCH 和七氯始终由湖泊水向沉积物沉积。各个采样点均存在 OCPs 的 ff_{SW} 大于 0.5 的情况（共计 105 个，约占总数的 8%），其中采样点 S5 有 14 个，S10 有 13 个，S7、S11 和 S12 均有 11 个，S2 有 10 个，其余点位均少于 10 个。会仙岩溶湿地湖泊水与沉积物间 OCPs 的 ff_{SW} 大于 0.5 主要发生在枯水期，一方面是枯水期随着地表径流进入湿地湖泊水的 OCPs 急剧减少，另一方面可能是春汛期、丰水期、平水期湖泊水中 OCPs 持续沉降并随着水流迁移离开湿地湖泊，从而导致部分湖泊水 OCPs 浓度下降甚至低于检出限。

综观各采样批次不同采样点 OCPs 在水相与沉积物相间的 ff_{SW}，各种 OCPs 的 ff_{SW} 绝大部分均小于 0.5，说明会仙岩溶湿地中的 OCPs 在水相与沉积物交换中以湖泊水向沉积物相沉积为主。

4.6 小　结

本章基于会仙岩溶湿地地表水、地下水、沉积物、稻田土壤和植物等各种环境介质中有机氯农药在水平和垂直方向的残留分布特征，研究了在地表径流和淋溶渗透驱动下会仙岩溶湿地各环境介质中 OCPs 的迁移转化、归趋和水体-沉积物间的交换特征，取得的主要研究结果和结论如下：

（1）根据春汛期和丰水期会仙岩溶湿地各环境介质中 ΣOCPs 残留水平，分析认为在降雨地表径流的冲刷作用下，会仙岩溶湿地系统中 OCPs 的水平迁移路径总体表现为稻田表层土壤→沟渠水→湿地湖泊水→湿地湖泊沉积物和水生植物；随着降雨径流的增强，各类 OCPs 的水平迁移能力也得到了不同程度的强化。

（2）各类 OCPs 在环境介质间的水平迁移能力存在明显差异，HCHs 从稻田表层土壤向湿地湖泊的迁移能力和迁移量明显高于 DDTs 和其他种类 OCPs，这可能是 HCHs 的正辛醇-水分配系数较低而水溶解度较高，有利于土壤中 HCHs 溶出所致；HCHs 表现为长时期的持续高浓度迁移，而其他种类 OCPs 则显示出强降雨时的爆发式高浓度迁移。HCHs 的 4 个异构体的迁移能力也存在明显差异，其中 β-HCH 和 γ-HCH 较易随着地表径流由稻田表层土壤中迁出，汇集沉积在湿地湖泊沉积物上，而丰水期强劲的雨水径流冲刷对 δ-HCH 迁移能力的影响最为明显。

（3）基于稻田土壤 OCPs 的垂直分布特征可发现，在各土壤柱中均呈现为下层土壤 ΣOCPs 浓度显著大于表层的浓度，而各个采样点土壤柱中 ΣOCPs 峰值出现的深度不同，表明会仙岩溶湿地稻田中的 OCPs 产生了垂直向下迁移，但各个区域的迁移能力存在明显差异，这可能是各个采样点的土壤理化性、土层结构和水分运动特性等存在差异所致。

（4）各类 OCPs 在稻田土壤垂直方向的迁移转化存在明显差异。随着土壤深度增加，$\sum$HCHs 与$\sum$OCPs 的浓度变化趋势完全一致，说明 HCHs 是土壤中 OCPs 向下迁移的主要组分；而其他种类 OCPs 由于历史施用量较少，向下迁移量也相对较少。HCHs 类农药施用进入土壤后，残留在土壤表层的 α-HCH 和 γ-HCH 主要转化为 β-HCH，而迁移至下层后则主要转化为 δ-HCH。土壤中的 β-HCH 更易随着水分运动向下迁移，导致其在地下水中的浓度显著高于其余 3 种异构体，而大量的 δ-HCH 则被吸附滞留于不同深度的土壤中。下层土壤中 p,p'-DDT 降解率较低，且以好氧降解转化为主。

（5）根据湿地湖泊水和沉积物中 OCPs 的残留浓度，利用逸度模型计算所有采样批次不同采样点 OCPs 各单一组分、各类 OCPs 两相间的逸度系数均小于 0.5，因此，在无外界强扰动下全年不同水期及采样点的会仙岩溶湿地湖泊水中 OCPs 持续向沉积物相沉积，沉积物可能是会仙岩溶湿地 OCPs 的主要归宿。如果计算 15 种 OCPs 的逸度系数总和，则各水期、各采样点$\sum$OCPs 的逸度系数均大于 0.5，可能会发生 OCPs 由沉积物向水体的释放。

第5章
会仙岩溶湿地有机氯农药混合毒性及其相互作用研究

5.1 引 言

有机氯农药因具有高效广谱的杀虫效果，自 19 世纪 50 年代开始广泛应用于农业生产，起到了杀虫增产增收的作用。有机氯农药具有高毒性和致癌性，对生态环境和人类健康造成了严重威胁，虽然从 20 世纪 70 年代起全球各国陆续开始禁用 OCPs，但因其具有高化学稳定性、难降解性、可生物蓄积性和可迁移性，且历史施用量极大，迄今为止 OCPs 在全球范围内的多种环境介质中仍有广泛残留。此外，实际环境中有机氯农药呈现为多组分共存的复合污染，通过多种途径不断进入河流、湖泊、湿地、海洋和部分地下水中，它们的加和作用或协同作用势必对环境中的各种生物产生影响，构成潜在风险[217]。环境中污染物的风险评估和危害评估依赖于相应的毒理学数据，因此国内外学者研究了部分有机氯农药的生物毒性效应，如 *α*-HCH 和 *o,p'*-DDT 两种典型手性有机氯农药对大型溞的对映体选择性毒性[218]，*α*-HCH、*p,p'*-DDT 和七氯低浓度暴露对锦鲤幼鱼的雌激素效应[219]，狄氏剂、林丹及其混合物对多巴胺能神经细胞的毒性效应和机制[220]。然而迄今为止，有机氯农药及其混合物的毒理学数据仍十分缺乏。藻类是污染物毒理学研究的典型指示生物之一，作为水环境中的初级生产者，普遍存在于自然水体中。为完善有机氯农药及其混合物的毒性数据，本章基于会仙岩溶湿地水环境中 OCPs 的残留状况，测定单一有机氯农药及其混合物对斜生四链藻（*Tetradesmus obliquus*）的毒性、识别混合物相互作用，为开展会仙岩溶湿地有机氯农药混合物风险评估提供基础毒性数据。

5.2 毒性测试与分析

本章以斜生四链藻为指示生物，采用微孔板毒性测试方法测定有机氯农药单一组分及其混合物的生物毒性效应。

5.2.1 藻种的复苏与培养

实验所用的毒性测试指示生物斜生四链藻来自中国科学院典型培养物保藏委员会淡水藻种库，编号为 FACHB-12。藻种购回后，先置于光照培养箱中静置平衡 12 h，然后在洁净工作台上，于 250 mL 锥形瓶中进行无菌接种，按 1∶5 的比例加入 BG11 培养基，再放入恒温光照培养箱中，在温度约 22℃、照度强度约 3 000 lux 和光暗比 12 h∶12 h 条件下复苏培养 7～10 天。其间每天早中晚摇匀藻液 1 次，以利于藻液的稳定生长恢复。通过测定藻液光密度值（Optical Density，OD）确定其进入对数生长期后，按 1∶1 稀释转接藻种进行扩大培养。在镜检观察确认藻细胞形态正常且生长良好的状况下，将此时处于对数生长期的藻种转接至灭菌后的新鲜培养基中，培养 1 天后即可用于毒性实验测试。

5.2.2 微孔板毒性测试方法

藻类微孔板毒性测试以白色透明 96 孔微孔板为反应载体，选择适宜的稀释因子设计 12 个浓度梯度，采用 Infinite 200 Pro 多功能酶标仪测定目标化合物处理前后藻液的 OD 值，以确定 OCPs 对斜生四链藻的生物毒性，96 微孔板加样设计方法如图 5.1 所示。

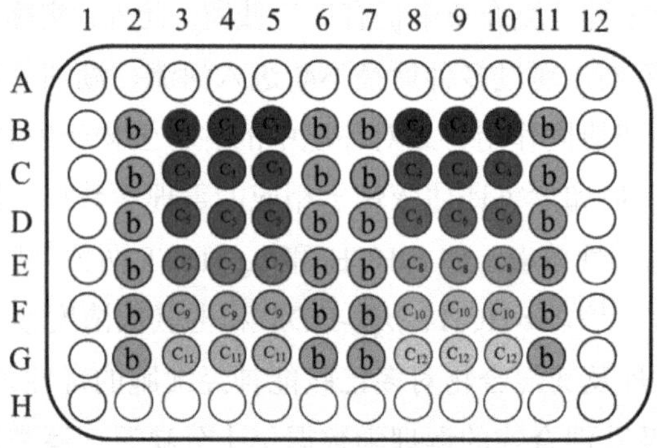

图 5.1 微孔板浓度梯度设计和加样示意图

向微孔板外周边 36 个孔内各加入超纯水 200 μL，以消除微孔板的边缘效应。将第 2、第 6、第 7 和第 11 列设为空白对照组，每孔（b）加入超纯水 100 μL；第 3、第 4、第 5 列和第 8、第 9、第 10 列微孔分别加入按适宜稀释因子设计的 C1～C12 不同浓度的 OCPs，加样量不足 100 μL 的微孔用超纯水补足。最后除周边 36 个孔外，其余微孔均加入培养至对数生长期的藻液 100 μL，最终各孔藻液体积均为 200 μL，每组实验均做 3 块平行板。制板完成后，立即用 Infinite 200 Pro 多功能酶标仪测定各微孔板在 681 nm 波长下的 OD 值，即为暴露时间 t=0 h 时的 OD 值。初始 OD 值测定结束后，各微孔板加盖透明盖，并置于恒温恒湿光照培养箱中（运行条件为温度约 22℃、照度强度约 3 000 lux 和光暗比

12 h：12 h)，培养 96 h 后，再次测定其相应波长下的 OD 值，即为暴露时间 t=96 h 时的 OD 值。

根据实验前后微孔板中藻液的 OD 值变化，计算目标化合物对斜生四链藻的生长抑制率 I，以表征目标化合物的毒性效应，具体计算公式如下：

$$I = 1 - (OD_{ti} - OD_{t0})/(OD_{0i} - OD_{00}) \tag{5.1}$$

式中，OD_{t0}、OD_{ti} 分别为实验组 3 块平行板暴露 0 h 和 96 h 后藻液的 OD 平均值；OD_{00}、OD_{0i} 分别为空白对照组 3 块平行板暴露 0 h 和 96 h 后藻液的 OD 平均值。

5.2.3　混合物毒性实验设计

为了反映真实环境中 OCPs 混合物的生物毒性效应，根据 2015—2017 年采集的会仙岩溶湿地水体中各种 OCPs 残留浓度水平共设计了 44 组混合物体系，具体设计方案如下：

（1）统计所有采样批次所有水体（湖泊水、沟渠水和地下水）中 OCPs 检出浓度，选择各种 OCPs 浓度的平均值和最大值，以及根据单一 OCPs 对斜生四链藻的浓度-效应曲线推算出的 EC_5 和 EC_{10}，构建了 4 组不同的混合体系，各体系 OCPs 混合物的组分构成及其浓度比（p_i）和混合物浓度如表 5.2 所示。

（2）分别统计获得采样期间会仙岩溶湿地的湖泊水、沟渠水和地下水中各种 OCPs 浓度的平均值和最大值，据此构建了 6 组不同的混合体系，各体系 OCPs 混合物的组分构成及其浓度比（p_i）和混合物浓度如表 5.4 所示。

（3）统计会仙岩溶湿地湖泊水、沟渠水和地下水等各类水体的所有采样点所有采样批次的样品中 OCPs 残留状况，从中分别挑选出 8 组、5 组、5 组能相应反映湖泊水、沟渠水和地下水中 OCPs 不同浓度水平的实测数据，用于配制不同的混合体系，各混合体系 OCPs 混合物的组分构成及其浓度比（p_i）和混合物浓度如表 5.6、表 5.8 及表 5.10 所示。

（4）将会仙岩溶湿地水体中各种 OCPs 浓度按升序排序后，每一种 OCPs 组分分别挑选出 8 个不同的浓度，以代表其在实际环境中不同的残留水平。因为有 15 种 OCPs 组分，每个组分又有 8 个浓度梯度，因此采用均匀设计表 UD_{17}（15）8 共设计了 16 组不同的混合体系，各混合体系 OCPs 混合物的组分构成及其浓度比（p_i）和混合物浓度如表 5.12 所示。

5.2.4　毒性效应分析

5.2.4.1　浓度-效应曲线拟合

为了获得单一化合物或混合物对指示生物的毒性效应值和浓度效应，针对本章实验观测的数据均属经典的 S 形浓度-效应数据，因此采用了 Logit 或 Weibull 非线性函数进行拟合。Logit 和 Weibull 函数均为典型的两参数函数，其中 Logit 函数是基于逻辑分布积分统计，以半数效应（50%）为对称中心，适用于拟合对称曲线；而 Weibull 函数是基于

极值分布积分统计，适用于拟合非对称曲线。Logit 和 Weibull 函数及反函数的表达式分别为

$$\text{Logit 函数：}\quad E=\frac{1}{1+\exp\left[-(\alpha+\beta\cdot\lg c)\right]} \tag{5.2}$$

$$\text{Logit 反函数：}\quad c=10^{\left[\ln\left(\frac{E}{1-E}\right)-\hat{\alpha}\right]/\hat{\beta}} \tag{5.3}$$

$$\text{Weibull 函数：}\quad E=1-\exp\left[-\exp(\alpha+\beta\cdot\lg c)\right] \tag{5.4}$$

$$\text{Weibull 反函数：}\quad c=10^{\{\ln[-\ln(1-E)]-\hat{\alpha}\}/\hat{\beta}} \tag{5.5}$$

式中，E 为某一化合物或混合物在浓度为 c 时产生的效应，取值范围为［0，1］；c 为某一化合物或混合物的浓度；α 为位置参数，β 为斜率参数，也称形状参数，它们用于描述浓度-效应曲线（CRC）的位置和外形特征。

一般情况下，Logit 函数和 Weibull 函数用于拟合实测的浓度-效应数据，表征污染物对指示生物的毒性效应；它们的反函数则可用于推导产生某一指定毒性效应，以及污染物对应的浓度值，如通常用于推导获得 EC_5、EC_{10}、EC_{50} 等。

5.2.4.2 混合物联合毒性相互作用分析

常用于混合物毒性相互作用的分析方法有浓度加（CA）和与独立模型（IA）、模型偏移率（MDR）、相对模型偏移率（rMDR）、组合指数（CI）和经典联合效应指数等。本章采用组合指数（CI）分析判断 OCPs 多元混合物的联合毒性相互作用，并结合混合物中各组分的毒性单位 TU_i，分析混合物中各组分对联合毒性效应贡献的大小。

在组合指数法中，设 n 个组分构成的多元混合物的混合物组合指数，其计算公式为

$$\mathrm{CI}=\sum_{i=1}^{n}\mathrm{TU}_i=\sum_{i=1}^{n}\frac{c_i}{\mathrm{EC}_{x,i}}=\sum_{i=1}^{n}\frac{p_i\cdot\mathrm{EC}_{x,\mathrm{Obs}}}{\mathrm{EC}_{x,i}} \tag{5.6}$$

式中，TU_i 为混合物中各组分毒性单位；c_i 为混合物中各组分的浓度；$EC_{x,i}$ 为各组分单独存在产生 x 效应时的浓度；p_i 为各组分在混合物中的浓度比；$EC_{x,Obs}$ 为混合物的实际实验浓度。

CI 实际上与经典的毒性单位和毒性单位总和（M）是同一个概念。在指定效应下，CI 判断混合物毒性相互作用为当 CI = 1、CI＜1 或 CI＞1 时分别表示加和作用、协同作用或拮抗作用。

5.3 有机氯农药单一毒性

以斜生四链藻为指示生物，采用微孔板毒性测试方法分别测定了 15 种有机氯农药 96 h 的生物毒性，利用 Matlab 软件中的 Logit 或 Weibull 函数对单一有机氯农药的浓度-

响应数据进行非线性拟合，利用 Logit 或 Weibull 的反函数推算单一有机氯农药的效应浓度数据（如 EC_{50}）。15 种 OCPs 对斜生四链藻的浓度-效应拟合曲线如图 5.2 所示，具体的拟合曲线参数如表 5.1 所示。研究结果显示，15 种 OCPs 对斜生四链藻的浓度-效应曲线（CRC）均表现为经典的“S”形曲线（图 5.2）。15 种 OCPs 毒性数据拟合曲线的 R^2 范围为 0.930 2～0.989 2，均大于 0.93；RMSE 值为 0.008～0.074，均小于 0.08，说明利用 Weibull 或 Logit 函数成功拟合了 15 种 OCPs 对斜生四链藻的浓度-效应曲线，拟合效果良好，结果准确可靠。

表 5.1　15 种 OCPs 对斜生四链藻的浓度-效应拟合曲线参数

OCPs	拟合函数	α	β	R^2	RMSE	EC_{50} /（mol/L）	pEC_{50}
α-HCH	Logit	4.55	1.05	0.949 5	0.018	4.64×10^{-5}	4.33
β-HCH	Weibull	3.45	0.79	0.930 2	0.015	1.50×10^{-5}	4.82
γ-HCH	Weibull	8.16	1.56	0.969 8	0.044	3.33×10^{-6}	5.48
δ-HCH	Weibull	14.33	2.43	0.944 0	0.074	8.78×10^{-57}	6.06
七氯	Weibull	6.75	1.20	0.953 2	0.018	1.14×10^{-6}	5.94
环氧七氯	Logit	11.88	1.66	0.987 6	0.022	6.85×10^{-8}	7.16
艾氏剂	Logit	7.10	1.18	0.980 7	0.008	9.14×10^{-7}	6.04
异狄氏剂	Weibull	7.78	1.36	0.989 2	0.009	9.71×10^{-7}	6.01
cis-氯丹	Weibull	11.71	1.91	0.974 7	0.026	4.88×10^{-7}	6.31
α-硫丹	Weibull	9.20	1.58	0.986 0	0.014	8.66×10^{-7}	6.06
β-硫丹	Logit	4.18	0.90	0.952 9	0.011	2.20×10^{-5}	4.66
p,p′-DDE	Weibull	20.72	2.89	0.954 6	0.041	5.18×10^{-8}	7.29
p,p′-DDD	Logit	12.94	1.90	0.987 2	0.019	1.48×10^{-7}	6.83
p,p′-DDT	Weibull	10.52	1.65	0.978 1	0.018	2.46×10^{-7}	6.61
甲氧滴滴涕	Weibull	16.90	2.66	0.969 1	0.044	3.14×10^{-7}	6.50

注：α 为位置参数；β 为形状参数；R^2 为相关系数的平方；RMSE 为均方根误差；EC_{50} 为半数效应浓度，pEC_{50} 为半数效应浓度的负对数。下同。

将半数效应浓度（EC_{50}）的负对数定义为 pEC_{50}，以 pEC_{50} 为毒性判断指标，15 种 OCPs 对斜生四链藻的毒性依次为 *p,p′*-DDE（7.29）＞环氧七氯（7.16）＞*p,p′*-DDD（6.83）＞*p,p′*-DDT（6.61）＞甲氧滴滴涕（6.50）＞*cis*-氯丹（6.31）＞α-硫丹（6.06）≥δ-HCH（6.06）＞艾氏剂（6.04）＞异狄氏剂（6.01）＞七氯（5.94）＞γ-HCH（5.48）＞β-HCH（4.82）＞β-硫丹（4.66）＞α-HCH（4.33），可见 DDTs 类有机氯农药对斜生四链藻的毒性明显大于 HCHs 类有机氯农药。

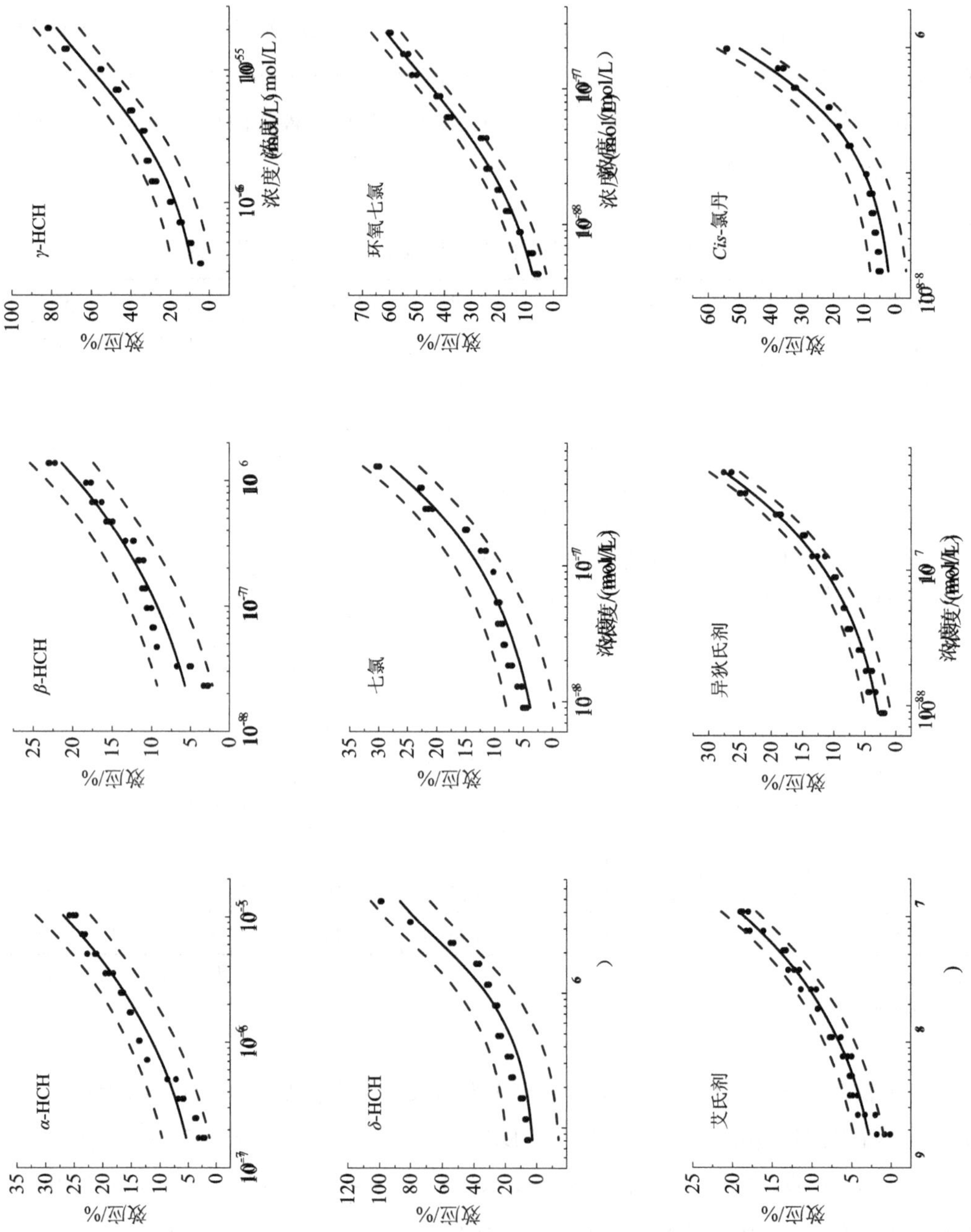

α-HCH
β-HCH
γ-HCH
δ-HCH
七氯
环氧七氯
艾氏剂
异狄氏剂
Cis-氯丹
效应/%
浓度/(mol/L)

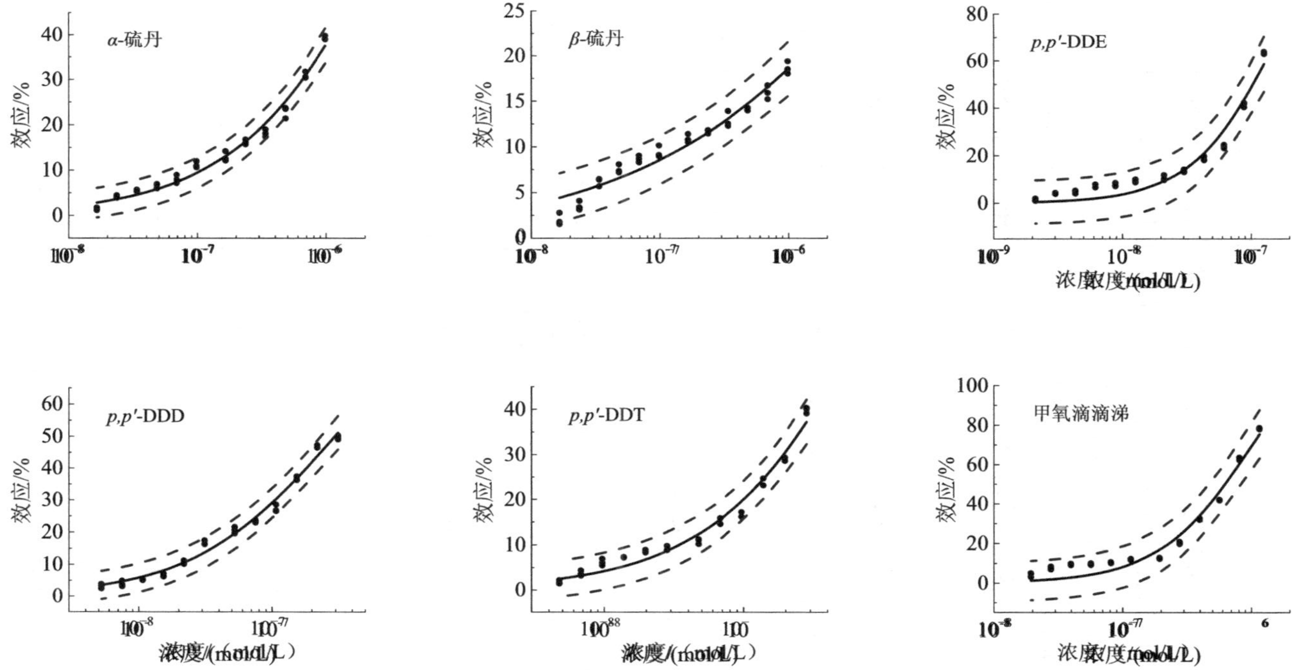

“●”为实验点，“—”为拟合线，“-----”为 95%置信区间

图 5.2　15 种有机氯农药对斜生四链藻的浓度-效应曲线

5.4 有机氯农药混合毒性及其相互作用

环境介质中的有机氯农药通常以多组分的混合物形式共存，混合物可能产生的加和作用、累积作用与协同作用会对生态系统和水生生物造成潜在的危害，因此，研究环境中有机氯农药混合物的联合毒性以获得混合物的浓度-响应数据、识别混合物相互作用，是准确评估环境中混合污染物生态风险的基本保障。本节根据会仙岩溶湿地水体中有机氯农药的组成、暴露浓度水平，通过实验模拟农药混合物真实暴露水平，研究农药混合物对斜生四链藻的 96 h 毒性，基于 CA、IA 模型和组合指数法分析判断混合物毒性的相互作用。

5.4.1 基于会仙岩溶湿地水体中 OCPs 总体浓度水平的混合物毒性效应

以 2015 年 10 月至 2017 年 12 月采集的桂林会仙岩溶湿地的水体（湖泊水、沟渠水和地下水）中各种 OCPs 浓度平均值和最大值，以及单一 OCPs 对斜生四链藻的浓度-效应曲线推算出的 EC_5 和 EC_{10}，配制了 4 组不同的混合体系，各体系 OCPs 混合物的组分构成及其浓度比（p_i）和混合物浓度如表 5.2 所示。

表 5.2 不同混合体系 OCPs 混合物的组分构成及其浓度比（p_i）

混合依据	水体（Mean）	水体（Max）	EC_5	EC_{10}
α-HCH	1.17×10^{-1}	2.08×10^{-1}	2.07×10^{-1}	3.23×10^{-1}
β-HCH	2.34×10^{-1}	6.68×10^{-2}	2.18×10^{-2}	5.37×10^{-2}
γ-HCH	1.22×10^{-1}	2.20×10^{-1}	2.02×10^{-1}	1.77×10^{-1}
δ-HCH	1.05×10^{-1}	1.58×10^{-1}	2.12×10^{-1}	1.27×10^{-1}
七氯	1.15×10^{-1}	3.27×10^{-2}	2.18×10^{-2}	2.63×10^{-2}
环氧七氯	1.21×10^{-2}	3.47×10^{-3}	3.27×10^{-3}	2.79×10^{-3}
艾氏剂	3.30×10^{-2}	1.33×10^{-2}	8.17×10^{-3}	1.07×10^{-2}
异狄氏剂	2.03×10^{-2}	4.24×10^{-2}	3.32×10^{-2}	3.41×10^{-2}
cis-氯丹	2.03×10^{-2}	5.42×10^{-2}	6.06×10^{-2}	4.36×10^{-2}
α-硫丹	1.38×10^{-2}	2.82×10^{-2}	5.52×10^{-2}	4.77×10^{-2}
β-硫丹	3.43×10^{-2}	7.36×10^{-2}	3.27×10^{-2}	6.73×10^{-2}
p,p'-DDE	4.35×10^{-2}	1.24×10^{-2}	1.86×10^{-2}	9.98×10^{-3}
p,p'-DDD	3.86×10^{-2}	1.10×10^{-2}	1.18×10^{-2}	8.86×10^{-3}
p,p'-DDT	6.64×10^{-2}	1.90×10^{-2}	1.84×10^{-2}	1.53×10^{-2}
甲氧滴滴涕	2.43×10^{-2}	5.72×10^{-2}	9.35×10^{-2}	5.28×10^{-2}
混合物浓度/（mol/L）	3.94×10^{-10}	2.46×10^{-9}	3.51×10^{-7}	1.16×10^{-6}

按表 5.2 设计的 4 组 OCPs 混合体系对斜生四链藻的浓度-效应数据均可用 Logit 函数进行拟合，拟合的浓度-效应曲线和 CA、IA 模型预测线如图 5.3 所示，相应的拟合曲线参数、EC_{50}、pEC_{50} 以及每个混合体系在不同效应下的组合指数（CI）如表 5.3 所示。由表 5.3 可知，4 组混合体系 OCPs 毒性数据拟合曲线的 R^2 范围为 0.892 9～0.984 6，均大于 0.89；RMSE 值为 0.003～0.013，均小于 0.02，表明 Logit 函数的拟合结果较准确可靠。各混合体系对斜生四链藻的毒性大小顺序为水体 Mean 体系（pEC_{50}=7.83）＞水体 Max 体系（pEC_{50}=6.93）＞EC_{10} 体系（pEC_{50}=4.84）＞EC_5 体系（pEC_{50}=3.95），结合表 5.2 中各混合体系的混合物浓度大小及组分 p_i，可发现混合物的毒性大小不仅不完全依赖于混合物的浓度，还受混合物组分的 p_i 值及组分间的相互作用影响。

表 5.3　不同混合体系 OCPs 混合物对斜生四链藻的浓度-效应拟合曲线参数及相互作用参数

混合依据	拟合函数	α	β	R^2	RMSE	EC_{50}/（mol/L）	pEC_{50}	抑制效应/%	CI	相互作用类型
Mean	Logit	10.21	1.30	0.981 5	0.003	1.46×10^{-8}	7.83	1～8	0.009～0.035	协同作用
Max	Logit	7.22	1.04	0.931 7	0.009	1.17×10^{-7}	6.93	1～12	0.020～0.043	协同作用
EC_5	Logit	2.13	0.54	0.892 9	0.013	1.11×10^{-4}	3.95	1～17	0.000 3～0.866	协同作用
EC_{10}	Logit	4.90	1.01	0.984 6	0.007	1.45×10^{-5}	4.84	1～7	0.710～0.987	协同作用
								9～19	1.170～2.409	拮抗作用

注：$CI=\sum_{i=1}^{n}TU_i$ 为联合毒性相互作用判断的组合指数。下同。

由表 5.3 可以看出，在实验测试的抑制效应范围内，水体 Mean 体系、水体 Max 体系、EC_5 体系和 EC_{10} 体系 OCPs 混合物的组合指数 CI 值分别为 0.009～0.035、0.020～0.043、0.000 3～0.866 和 0.710～2.409，可见水体 Mean 体系、水体 Max 体系、EC_5 体系的组合指数 CI 值均远小于 1，呈现出协同作用；而 EC_{10} 体系在 1%～7%的抑制效应范围内呈现为协同作用（组合指数 CI 值小于 1），但在 9%～19%的抑制效应范围内呈现为拮抗作用（组合指数 CI 值大于 1）。一般情况下，随着混合物浓度的增加，其对指示生物的生长抑制效应增大，而组合指数 CI 也随之呈增大趋势，因此，混合物的相互作用与混合物的浓度是相关的，不同的浓度范围可能会产生不同的相互作用，如本节中 EC_{10} 混合体系在 7%的浓度-效应以下表现为协同作用，而在 9%的浓度-效应以上却表现出拮抗作用。

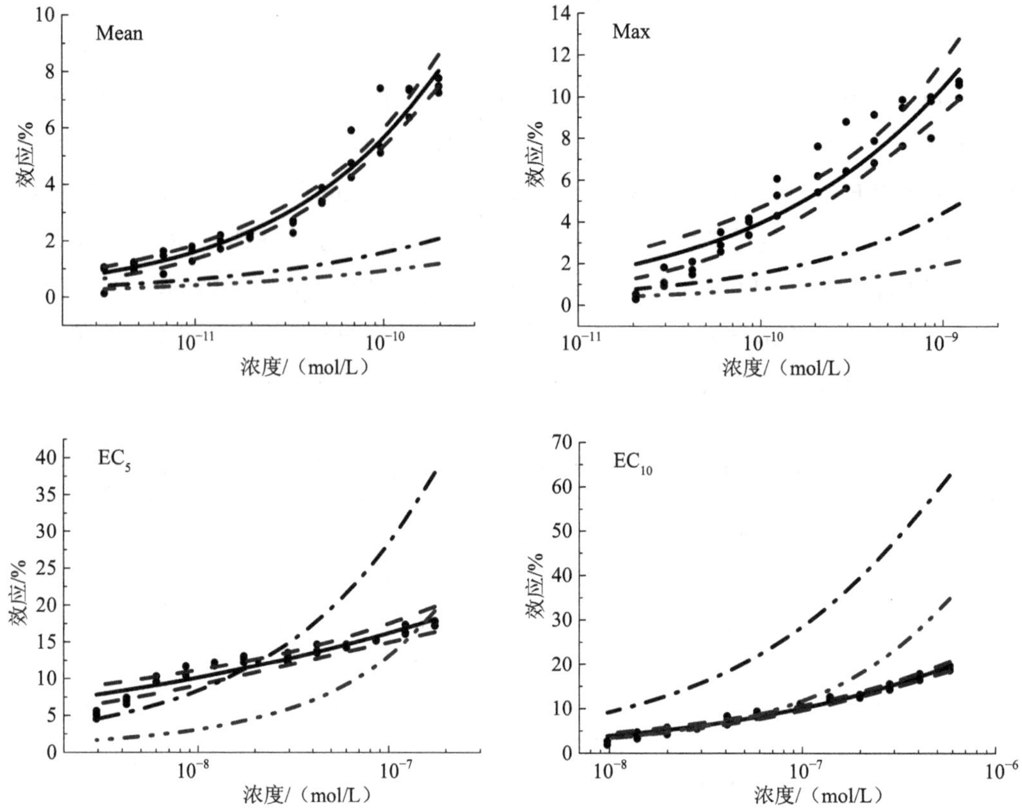

“●”为实验点，“—”为拟合线，“-----”为 95%置信区间，“—·—·”为 CA 预测线，“-·-·-··”为 IA 预测线

图 5.3 不同混合体系 OCPs 混合物对斜生四链藻的浓度-效应曲线和 CA、IA 模型预测线

由于混合物组合指数 CI 与经典的毒性单位和 M 是同一概念，所以混合物某一效应下的组合指数 CI 即为该效应下混合物各组分的毒性单位 TU_i 之和，因此可通过计算混合物中各组分的 TU_i 来确定其对组合指数 CI 的贡献，从而推断分析出多元混合物中对混合物联合毒性效应贡献较大的主要组分。经计算统计，4 组不同浓度比 OCPs 混合物不同效应下各组分 TU_i 值的变化规律如图 5.4 所示。

从图 5.4 中可以发现，在水体 Mean 体系中，抑制效应从 1%递增到 8%，OCPs 混合物中 β-HCH 组分的毒性单位 TU_i 值均为最大，且显著大于其余 14 种 OCPs 组分；而其余 14 种 OCPs 组分中环氧七氯的 TU_i 值相对大一些，其他组分间差别不大，因此，β-HCH 是对该混合体系联合毒性效应贡献最大的组分。如表 5.2 所示，水体 Mean 体系中 β-HCH 组分的浓度比最大，这可能是 β-HCH 对混合体系毒性效应贡献最大的原因之一，因为 γ-HCH、α-HCH、七氯和 δ-HCH 的 p_i 值与 β-HCH 相近，但在同样的抑制效应下它们的 TU_i 值很小。

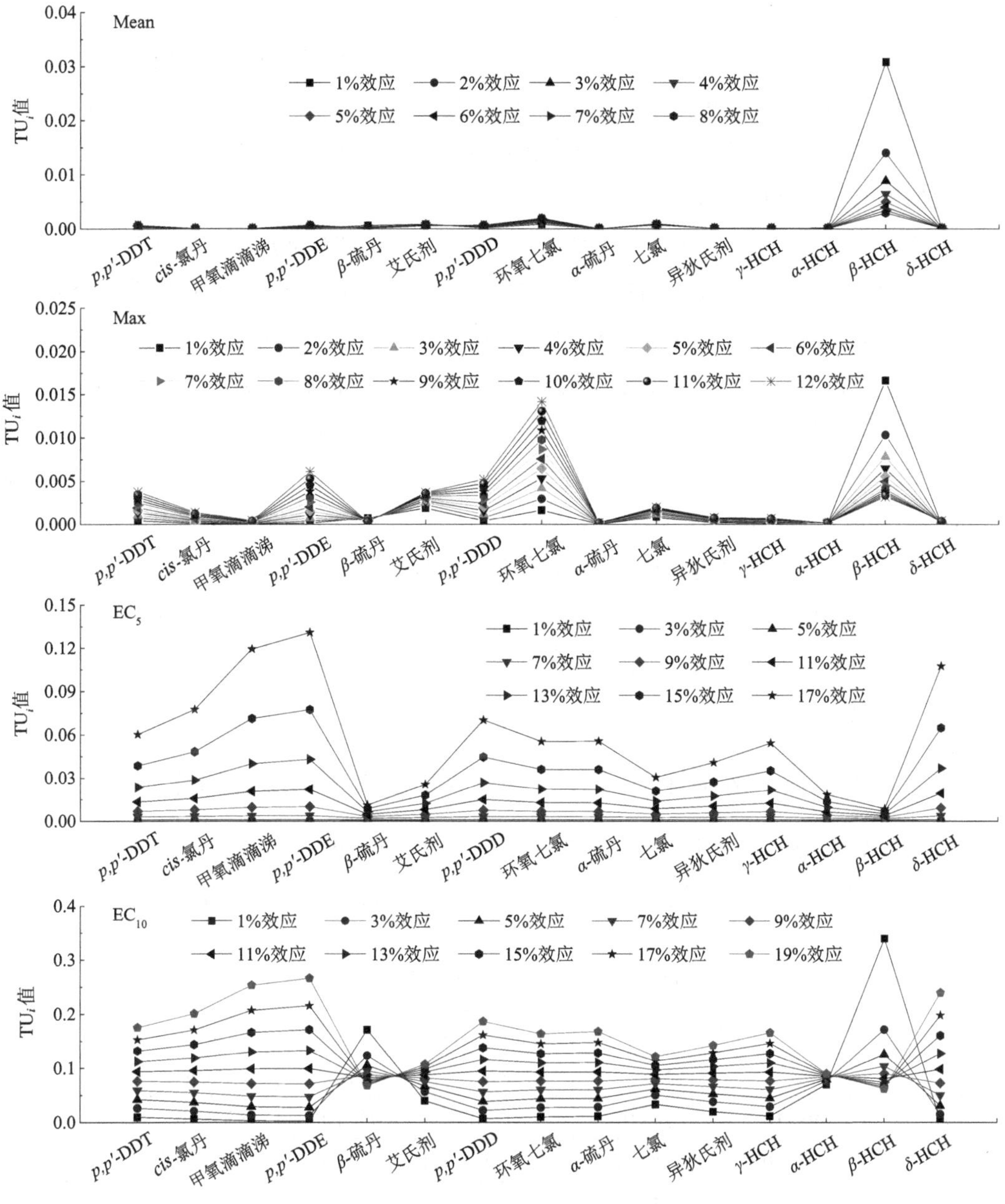

图 5.4　不同浓度比 OCPs 混合物不同效应下各组分 TU$_i$ 值变化规律

在水体 Max 体系中，抑制效应从 1%递增到 12%时，环氧七氯、*p,p′*-DDE、*p,p′*-DDD、*p,p′*-DDT、艾氏剂和七氯等 6 种组分的 TU$_i$ 值也是递增的，而 *β*-HCH 组分的 TU$_i$ 值是递减的，其余 8 种组分的 TU$_i$ 值基本不变。七氯和艾氏剂的 TU$_i$ 值增幅较小，反映出它们的贡献是相对固定的；*β*-HCH 的 TU$_i$ 值随着抑制效应从 1%增大到 6%大幅度降低，此后则变化不大并趋于稳定，说明在某特定浓度比混合体系的某段浓度效应范围内，*β*-HCH

的毒性贡献率明显受其他共存 OCPs 组分浓度变化的影响。因此，根据各组分 TU_i 值大小及变化情况，可认为对水体 Max 体系 OCPs 混合物联合毒性效应贡献大的主要组分是环氧七氯、*β*-HCH、*p,p′*-DDE 和 *p,p′*-DDD，环氧七氯在该混合体系中的 p_i 值最小，但它对混合体系毒性效应贡献是最明显、最稳固的，这表明在多元混合物体系中组分的 p_i 值可能不是影响其毒性效应发挥的最主要因素。

在 EC_5 体系中，抑制效应从 1%递增到 17%时，*β*-HCH 和 *β*-硫丹组分的 TU_i 值变化很小，其余 13 种 OCPs 组分的 TU_i 值均为递增趋势，增幅较大的前 5 种组分分别为 *p,p′*-DDE、甲氧滴滴涕、*δ*-HCH、*cis*-氯丹和 *p,p′*-DDD，可认为它们是对 EC_5 体系 OCPs 混合物联合毒性效应贡献较大的主要组分，而贡献率最大的 *p,p′*-DDE 在混合体系中的 p_i 值却较小，同样反映出混合体系中某一组分的毒性效应并不完全依赖自身的 p_i 值。

在 EC_{10} 体系中，抑制效应从 1%递增到 19%时，*β*-HCH 和 *β*-硫丹组分的 TU_i 值是递减的，其余 13 种组分的 TU_i 值都是递增的。根据各组分的 TU_i 值变化情况分析它们的贡献，在整段抑制效应范围内 *α*-HCH 的 TU_i 值基本不变，说明它的贡献是相对固定的，对共存组分的影响极小；*p,p′*-DDE、甲氧滴滴涕、*δ*-HCH、*cis*-氯丹和 *p,p′*-DDD 等 5 种 OCPs 组分 TU_i 值增幅较其余组分大，因此它们是对 EC_{10} 体系 OCPs 混合物联合毒性效应贡献较大的主要组分。

5.4.2 基于会仙岩溶湿地不同水体 OCPs 浓度水平的混合物毒性效应

以会仙岩溶湿地湖泊水、沟渠水和地下水中各种 OCPs 浓度的平均值和最大值配制 6 组不同浓度比 OCPs 混合物的组分构成及其浓度比和混合物浓度，如表 5.4 所示。

表 5.4　不同水体 OCPs 混合物的组分构成及其浓度比（p_i）

混合依据	湿地湖泊水		沟渠水		地下水	
	（Mean）	（Max）	（Mean）	（Max）	（Mean）	（Max）
α-HCH	2.98×10^{-2}	5.74×10^{-2}	3.49×10^{-2}	4.93×10^{-2}	5.42×10^{-2}	7.41×10^{-2}
β-HCH	6.04×10^{-2}	8.11×10^{-2}	6.45×10^{-2}	7.79×10^{-2}	4.74×10^{-2}	5.38×10^{-2}
γ-HCH	4.67×10^{-2}	6.85×10^{-2}	3.71×10^{-2}	3.31×10^{-2}	2.66×10^{-2}	2.29×10^{-2}
δ-HCH	2.40×10^{-2}	2.78×10^{-2}	2.28×10^{-2}	2.12×10^{-2}	1.74×10^{-2}	1.25×10^{-2}
七氯	9.13×10^{-3}	1.26×10^{-2}	1.36×10^{-2}	1.78×10^{-2}	2.13×10^{-2}	1.78×10^{-2}
环氧七氯	2.76×10^{-2}	4.62×10^{-2}	1.98×10^{-2}	6.53×10^{-2}	3.48×10^{-2}	8.47×10^{-2}
艾氏剂	2.85×10^{-2}	5.19×10^{-2}	2.10×10^{-2}	2.00×10^{-2}	2.29×10^{-2}	1.73×10^{-2}
异狄氏剂	3.00×10^{-2}	3.22×10^{-2}	3.00×10^{-2}	4.55×10^{-2}	2.08×10^{-2}	2.94×10^{-2}
cis-氯丹	3.85×10^{-1}	1.89×10^{-1}	4.35×10^{-1}	2.67×10^{-1}	3.01×10^{-1}	2.08×10^{-1}
α-硫丹	1.31×10^{-2}	6.78×10^{-2}	2.11×10^{-2}	9.58×10^{-2}	2.35×10^{-2}	2.70×10^{-2}

混合依据	湿地湖泊水		沟渠水		地下水	
	（Mean）	（Max）	（Mean）	（Max）	（Mean）	（Max）
β-硫丹	1.86×10^{-2}	3.20×10^{-2}	1.03×10^{-2}	1.28×10^{-2}	1.19×10^{-2}	1.55×10^{-2}
p,p'-DDE	6.53×10^{-2}	5.74×10^{-2}	7.72×10^{-2}	6.79×10^{-2}	1.32×10^{-1}	1.01×10^{-1}
p,p'-DDD	9.77×10^{-2}	7.81×10^{-2}	8.03×10^{-2}	7.44×10^{-2}	1.07×10^{-1}	1.28×10^{-1}
p,p'-DDT	7.99×10^{-2}	6.98×10^{-2}	6.30×10^{-2}	4.25×10^{-2}	7.95×10^{-2}	8.90×10^{-2}
甲氧滴滴涕	8.47×10^{-2}	1.28×10^{-1}	6.93×10^{-2}	1.10×10^{-1}	9.90×10^{-2}	1.19×10^{-1}
混合物浓度/（mol/L）	3.76×10^{-10}	2.28×10^{-9}	4.03×10^{-10}	1.61×10^{-9}	1.89×10^{-10}	1.00×10^{-9}

按表 5.4 设计的 6 组 OCPs 混合体系对斜生四链藻的浓度-效应数据均可用 Logit 或 Weibull 函数进行拟合，拟合的浓度-效应曲线和 CA、IA 模型预测线如图 5.5 所示，相应的拟合曲线参数、EC_{50}、pEC_{50} 以及每个混合体系在不同效应下的组合指数（CI）如表 5.5 所示。

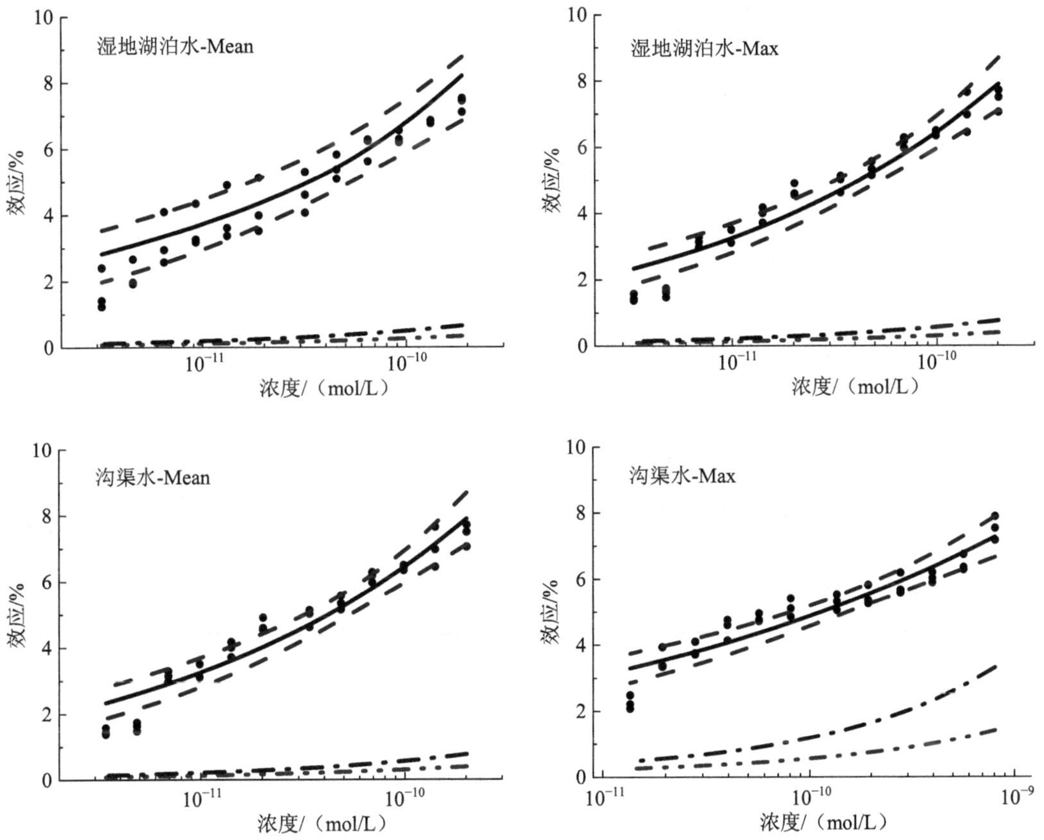

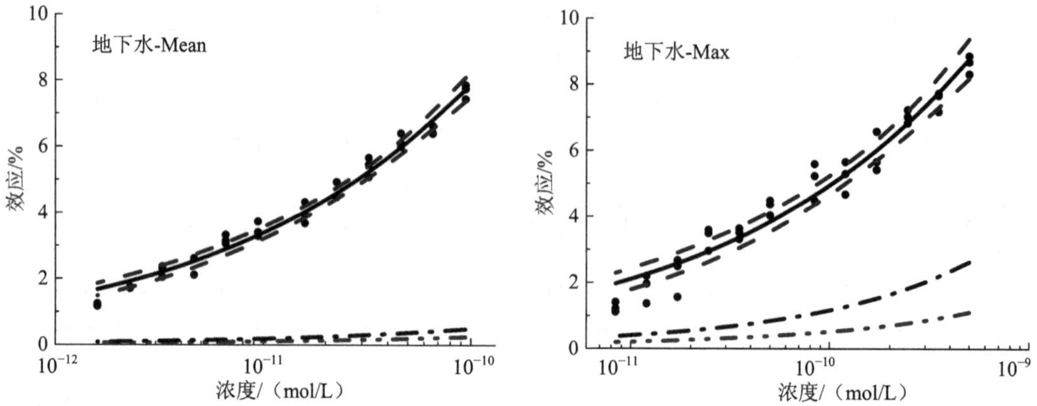

"•"为实验点，"—"为拟合线，"-----"为 95%置信区间，"—·—·"为 CA 预测线，"-·-·-·"为 IA 预测线

图 5.5 各水体中不同浓度比 OCPs 混合物对斜生四链藻的浓度-效应曲线和 CA、IA 模型预测线

表 5.5 各水体中不同浓度比 OCPs 混合物对斜生四链藻的浓度-效应拟合曲线参数及相互作用参数

混合依据	拟合函数	α	β	R^2	RMSE	EC_{50}/（mol/L）	pEC_{50}	抑制效应/%	CI	相互作用类型
湿地湖泊水-Mean	Logit	4.03	0.67	0.938 3	0.005	1.02×10^{-6}	5.99	1～8	0.000 3～0.014	协同作用
湿地湖泊水-Max	Weibull	2.90	0.58	0.925 9	0.006	9.69×10^{-6}	5.01	1～9	0.000 3～0.043	协同作用
沟渠水-Mean	Logit	4.51	0.72	0.933 5	0.005	5.31×10^{-7}	6.27	1～8	0.000 4～0.011	协同作用
沟渠水-Max	Logit	1.72	0.47	0.908 9	0.004	2.18×10^{-4}	3.66	1～8	0.000 1～0.093	协同作用
地下水-Mean	Logit	6.53	0.90	0.988 0	0.002	5.42×10^{-8}	7.27	1～8	0.000 8～0.007	协同作用
地下水-Max	Logit	5.87	0.88	0.974 1	0.004	2.24×10^{-7}	6.65	1～9	0.003～0.039	协同作用

由表 5.5 可知，6 组混合体系 OCPs 毒性数据拟合曲线的 R^2 范围为 0.908 9～0.988 0，均大于 0.90；RMSE 值为 0.002～0.006，均小于 0.006，表明采用 Logit 或 Weibull 函数的拟合结果准确可靠。由 pEC_{50} 的大小可知，各混合体系对斜生四链藻的毒性大小顺序为地下水-Mean 体系＞地下水-Max 体系＞沟渠水-Mean 体系＞湿地湖泊水-Mean 体系＞湿地湖泊水-Max 体系＞沟渠水-Max 体系，与 5.4.1 节的 4 组混合体系的毒性效应变化相似，进一步说明了混合物的毒性大小不仅不完全依赖于混合物的浓度，还受混合物组分的 p_i 值及组分间的相互作用影响。

如表 5.5 所示，在实验测试的抑制效应范围内，湿地湖泊水-Mean 体系、湿地湖泊水-Max 体系、沟渠水-Mean 体系、沟渠水-Max 体系、地下水-Mean 体系和地下水-Max 体系 OCPs 混合物的组合指数 CI 值分别为 0.000 3～0.014、0.000 3～0.043、0.000 4～0.011、0.000 1～0.093、0.000 8～0.007 和 0.003～0.039，随着抑制效应的增大各混合体系的 CI 值也相应增大，但它们的组合指数 CI 值均远小于 1，均表现为协同作用。

经计算统计，上述 6 组不同浓度比 OCPs 混合物不同效应下各组分 TU_i 值的变化规律如图 5.6 所示。从图 5.6 中可以看出，在实验测试的抑制效应范围内，湿地湖泊水-Mean 体系、沟渠水-Mean 体系和地下水-Mean 体系等 3 组混合体系中各种 OCPs 组分的 TU_i 值变化规律相一致，而湿地湖泊水-Max 体系、沟渠水-Max 体系和地下水-Max 体系等 3 组混合体系中各种 OCPs 组分的 TU_i 值变化规律相一致，但它们的增幅存在差异。在这 6 组混合体系中，α-硫丹、β-硫丹、七氯、异狄氏剂、γ-HCH、α-HCH 和 δ-HCH 等 7 种 OCPs 组分的 TU_i 值均很小，说明它们对混合体系 OCPs 混合物联合毒性效应的贡献较小；β-HCH 的 TU_i 值变化幅度较小，反映出它在混合体系中的贡献是相对固定的；而环氧七氯、p,p'-DDD、p,p'-DDE 和 *cis*-氯丹等 4 种 OCPs 组分的 TU_i 值增幅较明显，可认为它们是对这 6 组混合体系 OCPs 混合物联合毒性效应贡献较大的主要组分。

cis-氯丹在这 6 组混合体系中的 p_i 值均为最大，这可能是它成为对这 6 组混合体系 OCPs 混合物联合毒性效应贡献较大的主要组分的原因，说明它对混合体系毒性效应的贡献主要依赖自身的浓度优势；而环氧七氯、p,p'-DDD 和 p,p'-DDE 对混合体系毒性效应的贡献则并非完全依赖其在体系中 p_i 值的大小。

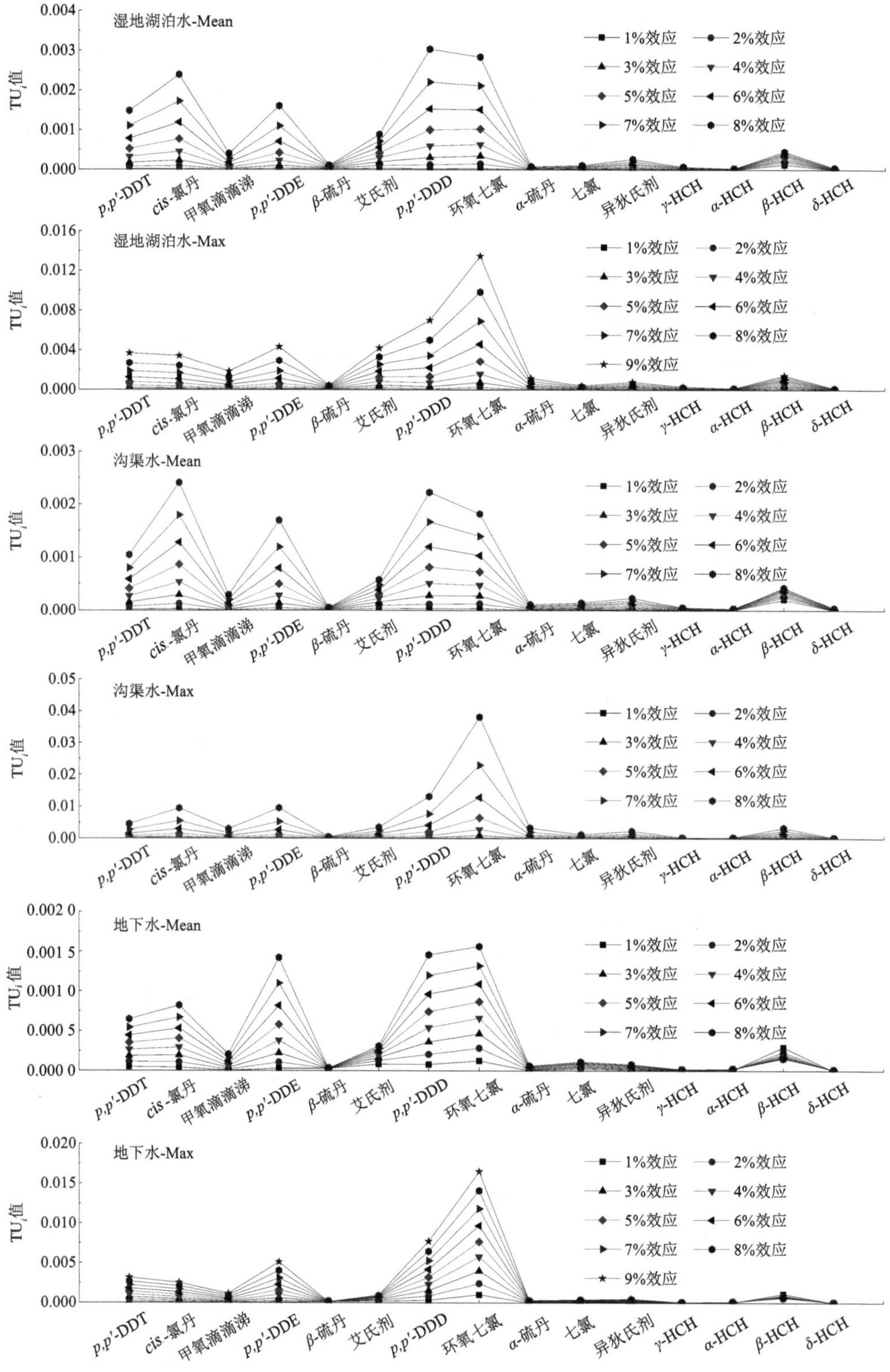

图 5.6 各水体中不同浓度比 OCPs 混合物不同效应下各组分 TU$_i$ 值变化规律

5.4.3　基于会仙岩溶湿地水体采样点 OCPs 浓度水平的混合物毒性效应

（1）湿地湖泊水的采样点 OCPs 浓度水平的联合毒性效应

从会仙岩溶湿地湖泊水的所有采样点所有采样批次的样品中，挑选 8 组较能反映湖泊水 OCPs 不同浓度水平的实测数据，配制不同的混合体系，各混合体系 OCPs 混合物的组分构成及其浓度比和混合物浓度如表 5.6 所示。

表 5.6　湿地湖泊水 OCPs 混合物的组分构成及其浓度比（p_i）

混合依据	采样点 S7（2017-12）	采样点 S11（2015-12）	采样点 S1（2017-01）	采样点 S4（2016-04）	采样点 S8（2017-08）	采样点 S6（2017-08）	采样点 S7（2017-08）	采样点 S12（2016-04）
α-HCH	7.65×10^{-2}	9.27×10^{-2}	1.75×10^{-1}	4.86×10^{-2}	1.65×10^{-2}	1.48×10^{-2}	3.30×10^{-2}	1.44×10^{-1}
β-HCH	7.34×10^{-1}	5.57×10^{-1}	3.37×10^{-1}	7.79×10^{-1}	5.13×10^{-1}	2.46×10^{-1}	2.52×10^{-1}	5.73×10^{-1}
γ-HCH	1.25×10^{-2}	1.13×10^{-1}	1.08×10^{-1}	2.40×10^{-2}	2.88×10^{-2}	4.89×10^{-2}	4.85×10^{-2}	3.85×10^{-2}
δ-HCH	1.40×10^{-2}	4.53×10^{-2}	1.45×10^{-1}	4.86×10^{-2}	3.16×10^{-2}	2.39×10^{-2}	1.61×10^{-2}	7.63×10^{-2}
七氯	1.67×10^{-2}	2.86×10^{-2}	1.15×10^{-1}	2.31×10^{-2}	8.79×10^{-2}	1.50×10^{-2}	1.83×10^{-1}	2.79×10^{-2}
环氧七氯	4.01×10^{-2}	5.86×10^{-3}	4.41×10^{-2}	9.09×10^{-3}	9.04×10^{-2}	9.16×10^{-2}	9.74×10^{-3}	2.91×10^{-2}
艾氏剂	0.00	4.16×10^{-2}	1.96×10^{-2}	6.49×10^{-3}	2.45×10^{-3}	4.23×10^{-3}	4.14×10^{-2}	9.20×10^{-3}
异狄氏剂	3.22×10^{-2}	1.20×10^{-2}	1.46×10^{-3}	6.94×10^{-3}	1.58×10^{-3}	2.91×10^{-3}	2.41×10^{-2}	7.99×10^{-3}
cis-氯丹	0.00	1.14×10^{-2}	2.17×10^{-3}	4.95×10^{-3}	0.00	1.22×10^{-2}	3.89×10^{-3}	8.53×10^{-3}
α-硫丹	0.00	1.12×10^{-2}	2.59×10^{-3}	5.42×10^{-3}	0.00	4.72×10^{-3}	0.00	7.79×10^{-3}
β-硫丹	7.40×10^{-2}	6.02×10^{-3}	4.28×10^{-3}	3.35×10^{-3}	4.70×10^{-3}	4.30×10^{-2}	3.24×10^{-2}	7.99×10^{-3}
p,p'-DDE	0.00	7.71×10^{-3}	1.71×10^{-2}	7.58×10^{-3}	1.04×10^{-1}	2.23×10^{-1}	0.00	1.69×10^{-2}
p,p'-DDD	0.00	4.41×10^{-2}	1.71×10^{-3}	0.00	4.81×10^{-2}	1.86×10^{-1}	1.26×10^{-2}	0.00
p,p'-DDT	0.00	9.72×10^{-3}	2.08×10^{-2}	1.77×10^{-2}	4.99×10^{-2}	6.23×10^{-2}	3.14×10^{-1}	5.32×10^{-2}
甲氧滴滴涕	0.00	1.34×10^{-2}	6.27×10^{-3}	1.53×10^{-2}	2.05×10^{-2}	2.21×10^{-2}	2.90×10^{-2}	0.00
混合物浓度/（mol/L）	1.52×10^{-9}	4.47×10^{-9}	9.88×10^{-9}	5.68×10^{-9}	7.16×10^{-9}	6.41×10^{-9}	4.82×10^{-9}	3.49×10^{-9}

按表 5.6 配制的 8 组 OCPs 混合体系对斜生四链藻的浓度-效应数据均可利用 Logit 或 Weibull 函数进行拟合，拟合的浓度-效应曲线和 CA、IA 模型预测线如图 5.7 所示，相应的拟合曲线参数、EC_{50}、pEC_{50} 以及每个混合体系在不同效应下的组合指数如表 5.7 所示。由表 5.7 可知，8 组混合体系 OCPs 毒性数据拟合曲线的 R^2 范围为 0.846 8～0.988 0，均大于 0.80；RMSE 值为 0.002～0.015，均小于 0.02，表明采用 Logit 或 Weibull 函数的拟合结果较准确可靠。由 pEC_{50} 的大小可知，各混合体系对斜生四链藻的毒性大小顺序

为湿地湖泊水-S8（2017-08）体系＞湿地湖泊水-S7（2017-12）体系＞湿地湖泊水-S7（2017-08）体系＞湿地湖泊水-S4（2016-04）体系＞湿地湖泊水-S6（2017-08）体系＞湿地湖泊水-S11（2015-12）体系＞湿地湖泊水-S1（2017-01）体系＞湿地湖泊水-S12（2016-04）体系，与前文的其他混合体系的毒性效应变化相似，证实了混合物的毒性大小不仅不完全依赖于混合物的浓度，还受混合物组分的 p_i 值及组分间的相互作用影响。

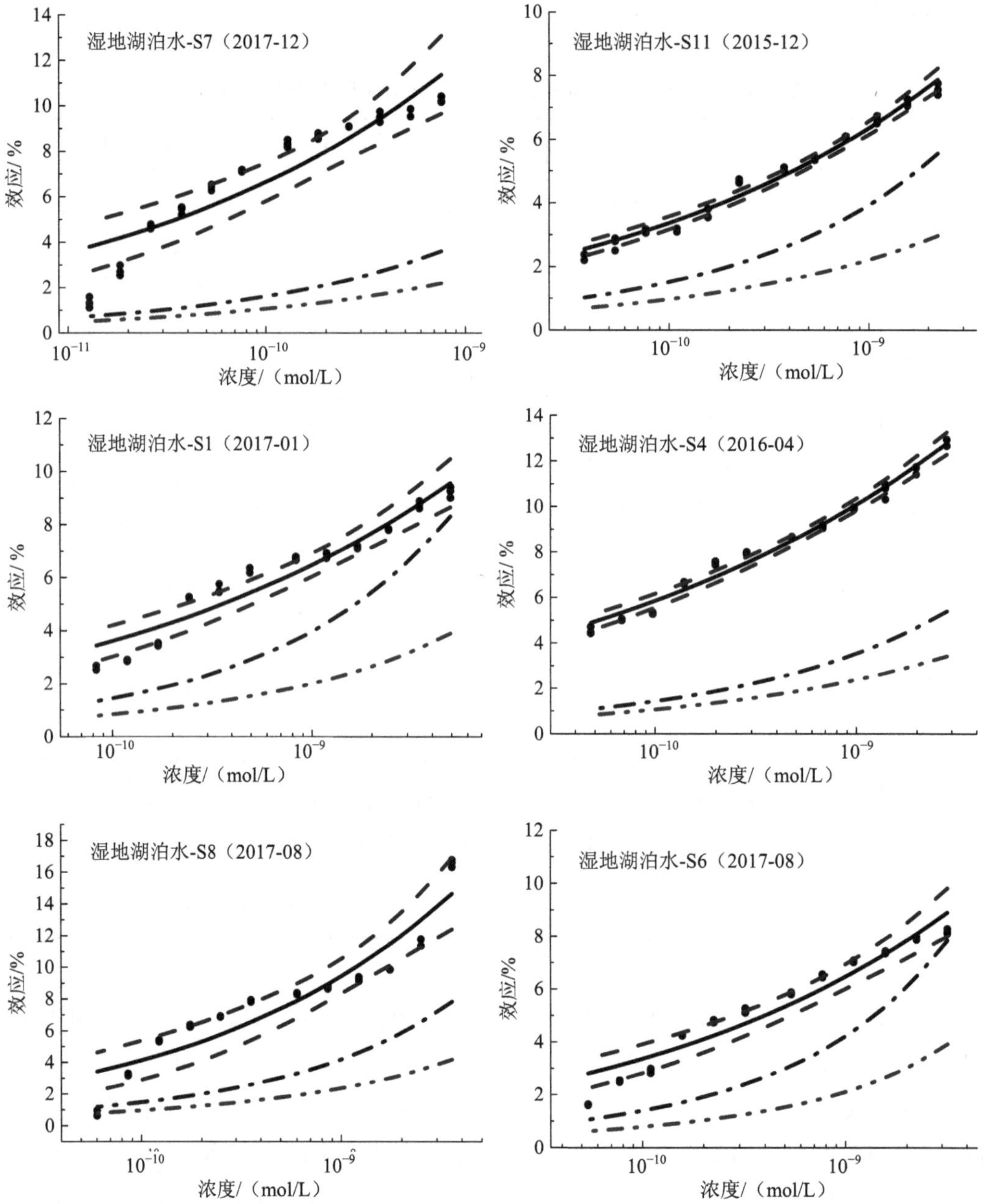

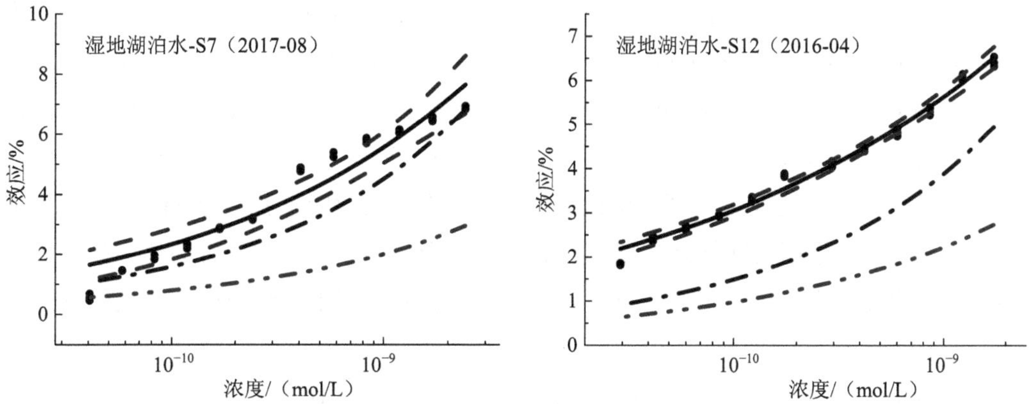

“•”为实验点，“—”为拟合线，“-----”为 95%置信区间，“—·—·”为 CA 预测线，“-·-·-·”为 IA 预测线

图 5.7　湿地湖泊水 OCPs 混合物对斜生四链藻的浓度-效应曲线和 CA、IA 模型预测线

表 5.7　湿地湖泊水 OCPs 混合物对斜生四链藻的浓度-效应拟合曲线参数及相互作用参数

混合依据	拟合函数	α	β	R^2	RMSE	EC_{50}/（mol/L）	pEC_{50}	抑制效应/%	CI	相互作用类型
湿地湖泊水-S7（2017-12）	Weibull	3.73	0.64	0.846 8	0.012	4.09×10^{-7}	6.39	1～11	0.001～0.015	协同作用
湿地湖泊水-S11（2015-12）	Logit	3.30	0.67	0.983 5	0.002	1.10×10^{-5}	4.96	1～8	0.013～0.089	协同作用
湿地湖泊水-S1（2017-01）	Logit	2.85	0.61	0.921 7	0.006	2.28×10^{-5}	4.64	1～10	0.005～0.175	协同作用
湿地湖泊水-S4（2016-04）	Logit	3.12	0.59	0.984 3	0.003	5.11×10^{-6}	5.29	1～13	0.002～0.031	协同作用
湿地湖泊水-S8（2017-08）	Weibull	5.36	0.85	0.875 4	0.015	1.92×10^{-7}	6.72	1～17	0.019～0.134	协同作用
湿地湖泊水-S6（2017-08）	Logit	3.50	0.69	0.925 2	0.006	7.88×10^{-6}	5.10	1～9	0.009～0.293	协同作用
湿地湖泊水-S7（2017-08）	Logit	5.25	0.90	0.924 3	0.006	1.42×10^{-6}	5.85	1～7	0.061～0.136	协同作用
湿地湖泊水-S12（2016-04）	Logit	2.95	0.64	0.988 0	0.002	2.48×10^{-5}	4.61	1～7	0.016～0.129	协同作用

由表 5.7 可以看出，在实验测试的抑制效应范围内，湿地湖泊水-S7（2017-12）体系、湿地湖泊水-S11（2015-12）体系、湿地湖泊水-S1（2017-01）体系、湿地湖泊水-S4（2016-04）体系、湿地湖泊水-S8（2017-08）体系、湿地湖泊水-S6（2017-08）体系、湿地湖泊水-S7

（2017-08）体系和湿地湖泊水-S12（2016-04）体系 OCPs 混合物的组合指数 CI 值分别为 0.001～0.015、0.013～0.089、0.005～0.175、0.002～0.031、0.019～0.134、0.009～0.293、0.061～0.136 和 0.016～0.129，随着抑制效应的增大各混合体系的 CI 值也不断增大，但它们的组合指数 CI 值均远小于 1，均呈现为协同作用。

经计算统计，上述 8 组不同浓度比 OCPs 混合物不同效应下各组分 TU_i 值的变化规律如图 5.8 所示。根据实际样点数据设计的 8 组混合体系中，并非所有的体系都包含有 15 种 OCPs 组分，这有利于探讨不同组分组合的混合体系产生毒性效应的关键组分有何差异。

由图 5.8 可以看出，在只含 *α*-HCH、*β*-HCH、*γ*-HCH、*δ*-HCH、七氯、环氧七氯、异狄氏剂和 *β*-硫丹等 8 种 OCPs 组分的湿地湖泊水-S7（2017-12）体系中，抑制效应从 1% 递增到 11%，OCPs 混合物中 *β*-HCH 和环氧七氯两种组分的 TU_i 值也明显递增，且均大于其余 6 种组分对应值，而其余 6 种组分的增幅极小，因此，*β*-HCH 和环氧七氯均是对该混合体系联合毒性效应贡献较大的主要组分。

在同时含有 15 种 OCPs 组分的湿地湖泊水-S11（2015-12）、湿地湖泊水-S1（2017-01）和湿地湖泊水-S6（2017-08）等 3 组混合体系中，根据实验测试的抑制效应范围内各组分 TU_i 值及增幅情况，可认为对这 3 组混合体系联合毒性效应贡献较大的主要组分分别为 *β*-HCH、*p,p'*-DDD 和艾氏剂，环氧七氯、*β*-HCH 和七氯，环氧七氯、*p,p'*-DDD 和 *p,p'*-DDE。

在只缺少 *p,p'*-DDD 的湿地湖泊水-S4（2016-04）、只缺少 *p,p'*-DDD 和甲氧滴滴涕的湿地湖泊水-S12（2016-04） 等 2 组混合体系中，*β*-HCH 和环氧七氯均是对该 2 组混合体系联合毒性效应贡献较大的主要组分。

在缺少 *cis*-氯丹和 *α*-硫丹的湿地湖泊水-S8（2017-08）、缺少 *p,p'*-DDE 和 *α*-硫丹的湿地湖泊水-S7（2017-08） 等 2 组混合体系中，根据实验测试的抑制效应范围内各组分 TU_i 值及增幅情况，可认为对这 2 组混合体系联合毒性效应贡献较大的主要组分分别为环氧七氯和 *p,p'*-DDE，*p,p'*-DDT、*β*-HCH 和七氯。

综观这 8 组混合体系联合毒性效应贡献较大的主要组分中，出现频率最高的是 *β*-HCH 和环氧七氯，这可能与其在混合体系中浓度比以及自身毒性大小有关。在 15 种 OCPs 中，虽然 *β*-HCH 的毒性较小，但它在这 8 组混合体系中的浓度比均为最大；而环氧七氯在这 8 组混合体系中的浓度比仅位于中间，但它在 15 种 OCPs 中的毒性是第二大的。

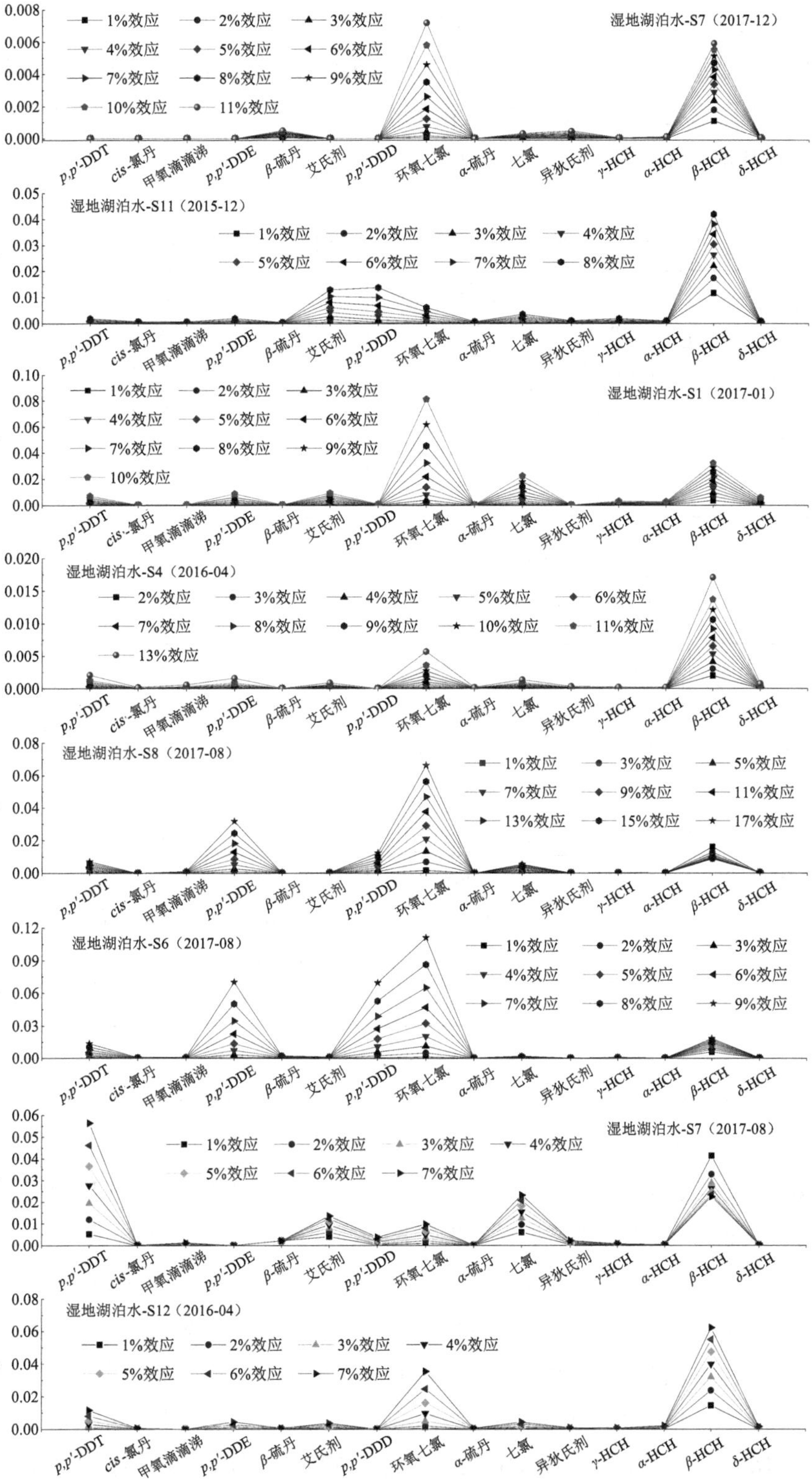

图 5.8　湿地湖泊水不同浓度比 OCPs 混合物不同效应下各组分 TU_i 值变化规律

（2）湿地沟渠水的采样点 OCPs 浓度水平的联合毒性效应

从会仙岩溶湿地沟渠水的所有采样点所有采样批次的样品中，挑选 5 组较能反映沟渠水 OCPs 不同浓度水平的实测数据，配制不同的混合体系，各混合体系 OCPs 混合物的组分构成及其浓度比和混合物浓度如表 5.8 所示。

表 5.8 沟渠水 OCPs 混合物的组分构成及其浓度比（p_i）

混合依据	采样点 C3（2016-04）	采样点 C1（2015-12）	采样点 C2（2017-08）	采样点 C1（2017-05）	采样点 C2（2016-07）
α-HCH	8.16×10^{-2}	1.34×10^{-1}	1.44×10^{-2}	3.28×10^{-2}	7.55×10^{-2}
β-HCH	3.97×10^{-1}	3.57×10^{-1}	4.35×10^{-1}	7.40×10^{-1}	4.53×10^{-1}
γ-HCH	5.78×10^{-2}	2.51×10^{-1}	2.86×10^{-2}	8.30×10^{-2}	2.99×10^{-2}
δ-HCH	1.33×10^{-1}	1.17×10^{-1}	1.50×10^{-1}	1.22×10^{-2}	7.09×10^{-2}
七氯	1.01×10^{-1}	1.13×10^{-2}	1.20×10^{-1}	1.98×10^{-2}	3.12×10^{-2}
环氧七氯	3.46×10^{-2}	5.46×10^{-3}	0.00	3.16×10^{-3}	1.84×10^{-1}
艾氏剂	1.98×10^{-2}	6.18×10^{-3}	2.44×10^{-3}	2.76×10^{-2}	1.16×10^{-2}
异狄氏剂	4.05×10^{-3}	1.12×10^{-2}	3.26×10^{-3}	5.92×10^{-3}	4.50×10^{-3}
cis-氯丹	8.44×10^{-3}	1.01×10^{-2}	6.06×10^{-3}	3.99×10^{-3}	6.36×10^{-3}
α-硫丹	1.10×10^{-2}	1.54×10^{-2}	3.05×10^{-3}	7.97×10^{-3}	8.12×10^{-3}
β-硫丹	1.45×10^{-2}	1.01×10^{-2}	2.75×10^{-2}	2.37×10^{-2}	3.18×10^{-3}
p,p'-DDE	1.13×10^{-2}	7.07×10^{-3}	6.12×10^{-2}	3.99×10^{-3}	7.92×10^{-2}
p,p'-DDD	6.09×10^{-3}	4.06×10^{-2}	5.47×10^{-2}	2.25×10^{-3}	4.59×10^{-3}
p,p'-DDT	1.01×10^{-1}	1.17×10^{-2}	6.91×10^{-2}	2.81×10^{-2}	3.25×10^{-2}
甲氧滴滴涕	1.83×10^{-2}	1.20×10^{-2}	2.46×10^{-2}	5.47×10^{-3}	4.96×10^{-3}
混合物浓度/（mol/L）	2.46×10^{-9}	4.87×10^{-9}	7.97×10^{-9}	8.20×10^{-9}	5.72×10^{-9}

按表 5.8 配制的 5 组 OCPs 混合体系对斜生四链藻的浓度-效应数据均可利用 Logit 函数进行拟合，拟合的浓度-效应曲线和 CA、IA 模型预测线如图 5.9 所示，相应的拟合曲线参数、EC_{50}、pEC_{50} 以及每个混合体系在不同效应下的组合指数如表 5.9 所示。5 组混合体系 OCPs 混合物对斜生四链藻的浓度-效应曲线均表现为扁平的“S”形曲线（图 5.9）。由表 5.9 可知，5 组混合体系 OCPs 毒性数据拟合曲线的 R^2 范围为 0.830 5～0.970 7，均大于 0.80；RMSE 值为 0.003～0.008，均小于 0.009，表明采用 Logit 函数的拟合结果较准确、可靠。由 pEC_{50} 的大小可知，各混合体系对斜生四链藻的毒性大小顺序为沟渠水-C1（2017-05）体系＞沟渠水-C3（2016-04）体系＞沟渠水-C2（2017-08）体系＞沟渠水-C2（2016-07）体系＞沟渠水-C1（2015-12）体系，与前文其他混合体系的毒性效应变化相似，混合物的毒性受混合物的浓度、混合物组分的 p_i 值及组分间的相互作用等多种

因素影响。

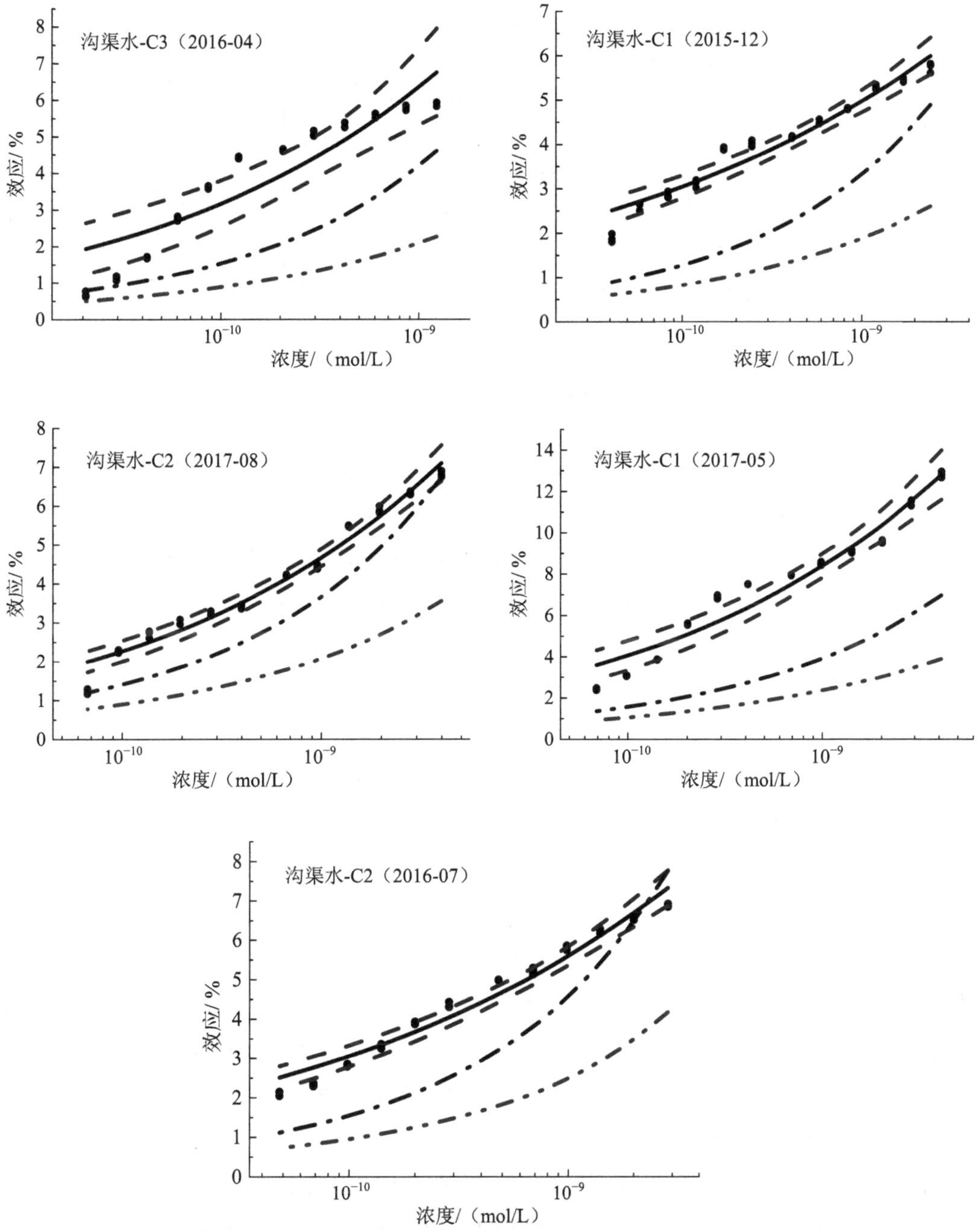

"●"为实验点，"—"为拟合线，"-----"为95%置信区间，"—·—·—·"为 CA 预测线，"-·-·-·-·"为 IA 预测线

图 5.9　沟渠水 OCPs 混合物对斜生四链藻的浓度-效应曲线和 CA、IA 模型预测线

表 5.9 湿地沟渠水 OCPs 混合物对斜生四链藻的浓度-效应拟合曲线参数及相互作用参数

混合依据	拟合函数	α	β	R^2	RMSE	EC_{50}/(mol/L)	pEC_{50}	抑制效应/%	CI	相互作用类型
沟渠水-C3（2016-04）	Logit	3.90	0.73	0.830 5	0.008	4.72×10^{-6}	5.33	1～7	0.018～0.088	协同作用
沟渠水-C1（2015-12）	Logit	1.64	0.51	0.945 5	0.003	6.16×10^{-4}	3.21	1～7	0.004～0.187	协同作用
沟渠水-C2（2017-08）	Logit	3.69	0.75	0.970 7	0.003	1.13×10^{-5}	4.95	1～7	0.056～0.210	协同作用
沟渠水-C1（2017-05）	Logit	4.55	0.77	0.941 5	0.008	1.26×10^{-6}	5.90	1～15	0.016～0.049	协同作用
沟渠水-C2（2016-07）	Logit	2.86	0.63	0.968 1	0.003	2.98×10^{-5}	4.53	1～7	0.014～0.331	协同作用

由表 5.9 可以看出，在实验测试的抑制效应范围内，沟渠水-C3（2016-04）体系、沟渠水-C1（2015-12）体系、沟渠水-C2（2017-08）体系、沟渠水-C1（2017-05）体系和沟渠水-C2(2016-07)体系 OCPs 混合物的组合指数 CI 值分别为 0.018～0.088、0.004～0.187、0.056～0.210、0.016～0.049 和 0.014～0.331，随着抑制效应的增大各混合体系的 CI 值也不断增大，但它们的组合指数 CI 值均远小于 1，均呈现出强烈的协同作用。

经计算统计，上述 5 组不同浓度比 OCPs 混合物不同效应下各组分 TU_i 值的变化规律如图 5.10 所示。

由图 5.10 可以看出，在沟渠水-C3（2016-04）体系中，抑制效应从 1%递增到 7%，OCPs 混合物中 *β*-HCH、环氧七氯、*p,p'*-DDT 和七氯等 4 种组分的 TU_i 值明显递增且均大于其余 11 种组分对应值，而其余 11 种组分的增幅较小，因此，*β*-HCH、环氧七氯、*p,p'*-DDT 和七氯均为对该混合体系联合毒性效应贡献较大的主要组分。

在沟渠水-C1（2015-12）体系、沟渠水-C1（2017-05）体系和沟渠水-C2（2016-07）体系等 3 组混合体系中，根据实验测试的抑制效应范围内各组分 TU_i 值及增幅情况，可认为对这 3 组混合体系联合毒性效应贡献较大的主要组分分别为 *β*-HCH、*p,p'*-DDD 和环氧七氯，*β*-HCH、艾氏剂和 *p,p'*-DDT，环氧七氯、*β*-HCH 和 *p,p'*-DDE。

在只缺少环氧七氯的沟渠水-C2（2017-08）体系中，*β*-HCH、七氯、*p,p'*-DDD、*p,p'*-DDE 和 *p,p'*-DDT 均为对该混合体系联合毒性效应贡献较大的主要组分。

在这 5 组混合体系联合毒性效应贡献较大的主要组分中，出现频率最高的是 *β*-HCH 和环氧七氯。

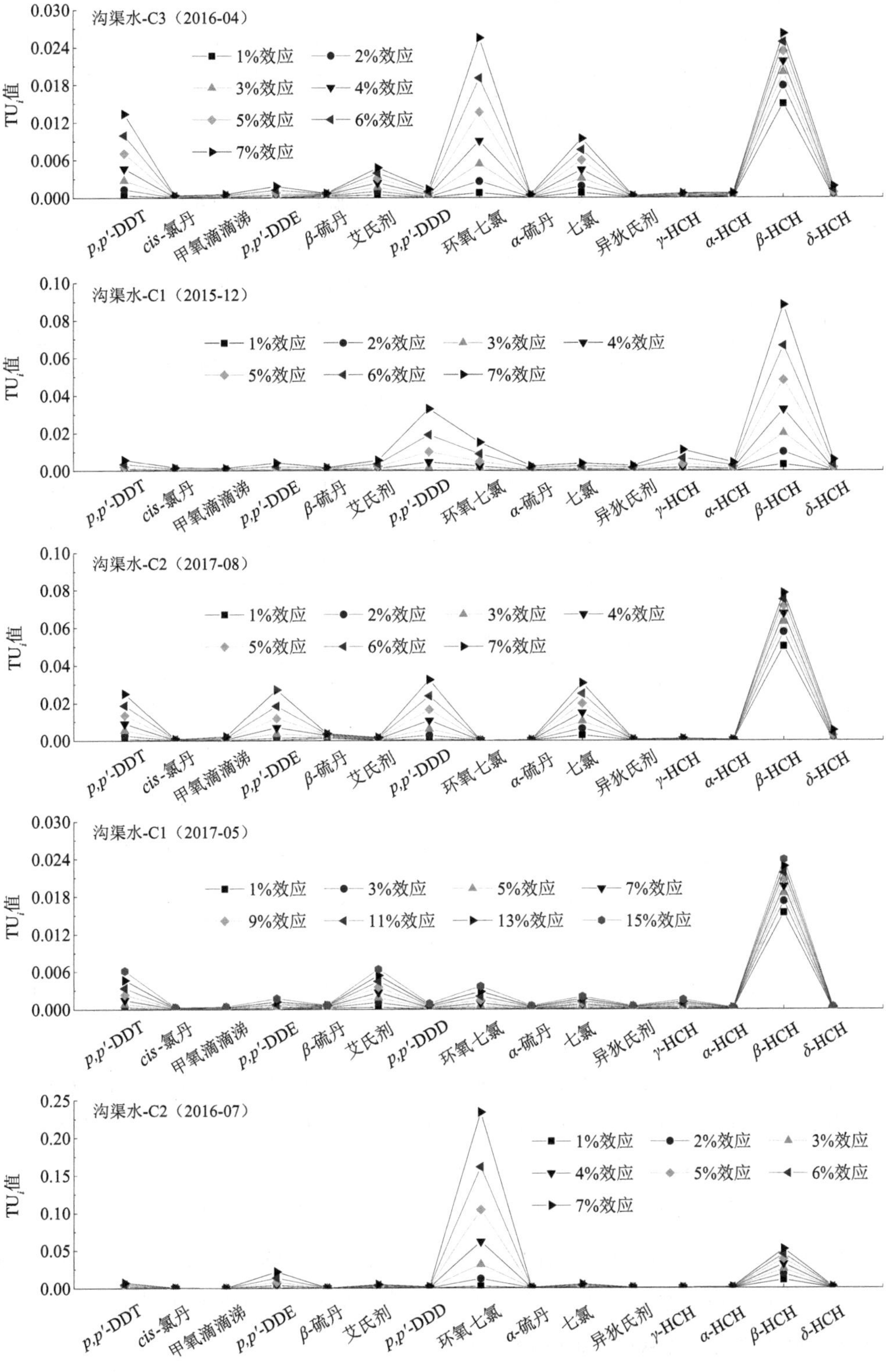

图 5.10　沟渠水不同浓度比 OCPs 混合物不同效应下各组分 TU$_i$ 值变化规律

（3）湿地地下水的采样点 OCPs 浓度水平的联合毒性效应

从会仙岩溶湿地地下水的所有采样点所有采样批次的样品中，挑选 5 组较能反映地下水 OCPs 不同浓度水平的实测数据，配制不同的混合体系，各混合体系 OCPs 混合物的组分构成及其浓度比和混合物浓度如表 5.10 所示。

表 5.10　地下水 OCPs 混合物的组分构成及其浓度比（p_i）

混合依据	采样点 G5（2017-01）	采样点 G1（2017-08）	采样点 G4（2015-10）	采样点 G1（2016-04）	采样点 G3（2015-10）
α-HCH	0.00	6.79×10^{-2}	1.44×10^{-1}	6.35×10^{-2}	8.67×10^{-2}
β-HCH	3.92×10^{-1}	2.09×10^{-1}	3.89×10^{-1}	5.39×10^{-1}	3.52×10^{-1}
γ-HCH	5.09×10^{-2}	1.37×10^{-1}	1.87×10^{-1}	3.07×10^{-2}	1.36×10^{-1}
δ-HCH	2.61×10^{-1}	4.78×10^{-2}	4.85×10^{-2}	1.41×10^{-1}	1.00×10^{-1}
七氯	1.28×10^{-1}	3.80×10^{-2}	1.46×10^{-1}	5.99×10^{-2}	7.79×10^{-3}
环氧七氯	2.40×10^{-2}	2.15×10^{-1}	6.21×10^{-3}	1.23×10^{-2}	1.26×10^{-1}
艾氏剂	0.00	1.04×10^{-2}	4.55×10^{-3}	1.85×10^{-2}	2.57×10^{-2}
异狄氏剂	1.37×10^{-2}	0.00	9.94×10^{-3}	6.35×10^{-3}	1.16×10^{-2}
cis-氯丹	2.61×10^{-2}	3.86×10^{-2}	8.14×10^{-3}	1.29×10^{-2}	3.98×10^{-2}
α-硫丹	3.10×10^{-2}	7.61×10^{-3}	6.40×10^{-3}	1.90×10^{-2}	2.05×10^{-2}
β-硫丹	1.10×10^{-2}	4.30×10^{-2}	6.57×10^{-3}	5.94×10^{-3}	7.42×10^{-3}
p,p'-DDE	3.13×10^{-2}	3.04×10^{-2}	1.06×10^{-2}	3.10×10^{-2}	1.40×10^{-2}
p,p'-DDD	0.00	5.11×10^{-2}	2.61×10^{-2}	9.29×10^{-3}	4.79×10^{-2}
p,p'-DDT	3.01×10^{-2}	1.04×10^{-1}	3.61×10^{-3}	3.27×10^{-2}	1.53×10^{-2}
甲氧滴滴涕	0.00	0.00	3.65×10^{-3}	1.76×10^{-2}	8.66×10^{-3}
混合物浓度/（mol/L）	8.24×10^{-10}	2.04×10^{-9}	7.54×10^{-9}	1.61×10^{-9}	6.73×10^{-9}

按照表 5.10 配制的 5 组 OCPs 混合体系对斜生四链藻的浓度-效应数据均可利用 Logit 函数进行拟合，拟合的浓度-效应曲线和 CA、IA 模型预测线如图 5.11 所示，相应的拟合曲线参数、EC_{50}、pEC_{50} 以及每个混合体系在不同效应下的组合指数如表 5.11 所示。5 组混合体系 OCPs 混合物对斜生四链藻的浓度-效应曲线依然表现为扁平的“S”形曲线（图 5.11）。由表 5.11 可知，5 组混合体系 OCPs 毒性数据拟合曲线的 R^2 范围为 0.742 1～0.859 6，均大于 0.70；RMSE 值为 0.008～0.017，均小于 0.018，表明采用 Logit 函数的拟合结果较准确可靠。由 pEC_{50} 的大小可知，各混合体系对斜生四链藻的毒性大小顺序为地下水-G4（2015-10）体系＞地下水-G5（2017-01）体系＞地下水-G3（2015-10）体系＞地下水-G1（2016-04）体系＞地下水-G1（2017-08）体系。

由表 5.11 可以看出，在实验测试的抑制效应范围内，地下水-G5（2017-01）体系、地下水-G1（2017-08）体系、地下水-G4（2015-10）体系、地下水-G1（2016-04）体系和地下水-G3（2015-10）体系 OCPs 混合物的组合指数 CI 值分别为 0.000 4～0.013、0.000 1～0.068、0.018～0.058、0.000 1～0.026 和 0.071～0.380，随着抑制效应的增大各混合体系的 CI 值也不断增大，但它们的组合指数 CI 值均远小于 1，依然呈现为强烈的协同作用。

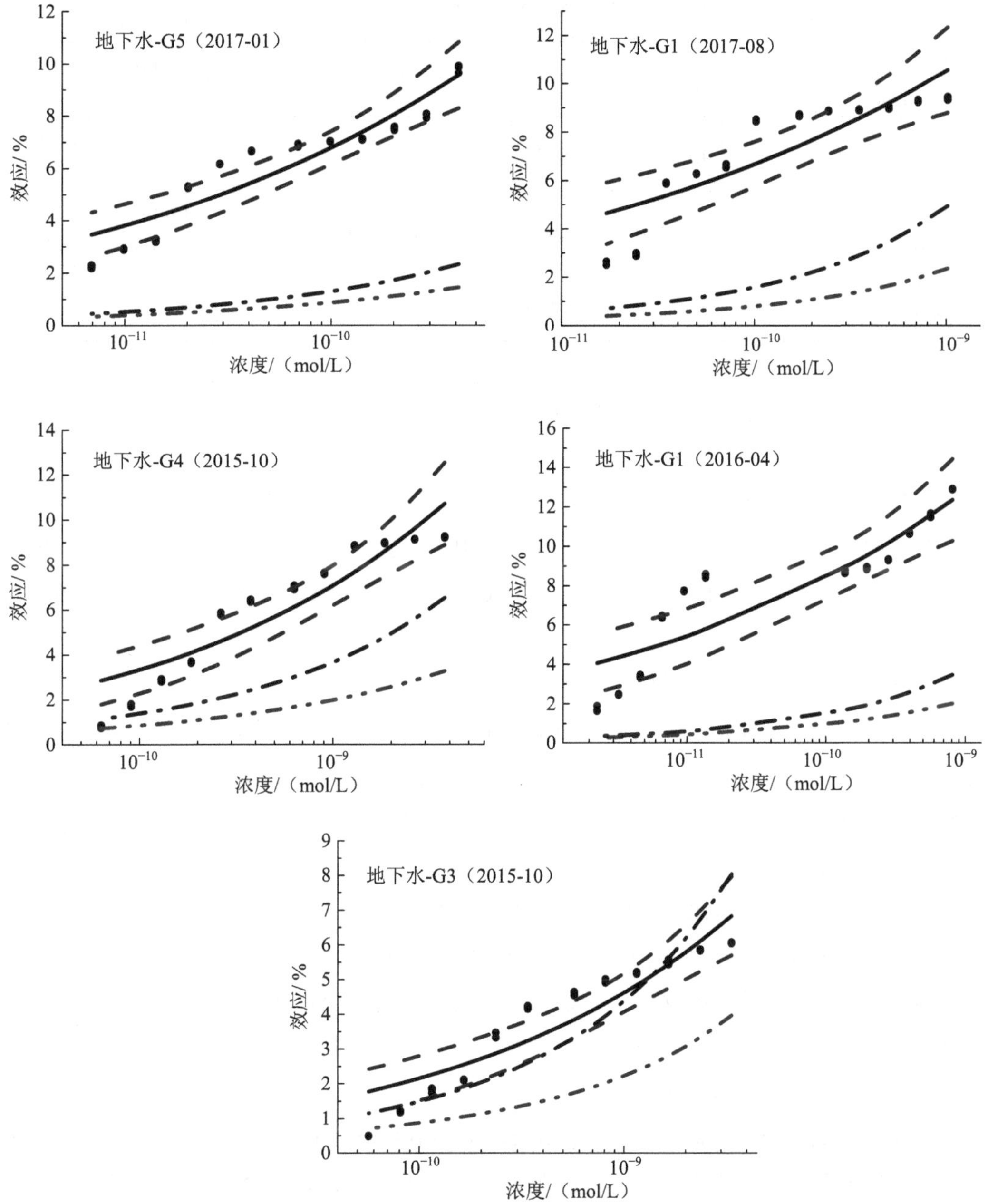

“●”为实验点，“—”为拟合线，“-----”为 95%置信区间，“—·—·—”为 CA 预测线，“-·-·-·-·-”为 IA 预测线

图 5.11　地下水 OCPs 混合物对斜生四链藻的浓度-效应曲线和 CA、IA 模型预测线

表 5.11　地下水 OCPs 混合物对斜生四链藻的浓度-效应拟合曲线参数及相互作用参数

混合依据	拟合函数	α	β	R^2	RMSE	EC_{50}/（mol/L）	pEC_{50}	抑制效应/%	CI	相互作用类型
地下水-G5（2017-01）	Logit	3.46	0.61	0.856 5	0.009	2.06×10^{-6}	5.69	1～10	0.000 4～0.013	协同作用
地下水-G1（2017-08）	Logit	2.36	0.50	0.742 1	0.013	1.93×10^{-5}	4.72	1～10	0.000 1～0.068	协同作用
地下水-G4（2015-10）	Logit	4.54	0.79	0.847 3	0.012	1.81×10^{-6}	5.74	1～10	0.018～0.058	协同作用
地下水-G1（2016-04）	Logit	2.33	0.47	0.804 0	0.017	1.16×10^{-5}	4.93	1～15	0.000 1～0.026	协同作用
地下水-G3（2015-10）	Logit	4.06	0.79	0.859 6	0.008	6.96×10^{-6}	5.16	1～7	0.071～0.380	协同作用

经计算统计，上述 5 组不同浓度比 OCPs 混合物不同效应下各组分 TU_i 值的变化规律如图 5.12 所示。

由图 5.12 可以看出，在缺少 α-HCH、艾氏剂、p,p'-DDD 和甲氧滴滴涕等 4 种 OCPs 的地下水-G5（2017-01）体系中，抑制效应从 1%递增到 10%，OCPs 混合物中 β-HCH、环氧七氯、七氯和 p,p'-DDE 等 4 种组分的 TU_i 值也明显递增，且均大于其余 7 种组分对应值，而其余 7 种组分的增幅较小，因此，β-HCH、环氧七氯、七氯和 p,p'-DDE 均为对该混合体系联合毒性效应贡献较大的主要组分。

在缺少异狄氏剂和甲氧滴滴涕的地下水-G1（2017-08）体系中，抑制效应从 1%递增到 10%，OCPs 混合物中环氧七氯的 TU_i 值明显递增，而其余组分的 TU_i 值基本保持不变，因此环氧七氯是对该混合体系联合毒性效应贡献较大的主要组分，这可能与它在该混合体系中的浓度比 p_i 值处于优势地位有关，而且它自身的毒性也很大。

在地下水-G4（2015-10）体系中，抑制效应从 1%递增到 10%，OCPs 混合物中七氯、环氧七氯和 p,p'-DDD 等 3 种组分的 TU_i 值均明显递增，β-HCH 的 TU_i 值增幅不明显但始终保持在高值点，因此，β-HCH、七氯、环氧七氯和 p,p'-DDD 均为对该混合体系联合毒性效应贡献较大的主要组分，这可能与它在该混合体系中的浓度比 p_i 值处于优势地位有关，而且它自身的毒性也很大。

在地下水-G1（2016-04）体系和地下水-G3（2015-10）体系等 2 组混合体系中，根据实验测试的抑制效应范围内各组分 TU_i 值及增幅情况可知，对这 2 组混合体系联合毒性效应贡献较大的主要组分分别为 β-HCH、环氧七氯和 p,p'-DDE，环氧七氯和 β-HCH。

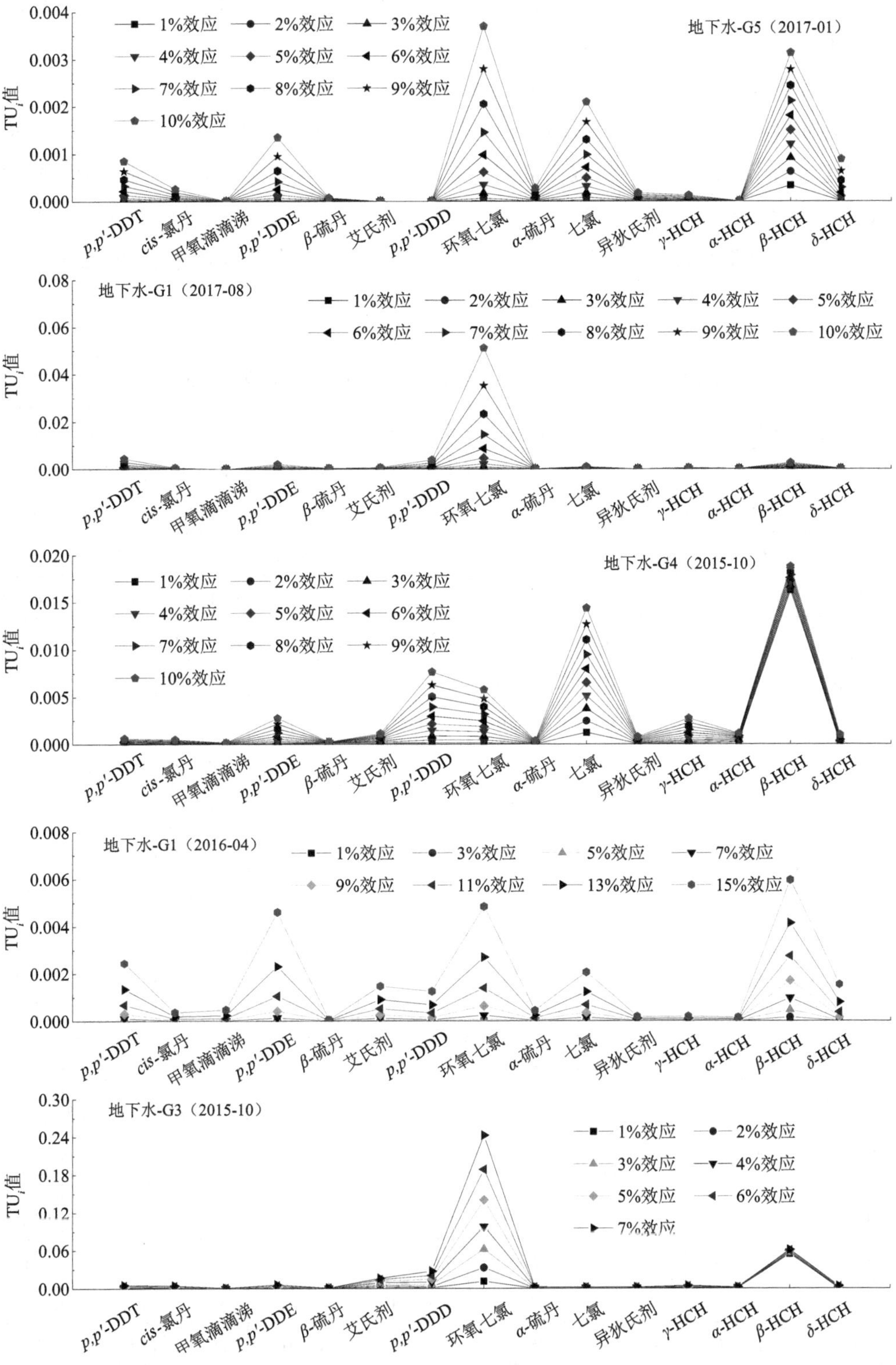

图 5.12　地下水不同浓度比 OCPs 混合物不同效应下各组分 TU$_i$ 值变化规律

在这 5 组混合体系联合毒性效应贡献较大的主要组分中，出现频率最高的依然是 β-HCH 和环氧七氯，其可能的原因与前文分析基本一致。

（4）均匀设计 OCPs 混合体系的联合毒性效应

将会仙岩溶湿地水体中各种 OCPs 浓度测试值按升序进行排序，然后为每一种 OCPs 组分挑选 8 个不同的浓度，组成由低到高的浓度梯度，以代表它在实际环境中不同的残留水平。因为有 15 种 OCPs 组分，每个组分又有 8 个浓度梯度，因此采用均匀设计表 UD$_{17}$（15）8 进行设计混合体系，共设计了 16 组不同的混合体系，各混合体系 OCPs 混合物的组分构成及其浓度比和混合物浓度如表 5.12 所示。

表 5.12 均匀设计 OCPs 混合物的组分构成及其浓度比（p_i）

混合依据	UD$_{15}$-R1	UD$_{15}$-R2	UD$_{15}$-R3	UD$_{15}$-R4	UD$_{15}$-R5	UD$_{15}$-R6	UD$_{15}$-R7	UD$_{15}$-R8
α-HCH	2.51×10^{-2}	1.91×10^{-2}	1.54×10^{-2}	1.39×10^{-2}	1.56×10^{-2}	1.81×10^{-2}	2.70×10^{-2}	2.13×10^{-2}
β-HCH	1.72×10^{-1}	2.89×10^{-1}	3.08×10^{-1}	3.44×10^{-1}	3.05×10^{-1}	4.25×10^{-1}	4.51×10^{-1}	6.96×10^{-1}
γ-HCH	4.67×10^{-2}	4.53×10^{-2}	5.17×10^{-2}	6.43×10^{-2}	4.97×10^{-1}	6.10×10^{-3}	1.57×10^{-2}	1.96×10^{-2}
δ-HCH	5.51×10^{-2}	7.94×10^{-2}	7.07×10^{-2}	2.72×10^{-1}	1.82×10^{-2}	4.01×10^{-2}	4.86×10^{-2}	1.64×10^{-1}
七氯	5.62×10^{-2}	8.04×10^{-2}	3.22×10^{-1}	1.97×10^{-2}	2.29×10^{-2}	9.24×10^{-2}	1.11×10^{-2}	1.49×10^{-2}
环氧七氯	1.09×10^{-2}	2.52×10^{-2}	2.82×10^{-3}	5.42×10^{-3}	2.79×10^{-2}	2.22×10^{-3}	4.14×10^{-3}	2.24×10^{-2}
艾氏剂	1.77×10^{-2}	5.83×10^{-2}	6.31×10^{-3}	1.90×10^{-2}	2.39×10^{-3}	6.82×10^{-3}	1.72×10^{-1}	3.86×10^{-3}
异狄氏剂	9.63×10^{-3}	2.56×10^{-1}	4.71×10^{-3}	1.48×10^{-1}	2.10×10^{-3}	1.97×10^{-2}	2.14×10^{-3}	1.36×10^{-2}
cis-氯丹	1.39×10^{-2}	2.77×10^{-3}	6.80×10^{-3}	1.60×10^{-3}	6.82×10^{-3}	3.48×10^{-3}	6.93×10^{-3}	2.41×10^{-3}
α-硫丹	1.33×10^{-2}	8.39×10^{-3}	1.27×10^{-2}	5.00×10^{-3}	3.76×10^{-2}	5.11×10^{-3}	1.62×10^{-3}	4.29×10^{-3}
β-硫丹	6.13×10^{-2}	1.28×10^{-2}	1.45×10^{-1}	1.55×10^{-2}	3.81×10^{-3}	1.14×10^{-1}	1.18×10^{-2}	3.05×10^{-3}
p,p'-DDE	5.02×10^{-2}	1.27×10^{-2}	1.24×10^{-3}	6.49×10^{-2}	9.07×10^{-3}	4.76×10^{-3}	2.08×10^{-1}	1.33×10^{-2}
p,p'-DDD	1.30×10^{-1}	1.13×10^{-2}	3.37×10^{-3}	0.00	4.32×10^{-2}	5.68×10^{-3}	2.32×10^{-3}	0.00
p,p'-DDT	1.08×10^{-1}	6.32×10^{-2}	3.26×10^{-2}	1.59×10^{-2}	4.07×10^{-3}	2.52×10^{-1}	3.63×10^{-2}	2.12×10^{-2}
甲氧滴滴涕	2.31×10^{-1}	3.59×10^{-2}	1.66×10^{-2}	1.06×10^{-2}	5.09×10^{-3}	4.99×10^{-3}	2.19×10^{-3}	0.00
混合物浓度/（mol/L）	2.32×10^{-9}	3.04×10^{-9}	4.74×10^{-9}	5.26×10^{-9}	6.99×10^{-9}	6.03×10^{-9}	6.88×10^{-9}	8.72×10^{-9}

混合依据	UD$_{15}$-R9	UD$_{15}$-R10	UD$_{15}$-R11	UD$_{15}$-R12	UD$_{15}$-R13	UD$_{15}$-R14	UD$_{15}$-R15	UD$_{15}$-R16
α-HCH	7.45×10^{-2}	6.27×10^{-2}	5.58×10^{-2}	6.87×10^{-2}	9.74×10^{-2}	9.65×10^{-2}	2.49×10^{-1}	1.98×10^{-1}
β-HCH	1.10×10^{-1}	2.05×10^{-1}	1.96×10^{-1}	3.00×10^{-1}	3.18×10^{-1}	3.79×10^{-1}	3.98×10^{-1}	6.21×10^{-1}
γ-HCH	6.77×10^{-2}	1.57×10^{-1}	4.67×10^{-1}	6.09×10^{-3}	2.06×10^{-2}	2.53×10^{-2}	4.33×10^{-2}	6.90×10^{-2}
δ-HCH	1.45×10^{-2}	5.03×10^{-2}	3.75×10^{-2}	7.05×10^{-2}	7.86×10^{-3}	3.20×10^{-2}	3.57×10^{-2}	4.35×10^{-2}
七氯	8.78×10^{-2}	3.55×10^{-1}	1.39×10^{-2}	4.06×10^{-2}	8.32×10^{-2}	1.13×10^{-2}	2.05×10^{-2}	3.25×10^{-2}

混合依据	UD_{15}-R9	UD_{15}-R10	UD_{15}-R11	UD_{15}-R12	UD_{15}-R13	UD_{15}-R14	UD_{15}-R15	UD_{15}-R16
环氧七氯	5.80×10^{-3}	1.18×10^{-2}	1.42×10^{-1}	3.47×10^{-3}	7.59×10^{-3}	1.56×10^{-1}	3.23×10^{-3}	7.85×10^{-3}
艾氏剂	2.77×10^{-2}	3.89×10^{-3}	7.78×10^{-3}	1.96×10^{-1}	5.04×10^{-3}	2.63×10^{-2}	3.83×10^{-3}	5.91×10^{-3}
异狄氏剂	3.12×10^{-3}	1.29×10^{-2}	1.52×10^{-3}	9.18×10^{-3}	1.49×10^{-3}	4.67×10^{-3}	1.28×10^{-3}	3.22×10^{-3}
cis-氯丹	2.17×10^{-2}	5.15×10^{-3}	1.06×10^{-2}	3.66×10^{-3}	2.29×10^{-1}	3.75×10^{-3}	1.97×10^{-1}	2.59×10^{-3}
α-硫丹	7.27×10^{-3}	6.13×10^{-2}	3.70×10^{-3}	1.85×10^{-3}	5.59×10^{-3}	3.79×10^{-3}	7.72×10^{-3}	2.82×10^{-3}
β-硫丹	5.19×10^{-2}	1.19×10^{-2}	1.52×10^{-3}	3.11×10^{-2}	7.66×10^{-3}	1.67×10^{-3}	1.82×10^{-2}	3.97×10^{-3}
p,p'-DDE	8.70×10^{-3}	1.36×10^{-3}	4.59×10^{-2}	6.38×10^{-3}	4.29×10^{-3}	2.12×10^{-1}	8.13×10^{-3}	3.22×10^{-3}
p,p'-DDD	3.29×10^{-1}	2.51×10^{-2}	2.59×10^{-3}	2.48×10^{-3}	1.78×10^{-1}	1.60×10^{-2}	2.47×10^{-3}	1.53×10^{-3}
p,p'-DDT	4.27×10^{-2}	1.03×10^{-2}	3.83×10^{-3}	2.51×10^{-1}	2.87×10^{-2}	2.74×10^{-2}	1.07×10^{-2}	4.52×10^{-3}
甲氧滴滴涕	1.48×10^{-1}	2.55×10^{-2}	1.05×10^{-2}	9.20×10^{-3}	5.32×10^{-3}	4.46×10^{-3}	1.94×10^{-3}	0.00
混合物浓度/(mol/L)	3.62×10^{-9}	4.29×10^{-9}	7.43×10^{-9}	6.04×10^{-9}	6.69×10^{-9}	6.75×10^{-9}	7.80×10^{-9}	9.78×10^{-9}

按照表 5.12 配制的 16 组 OCPs 混合体系对斜生四链藻的浓度-效应数据均可利用 Logit 或 Weibull 函数进行拟合，拟合的浓度-效应曲线和 CA、IA 模型预测线如图 5.13 所示，相应的拟合曲线参数、EC_{50}、pEC_{50} 以及每个混合体系在不同效应下的组合指数如表 5.13 所示。16 组混合体系 OCPs 混合物对斜生四链藻的浓度-效应曲线均表现为扁平的“S”形曲线（图 5.13）。由表 5.13 可知，16 组混合体系 OCPs 毒性数据拟合曲线的 R^2 范围为 0.869 8～0.992 3，均大于 0.86；RMSE 值为 0.003～0.017，均小于 0.018，表明采用 Logit 或 Weibull 函数的拟合结果较准确可靠。由 pEC_{50} 的大小可知，各混合体系对斜生四链藻的毒性大小顺序为 UD_{15}-R1＞UD_{15}-R13＞UD_{15}-R14＞UD_{15}-R6＞UD_{15}-R16＞UD_{15}-R2＞UD_{15}-R7＞UD_{15}-R10＞UD_{15}-R4＞UD_{15}-R9＞UD_{15}-R5＞UD_{15}-R8＞UD_{15}-R3＞UD_{15}-R12＞UD_{15}-R11＞UD_{15}-R15。

由表 5.13 可以看出，在实验测试的抑制效应范围内，从 UD_{15}-R1 到 UD_{15}-R16 的 16 组 OCPs 混合物的组合指数 CI 值分别为 0.007～0.025、0.014～0.033、0.008～0.042、0.070～0.125、0.047～0.086、0.030～0.047、0.048～0.130、0.081～0.108、0.000 3～0.036、0.010～0.045、0.006～0.418、0.007～0.097、0.030～0.063、0.056～0.154、0.122～0.361 和 0.026～0.108，随着抑制效应的增大绝大部分混合体系的 CI 值也不断增大，但它们的组合指数 CI 值均远小于 1，依然均呈现为强烈的协同作用。

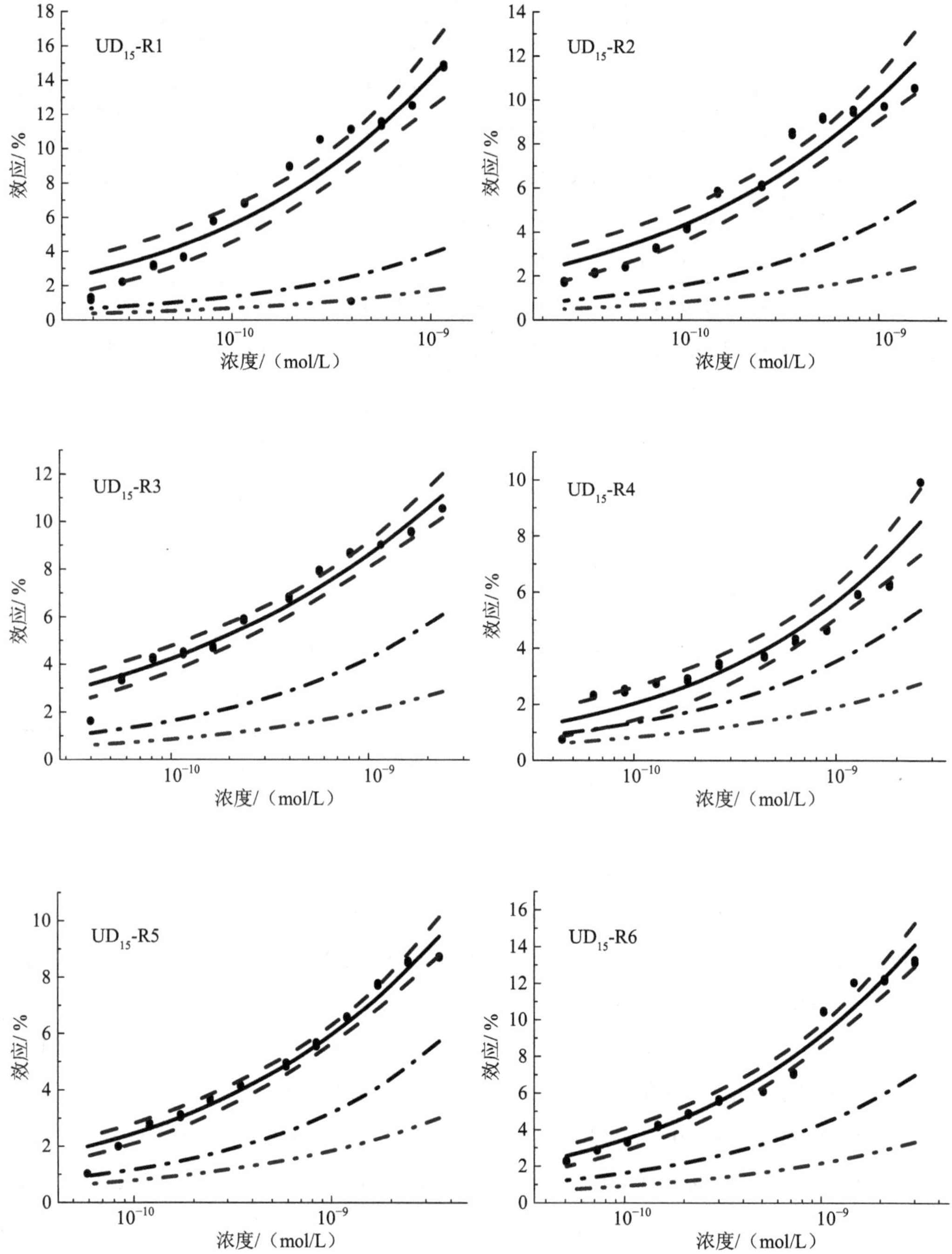
UD15-R1
效应/%
浓度/（mol/L）
UD15-R2
效应/%
浓度/（mol/L）
UD15-R3
效应/%
浓度/（mol/L）
UD15-R4
效应/%
浓度/（mol/L）
UD15-R5
效应/%
浓度/（mol/L）
UD15-R6
效应/%
浓度/（mol/L）

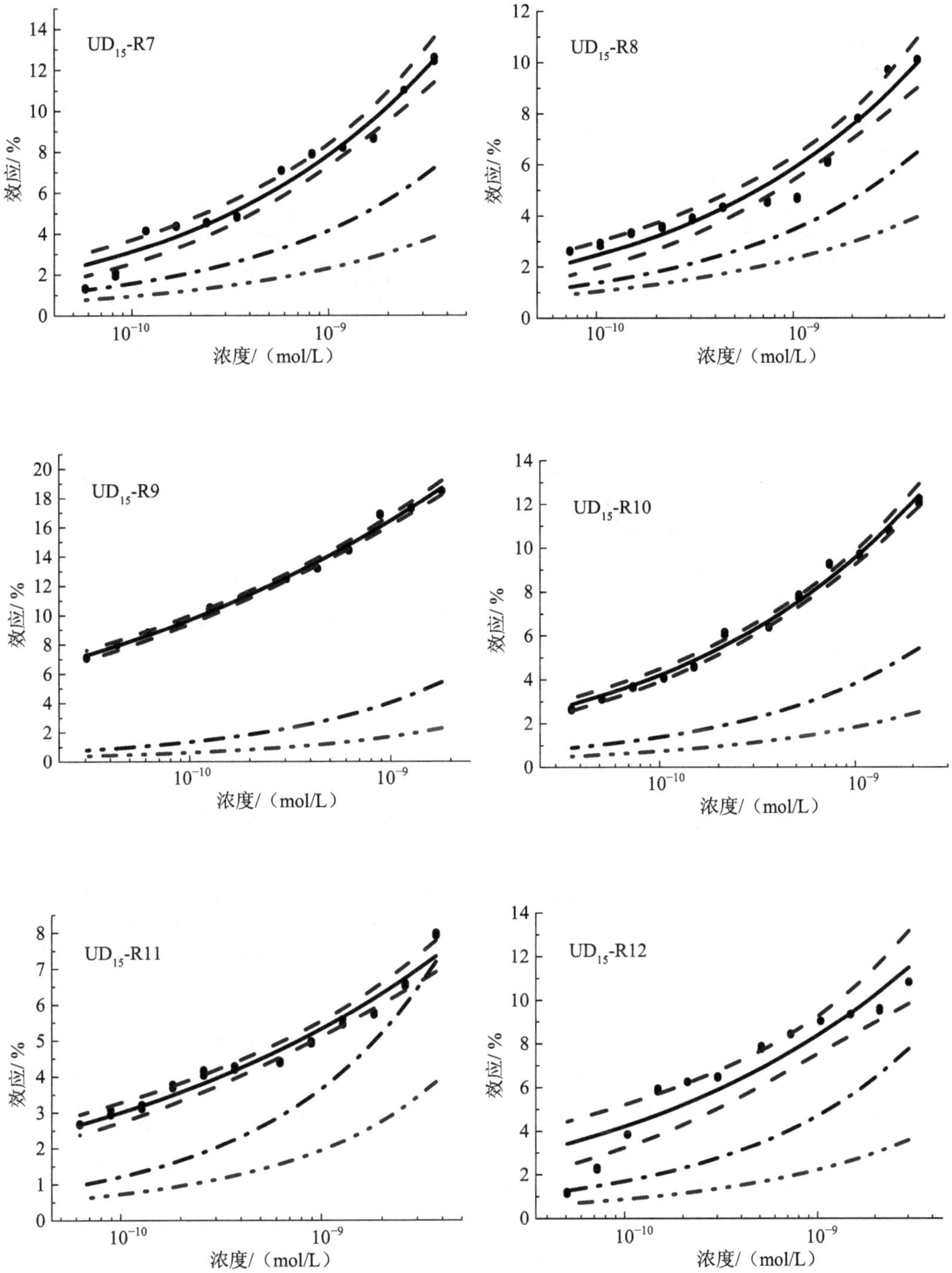
UD15-R7
效应/%
浓度/（mol/L）
UD15-R8
效应/%
浓度/（mol/L）
UD15-R9
效应/%
浓度/（mol/L）
UD15-R10
效应/%
浓度/（mol/L）
UD15-R11
效应/%
浓度/（mol/L）
UD15-R12
效应/%
浓度/（mol/L）

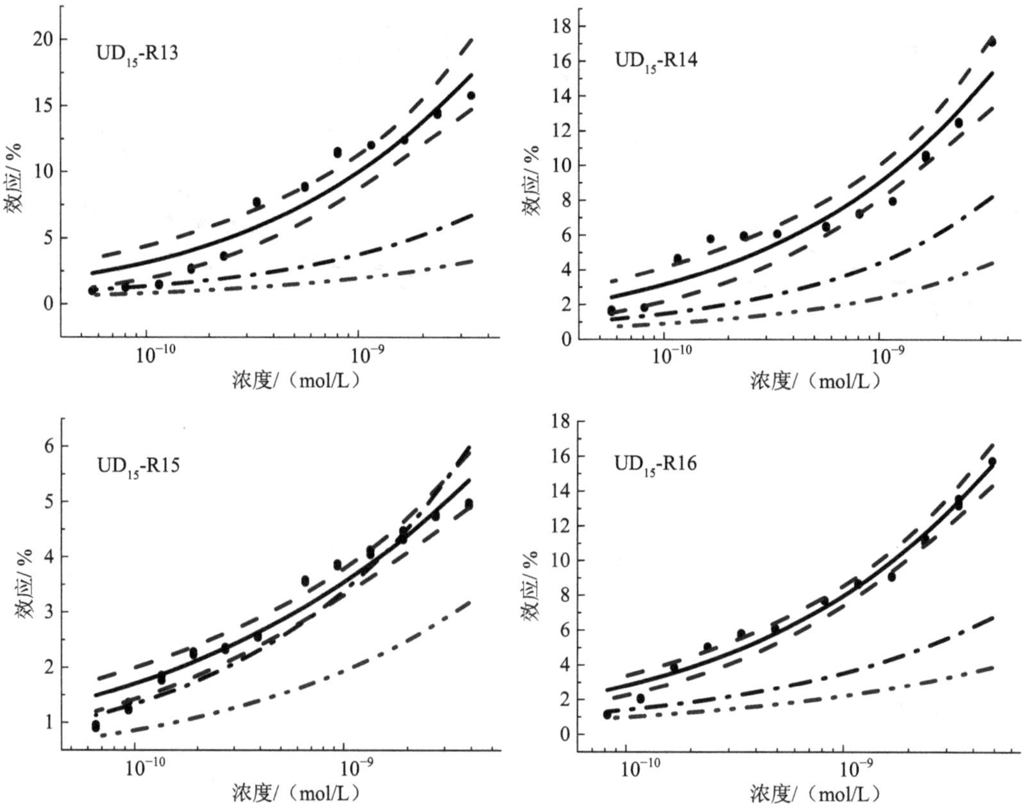

“●”为实验点，“—”为拟合线，“-----”为95%置信区间，“—·—·—·”为CA 预测线，“-·-·-·-·”为IA 预测线

图 5.13　均匀设计 OCPs 混合物对斜生四链藻的浓度-效应曲线和 CA、IA 模型预测线

表 5.13　均匀设计 OCPs 混合物对斜生四链藻的浓度-效应拟合曲线参数及相互作用参数

混合依据	拟合函数	α	β	R^2	RMSE	EC_{50}/（mol/L）	pEC_{50}	抑制效应/%	CI	相互作用类型
UD_{15}-R1	Logit	7.46	1.03	0.921 0	0.013	5.66×10^{-8}	7.25	1～15	0.007～0.025	协同作用
UD_{15}-R2	Logit	6.09	0.92	0.927 9	0.009	2.39×10^{-7}	6.62	1～10	0.014～0.033	协同作用
UD_{15}-R3	Logit	4.44	0.76	0.952 4	0.006	1.34×10^{-6}	5.87	1～11	0.008～0.042	协同作用
UD_{15}-R4	Logit	6.75	1.06	0.912 4	0.007	4.50×10^{-7}	6.35	1～10	0.070～0.125	协同作用
UD_{15}-R5	Logit	5.55	0.92	0.973 0	0.004	9.79×10^{-7}	6.01	1～9	0.047～0.086	协同作用
UD_{15}-R6	Logit	7.00	1.03	0.965 4	0.008	1.69×10^{-7}	6.77	1～15	0.030～0.047	协同作用

混合依据	拟合函数	α	β	R^2	RMSE	EC_{50}/（mol/L）	pEC_{50}	抑制效应/%	CI	相互作用类型
UD_{15}-R7	Logit	6.27	0.97	0.960 7	0.007	3.48×10^{-7}	6.46	1～15	0.048～0.130	协同作用
UD_{15}-R8	Logit	5.38	0.91	0.944 7	0.006	1.17×10^{-6}	5.93	1～10	0.081～0.108	协同作用
UD_{15}-R9	Logit	3.85	0.61	0.992 3	0.004	4.72×10^{-7}	6.33	1～19	0.000 3～0.036	协同作用
UD_{15}-R10	Logit	5.70	0.88	0.989 3	0.003	3.51×10^{-7}	6.45	1～15	0.010～0.045	协同作用
UD_{15}-R11	Weibull	2.36	0.59	0.965 7	0.003	2.18×10^{-5}	4.66	1～8	0.006～0.418	协同作用
UD_{15}-R12	Logit	4.20	0.73	0.869 8	0.011	1.85×10^{-6}	5.73	1～12	0.007～0.097	协同作用
UD_{15}-R13	Logit	8.82	1.23	0.918 1	0.017	6.29×10^{-8}	7.20	1～17	0.030～0.063	协同作用
UD_{15}-R14	Weibull	7.38	1.08	0.921 8	0.013	7.00×10^{-8}	7.16	1～17	0.056～0.154	协同作用
UD_{15}-R15	Logit	3.42	0.75	0.946 4	0.003	2.64×10^{-5}	4.58	1～8	0.122～0.361	协同作用
UD_{15}-R16	Logit	7.41	1.10	0.973 4	0.008	1.73×10^{-7}	6.76	1～17	0.026～0.108	协同作用

经计算统计，上述 16 组不同浓度比 OCPs 混合物不同效应下各组分 TU_i 值的变化规律如图 5.14 所示。

由图 5.14 可以看出，在 UD_{15}-R1、UD_{15}-R2、UD_{15}-R4、UD_{15}-R5、UD_{15}-R6、UD_{15}-R7、UD_{15}-R8、UD_{15}-R10、UD_{15}-R13、UD_{15}-R14 和 UD_{15}-R16 等 11 组混合体系中，抑制效应在实验测试的范围内递增时，OCPs 混合物中 β-HCH 组分的 TU_i 值均呈现明显的下降趋势，其余有些组分的 TU_i 值呈现为增大趋势，有些组分的 TU_i 值基本不变。这反映出在上述混合体系中，OCPs 混合物组分间可能同时存在协同作用、拮抗作用以及加和作用，但混合物间的协同作用显著强于拮抗作用和加和作用，因此所有混合体系均表现为较强的协同效应。在 UD_{15}-R3、UD_{15}-R9、UD_{15}-R11、UD_{15}-R12 和 UD_{15}-R15 等 5 组混合体系中，抑制效应在实验测试的范围内递增时，OCPs 混合物中少数组分的 TU_i 值呈现明显增大趋势，大部分组分的 TU_i 值增幅很小或基本不变。

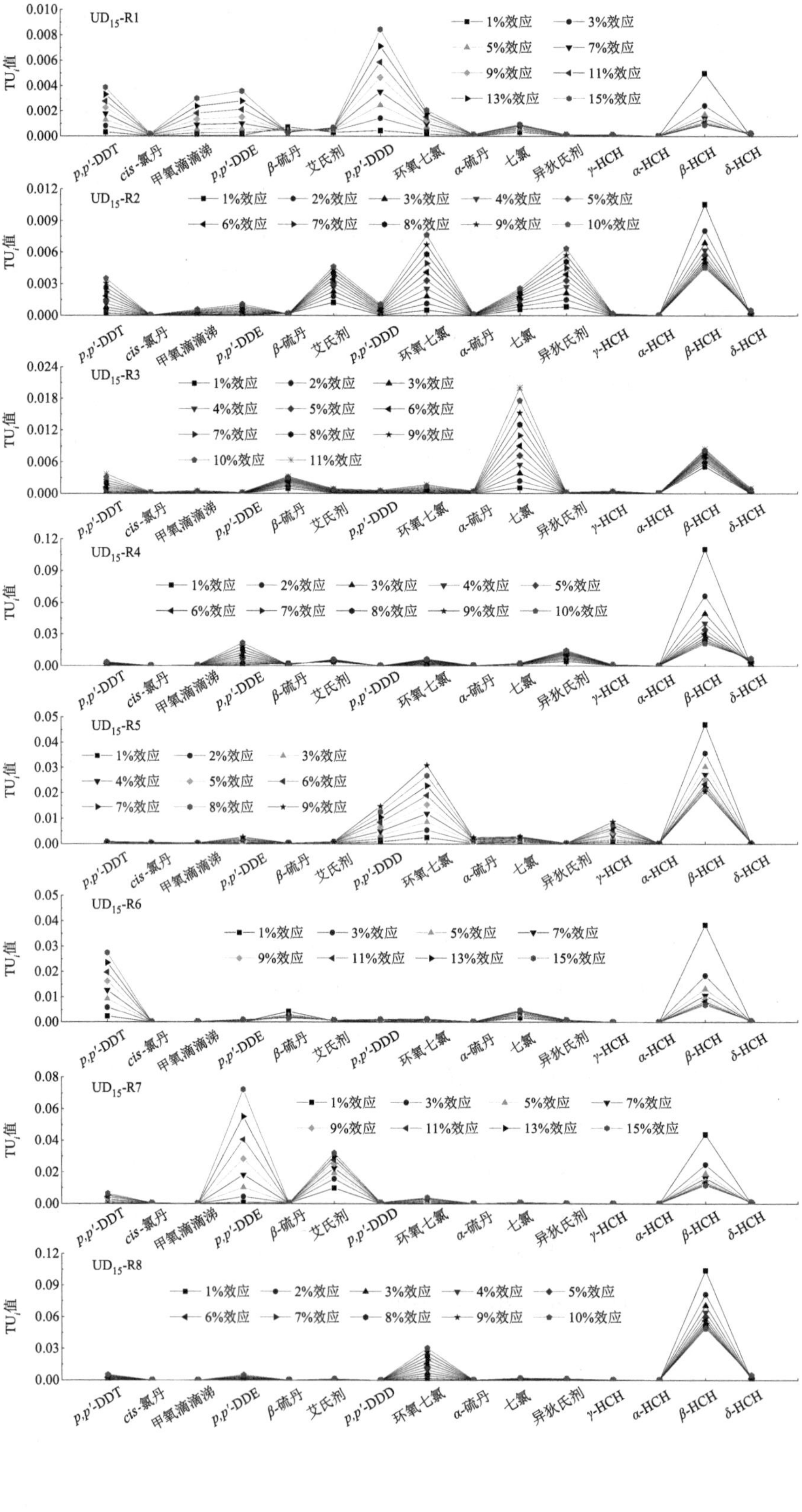
UD15-R1
0.010
0.008
0.006
0.004
0.002
0.000
TUi值
1%效应 3%效应 5%效应 7%效应 9%效应 11%效应 13%效应 15%效应
p,p'-DDT cis-氯丹 甲氧滴滴涕 p,p'-DDE β-硫丹 艾氏剂 p,p'-DDD 环氧七氯 α-硫丹 七氯 异狄氏剂 γ-HCH α-HCH β-HCH δ-HCH
UD15-R2
0.012
0.009
0.006
0.003
0.000
TUi值
1%效应 2%效应 3%效应 4%效应 5%效应 6%效应 7%效应 8%效应 9%效应 10%效应
p,p'-DDT cis-氯丹 甲氧滴滴涕 p,p'-DDE β-硫丹 艾氏剂 p,p'-DDD 环氧七氯 α-硫丹 七氯 异狄氏剂 γ-HCH α-HCH β-HCH δ-HCH
UD15-R3
0.024
0.018
0.012
0.006
0.000
TUi值
1%效应 2%效应 3%效应 4%效应 5%效应 6%效应 7%效应 8%效应 9%效应 10%效应 11%效应
p,p'-DDT cis-氯丹 甲氧滴滴涕 p,p'-DDE β-硫丹 艾氏剂 p,p'-DDD 环氧七氯 α-硫丹 七氯 异狄氏剂 γ-HCH α-HCH β-HCH δ-HCH
UD15-R4
0.12
0.09
0.06
0.03
0.00
TUi值
1%效应 2%效应 3%效应 4%效应 5%效应 6%效应 7%效应 8%效应 9%效应 10%效应
p,p'-DDT cis-氯丹 甲氧滴滴涕 p,p'-DDE β-硫丹 艾氏剂 p,p'-DDD 环氧七氯 α-硫丹 七氯 异狄氏剂 γ-HCH α-HCH β-HCH δ-HCH
UD15-R5
0.05
0.04
0.03
0.02
0.01
0.00
TUi值
1%效应 2%效应 3%效应 4%效应 5%效应 6%效应 7%效应 8%效应 9%效应
p,p'-DDT cis-氯丹 甲氧滴滴涕 p,p'-DDE β-硫丹 艾氏剂 p,p'-DDD 环氧七氯 α-硫丹 七氯 异狄氏剂 γ-HCH α-HCH β-HCH δ-HCH
UD15-R6
0.05
0.04
0.03
0.02
0.01
0.00
TUi值
1%效应 3%效应 5%效应 7%效应 9%效应 11%效应 13%效应 15%效应
p,p'-DDT cis-氯丹 甲氧滴滴涕 p,p'-DDE β-硫丹 艾氏剂 p,p'-DDD 环氧七氯 α-硫丹 七氯 异狄氏剂 γ-HCH α-HCH β-HCH δ-HCH
UD15-R7
0.08
0.06
0.04
0.02
0.00
TUi值
1%效应 3%效应 5%效应 7%效应 9%效应 11%效应 13%效应 15%效应
p,p'-DDT cis-氯丹 甲氧滴滴涕 p,p'-DDE β-硫丹 艾氏剂 p,p'-DDD 环氧七氯 α-硫丹 七氯 异狄氏剂 γ-HCH α-HCH β-HCH δ-HCH
UD15-R8
0.12
0.09
0.06
0.03
0.00
TUi值
1%效应 2%效应 3%效应 4%效应 5%效应 6%效应 7%效应 8%效应 9%效应 10%效应
p,p'-DDT cis-氯丹 甲氧滴滴涕 p,p'-DDE β-硫丹 艾氏剂 p,p'-DDD 环氧七氯 α-硫丹 七氯 异狄氏剂 γ-HCH α-HCH β-HCH δ-HCH

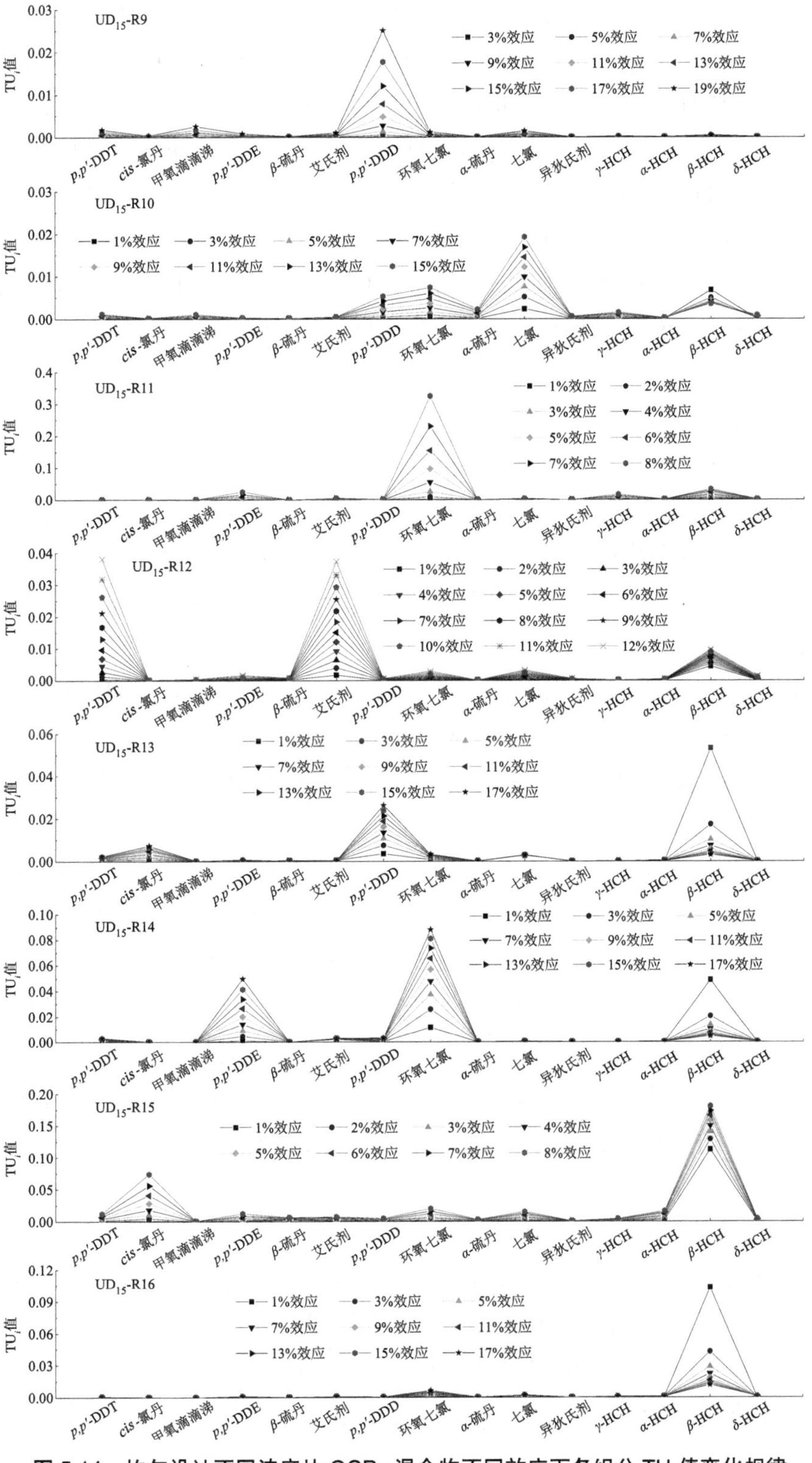

图 5.14　均匀设计不同浓度比 OCPs 混合物不同效应下各组分 TU_i 值变化规律

根据实验测试的抑制效应范围内各组分 TU_i 值及增幅情况判断，对这 16 组混合体系联合毒性效应贡献较大的主要组分分别为（按 UD_{15}-R1 到 UD_{15}-R16 排序）：*p,p'*-DDD、*p,p'*-DDE、*p,p'*-DDT、甲氧滴滴涕和 *β*-HCH，*β*-HCH、环氧七氯、异狄氏剂、艾氏剂和 *p,p'*-DDT，七氯、*β*-HCH、*β*-硫丹和 *p,p'*-DDT，*β*-HCH、*p,p'*-DDE 和异狄氏剂，*β*-HCH、环氧七氯、*p,p'*-DDD 和 *γ*-HCH，*β*-HCH 和 *p,p'*-DDT，*p,p'*-DDE、*β*-HCH 和艾氏剂，*β*-HCH 和环氧七氯，*p,p'*-DDD，七氯、*β*-HCH、环氧七氯和 *p,p'*-DDD，环氧七氯，艾氏剂、*p,p'*-DDT 和 *β*-HCH，*p,p'*-DDD 和 *β*-HCH，环氧七氯、*p,p'*-DDE 和 *β*-HCH，*β*-HCH 和 *cis*-氯丹，*β*-HCH。出现频次较高的是 *β*-HCH、环氧七氯、*p,p'*-DDD、*p,p'*-DDT 和 *p,p'*-DDE。

5.5 小　结

本章依据会仙岩溶湿地所检出有机氯农药的种类和残留浓度，采用微孔板毒性分析法分别测定单一有机氯农药及其混合物对斜生四链藻的毒性，再通过 CA、IA 模型和组合指数法识别混合物相互作用，对混合物中产生混合效应的关键组分进行了推测。主要研究结果和结论如下：

（1）OCPs 单一组分毒性测试结果显示，以 pEC_{50} 为判断指标，15 种 OCPs 对斜生四链藻的毒性大小呈现为 *p,p'*-DDE＞环氧七氯＞*p,p'*-DDD＞*p,p'*-DDT＞甲氧滴滴涕＞*cis*-氯丹＞*α*-硫丹≥*δ*-HCH＞艾氏剂＞异狄氏剂＞七氯＞*γ*-HCH＞*β*-HCH＞*β*-硫丹＞*α*-HCH，因此，DDTs 类有机氯农药对斜生四链藻的毒性明显大于 HCHs 类。

（2）以会仙岩溶湿地水体中各种 OCPs 浓度平均值（Mean）和最大值（Max）、毒性效应浓度 EC_5 和 EC_{10} 构建了 4 组不同浓度比的 OCPs 混合体系，它们对斜生四链藻的毒性大小依次为水体 Mean 体系＞水体 Max 体系＞EC_{10} 体系＞EC_5 体系，混合物的毒性不仅不完全依赖混合物的浓度，还受到混合物组分的 p_i 值及组分间的相互作用影响。基于各混合体系的组合指数 CI 值可知，EC_{10} 体系除在抑制效应达到 9%及以上后呈现为拮抗作用外，抑制效应低于 9%时表现为协同作用，其余 3 组混合体系均表现为协同作用。根据各混合体系各组分的 TU_i 值变化情况可知，各混合体系毒性效应贡献的关键组分有所不同。

（3）以会仙岩溶湿地的湖泊水、沟渠水和地下水中各种 OCPs 浓度的平均值和最大值构建的 6 组混合体系中，地下水-Mean 体系的毒性最大，沟渠水-Max 体系的毒性最小，但 6 组混合体系的 CI 值均远小于 1，均呈现为协同作用。混合体系中环氧七氯、*p,p'*-DDD、*p,p'*-DDE 和 *cis*-氯丹等 4 种 OCPs 组分的 TU_i 值较大且增幅较明显，它们是对这 6 组混合体系 OCPs 混合物联合毒性效应贡献较大的主要组分。

（4）基于采样点 OCPs 的实测数据，构建了 18 组具有代表性的随机混合体系和 16 组均匀设计混合体系，各混合体系对斜生四链藻的毒性均存在明显差异。这 34 组不同浓度比的 OCPs 混合体系的组合指数 CI 值均远小于 1，均呈现为强烈的协同作用，因此，即使在实际环境浓度较低的情况下，环境复合污染物也可能产生较大的生态风险。综观各混合体系中各组分的 TU_i 值及其变化幅度，这 34 组 OCPs 混合体系的联合毒性效应贡献较大的主要组分并不完全相同，其中出现频率最高的是 β-HCH 和环氧七氯。

第 6 章
会仙岩溶湿地有机氯农药及其混合物的风险评估

6.1 引 言

实际环境中污染物常以多种物质共同暴露，而且它们在环境各种介质中浓度变化幅度较大。复合污染物产生的加和作用、累积作用与协同作用会对生态系统和水生生物产生潜在的环境与健康风险[221-223]。人类、动物和环境暴露于不同来源的多种污染物中，而传统污染物风险评估仅估计单个物质的风险。研究表明，单个污染物在低于无观测效应浓度（NOEC）下混合，也能产生明显的联合效应[116,224-228]。因此，仅考虑单一污染物无法真实反映实际环境的复合污染生态风险，有必要对实际环境中混合物的风险展开评估。

关于环境混合物的风险评估，现有方法均基于浓度加和作用（CA）或独立作用（IA）模型[229-234]。CA 假设混合物毒性单位（TU）等于其组分的 TU 之和。混合物的 TU 提供了对其环境风险的直接评估。只要相应的 TU 保持不变，混合物中的每种药物 i 都可以被另一种化合物全部或部分替代，而不会改变混合物的风险。此外，将风险商（RQ）相加，即利用 PEC/PNEC 比值之和（PEC 为预测环境浓度，PNEC 为预测无效应浓度），可评估混合物的总体风险[235]。然而，CA 和 IA 都是基于加和作用的假设，即混合物组分不会干扰彼此产生的效应。对于化学混合物的组分相互影响效应，基于 CA 和 IA 的评估方法没有考虑偏离加和的潜在发生，尤其是协同作用和拮抗作用，导致可能低估或高估了混合物对环境生物的风险。对于环境管理而言，协同作用比拮抗作用更受关注，具有协同作用的混合物对水生生物的影响大于预期[235]。

第 5 章对有机氯农药混合毒性及其相互作用的研究结果表明，基于实际环境中低剂量的有机氯农药混合物对绿藻的联合毒性均为协同作用，同时，会仙岩溶湿地的有机氯农药呈现为面源污染且持续在介质间迁移转化，因此，需要深入地研究会仙岩溶湿地环境介质中有机氯农药复合污染物的生态风险和地下水的饮用健康风险，为会仙岩溶湿地系统的农药阻控、水生态修复和生态环境保护提供科学依据。

6.2 风险评估方法

6.2.1 生态风险评估

为了评估水环境中有机氯农药对生态环境造成的不良影响，基于欧盟的技术指导文件[236]，采用风险商 RQ 值来评估被检出化合物的生态风险。单个化合物的风险商 RQ 值按式（6.1）计算，即环境实际检出浓度（MEC）与预测无效应浓度（PNEC）之比。混合物的风险商 RQ_{mix} 基于直接叠加法计算，即按式（6.2）计算混合物各组分 RQ_i 值的总和进行描述[235]。

$$RQ_i = MEC_i / PNEC_i \tag{6.1}$$

$$RQ_{mix} = \sum_{i=1}^{n} RQ_i \tag{6.2}$$

式中，n 为混合物中组分的数量；MEC_i 为实际环境中检出的化合物 i 的浓度，ng/L；$PNEC_i$ 为化合物 i 对毒性指示生物（如藻类、大型溞和鱼类）的预测无效应浓度。

通常某化合物的 PNEC 值是由该化合物的 50%效应浓度（EC_{50}）或 50%致死浓度（LC_{50}）除以评估因子（AF，取值为 1 000）获得的[237]。可通过实验测试、文献查询等方法获取某化合物对指示生物的 EC_{50} 或 LC_{50} 毒性数据，也可利用美国国家环境保护局（US EPA）生态结构-活动关系（ECOSAR v2.0）模型进行估计。当某种化合物的 EC_{50} 或 LC_{50} 值存在多个数值时，通常选择最低值来估计最坏情况下的生态威胁。

可根据化合物的 RQ_i、混合物的 RQ_{mix} 值的大小划分生态风险等级：当 RQ_i 或 $RQ_{mix} < 0.01$ 时，视为可忽略风险；当 $0.01 < RQ_i$ 或 $RQ_{mix} < 0.1$ 时，视为低等风险；当 $0.1 < RQ_i$ 或 $RQ_{mix} < 1$ 时，视为中等风险；当 RQ_i 或 $RQ_{mix} > 1$ 时，视为高等风险[238]。

6.2.2 健康风险评估

会仙岩溶湿地地区的地下水（井水）常作为当地村民的生活饮用水，为了解地下水中残留的 OCPs 对人体健康的潜在风险，可采用 RQ 进行评估，并综合考虑残留的 OCPs 对不同年龄段人群的风险。单一化合物对人体健康风险商 RQ 是用地下水中某化合物的实际检出浓度（MEC）与相应年龄段人群的饮用水当量值（DWEL）的比值计算的[239,240]［式（6.3）］；混合物对人体健康风险商 RQ_{mix} 采用直接叠加法计算，即利用混合物各组分 RQ_i 的总和来表征［式（6.5）］。

$$RQ_i = MEC_i / DWEL_i \tag{6.3}$$

$$\mathrm{DWEL}=\frac{\mathrm{ADI}\times\mathrm{BW}\times\mathrm{HQ}}{\mathrm{DWI}\times\mathrm{AB}\times\mathrm{FOE}} \tag{6.4}$$

$$\mathrm{RQ}_{\mathrm{mix}}=\sum_{i=1}^{n}\mathrm{RQ}_i \tag{6.5}$$

式中，n 为混合物中组分的数量；MEC_i 为地下水中检出的化合物 i 的浓度，ng/L；$DWEL_i$ 为化合物 i 某年龄段人群的饮用水当量值，ng/L；ADI 为化合物 i 日均允许摄入量，μg/（kg·d）；BW 为某年龄段人群的平均体重，kg；DWI 为某年龄段人群的日常饮水量，L/d；HQ 为危害系数，按其最大值 1 计算；AB 为人体肠胃吸收率，按 1 计算；FOE 为人体暴露频率，按年均暴露 350 天计算，即其取值为 350/365≈0.96。

根据化合物 RQ_i、混合物 RQ_{mix} 值的大小划分健康风险等级：当 RQ_i 或 $RQ_{mix}>1$ 时，视为存在风险；当 $0.2<RQ_i$ 或 $RQ_{mix}<1$ 时，视为存在值得进一步关注的风险；当 RQ_i 或 $RQ_{mix}\leq 0.2$ 时，视为对人体健康无明显危害[240,241]。

6.3 有机氯农药混合物的生态风险评估

6.3.1 会仙岩溶湿地水体有机氯农药的生态风险评估

采用 RQ 值对会仙岩溶湿地各类水体中检出的各种有机氯农药及其混合物进行了生态风险评估。15 种有机氯农药的 3 种水生指示生物毒性数据（藻类、大型溞和鱼类）及其无效应浓度（PNEC）如表 6.1 所示。根据会仙岩溶湿地各批次各采样点有机氯农药的实测值和表 6.1 中所示的指示生物毒性数据，分别计算了单一有机氯农药及混合物对藻类（斜生四链藻）、大型溞和鱼类的 RQ 值。

（1）湿地湖泊水中 OCPs 的生态风险

会仙岩溶湿地湖泊水中检出的 15 种 OCPs 单一组分及各类混合物对绿藻（斜生四链藻）、大型溞和鱼类等 3 种不同营养级的水生生物的 RQ 和 RQ_{mix} 值分布情况分别如图 6.1 和图 6.2 所示。由图 6.1 可知，各种 OCPs 对绿藻、大型溞和鱼类的 RQ 值均有很大的差异，反映出各种水生指示生物对同一种 OCPs 的敏感性有较大区别，大多数 OCPs 对鱼类和大型溞的敏感性明显高于绿藻。

15 种单一 OCPs 对绿藻的 RQ 值均小于 1，其中环氧七氯、*p,p'*-DDD、*p,p'*-DDE、*p,p'*-DDT 和甲氧滴滴涕对绿藻的 RQ 值在 0.1～1 之间的比例分别为 36.11%、23.15%、15.74%、13.89%和 4.63%，说明它们对绿藻具有中等风险；而其余 10 种 OCPs 对绿藻的 RQ 值基本低于 0.1，表现为低等风险或可忽略风险。

表 6.1　有机氯农药的 3 种水生指示生物（藻类、大型溞和鱼类）毒性数据及其无效应浓度

有机氯农药	斜生四链藻（96 h）		大型溞（48 h）		鱼类（96 h）		PNEC/（mg/L）		
	EC_{50}/（mg/L）	数据来源	LC_{50}/（mg/L）	数据来源	LC_{50}/（mg/L）	数据来源	斜生四链藻	大型溞	鱼类
α-HCH	13.507	本研究实验测试值	0.37	http://sitem.herts.ac.uk/aeru/iupac/index.htm	0.82	http://sitem.herts.ac.uk/aeru/iupac/index.htm	1.35×10^{-2}	3.70×10^{-4}	8.20×10^{-4}
β-HCH	4.365		1.57	ECOSAR[a]	1.10	[242]	4.37×10^{-3}	1.57×10^{-3}	1.10×10^{-3}
γ-HCH	0.970		1.6	http://sitem.herts.ac.uk/aeru/iupac/index.htm	0.002 9	http://sitem.herts.ac.uk/aeru/iupac/index.htm	9.70×10^{-4}	1.60×10^{-3}	2.90×10^{-6}
δ-HCH	0.255		1.57	ECOSAR[a]	0.84	[242]	2.55×10^{-4}	1.57×10^{-3}	8.40×10^{-4}
七氯	0.427		0.042	http://sitem.herts.ac.uk/aeru/iupac/index.htm	0.007	http://sitem.herts.ac.uk/aeru/iupac/index.htm	4.27×10^{-4}	4.20×10^{-5}	7.00×10^{-6}
环氧七氯	0.027		0.24	http://sitem.herts.ac.uk/aeru/iupac/index.htm	0.02	http://sitem.herts.ac.uk/aeru/iupac/index.htm	2.70×10^{-5}	2.40×10^{-4}	2.00×10^{-5}
艾氏剂	0.334		0.028	http://sitem.herts.ac.uk/aeru/iupac/index.htm	0.004 6	http://sitem.herts.ac.uk/aeru/iupac/index.htm	3.34×10^{-4}	2.80×10^{-5}	4.60×10^{-6}
异狄氏剂	0.370		0.004 2	http://sitem.herts.ac.uk/aeru/iupac/index.htm	0.007 3	http://sitem.herts.ac.uk/aeru/iupac/index.htm	3.70×10^{-4}	4.20×10^{-6}	7.30×10^{-6}

有机氯农药	斜生四链藻（96 h）		大型溞（48 h）		鱼类（96 h）		PNEC/（mg/L）		
	EC_{50}/（mg/L）	数据来源	LC_{50}/（mg/L）	数据来源	LC_{50}/（mg/L）	数据来源	斜生四链藻	大型溞	鱼类
cis-氯丹	0.200	本研究实验测试值	0.56	产品技术说明书	0.09	产品技术说明书	2.00×10^{-4}	5.60×10^{-4}	9.00×10^{-5}
α-硫丹	0.352		0.44	http://sitem.herts.ac.uk/aeru/iupac/index.htm	0.002	http://sitem.herts.ac.uk/aeru/iupac/index.htm	3.52×10^{-4}	4.40×10^{-4}	2.00×10^{-6}
β-硫丹	8.957		0.962	[243]	0.002 8	[243]	8.96×10^{-3}	9.62×10^{-4}	2.80×10^{-6}
p,p'-DDE	0.106		0.001	http://sitem.herts.ac.uk/aeru/iupac/index.htm	0.032	http://sitem.herts.ac.uk/aeru/iupac/index.htm	1.06×10^{-4}	1.00×10^{-6}	3.20×10^{-5}
p,p'-DDD	0.047		0.009	http://sitem.herts.ac.uk/aeru/iupac/index.htm	0.07	http://sitem.herts.ac.uk/aeru/iupac/index.htm	4.70×10^{-5}	9.00×10^{-6}	7.00×10^{-5}
p,p'-DDT	0.087		0.005	http://sitem.herts.ac.uk/aeru/iupac/index.htm	2.5	http://sitem.herts.ac.uk/aeru/iupac/index.htm	8.70×10^{-5}	5.00×10^{-6}	2.50×10^{-3}
甲氧滴滴涕	0.109		0.000 78	http://sitem.herts.ac.uk/aeru/iupac/index.htm	0.052	http://sitem.herts.ac.uk/aeru/iupac/index.htm	1.09×10^{-4}	7.80×10^{-7}	5.20×10^{-5}

注：[a] ECOSAR：toxicity data was determined using the US EPA Ecological Structure Activity Relationships model（ECOSAR v2.0）.

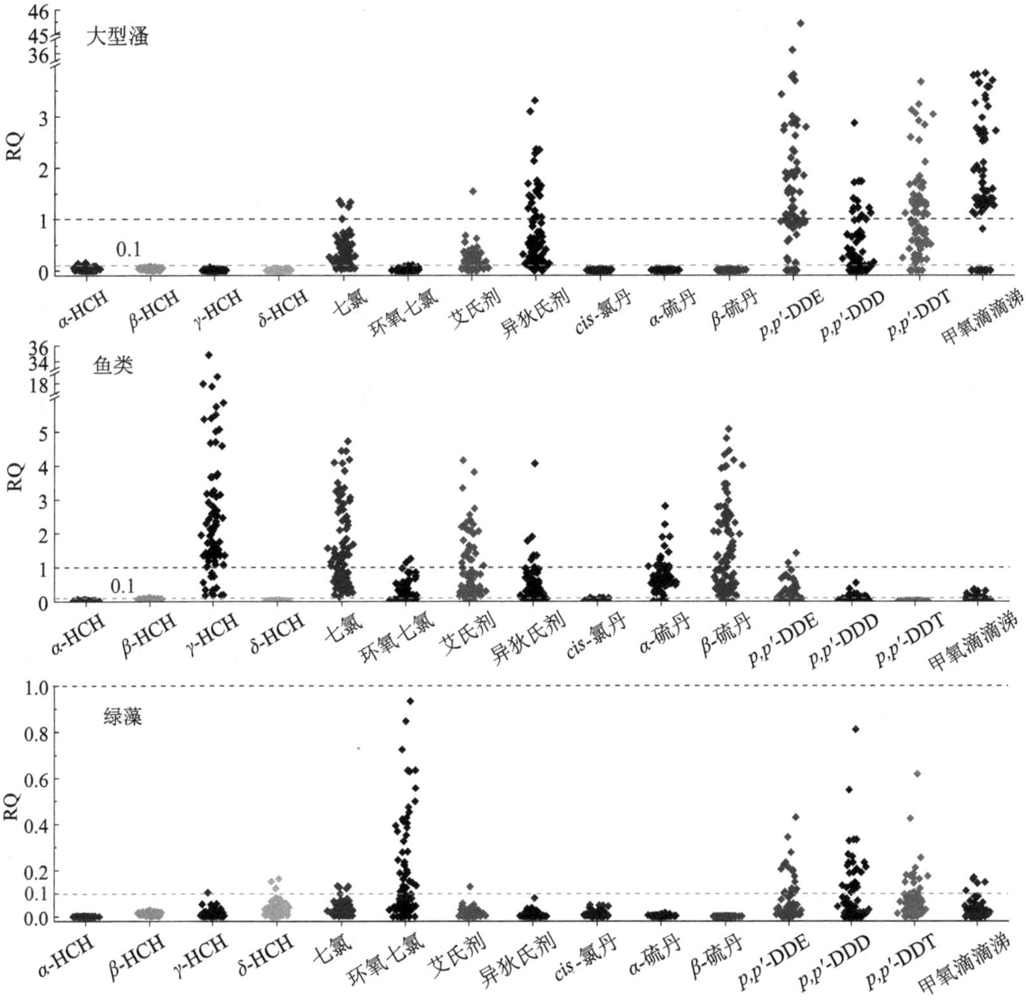

图 6.1　湿地湖泊水中单一 OCPs 对 3 种水生指示生物的 RQ 值分布情况

γ-HCH、*β*-硫丹、七氯、艾氏剂、*α*-硫丹和异狄氏剂对鱼类的 RQ 值大于 1 的比例分别为 88.89%、53.70%、51.85%、26.85%、14.81%和 7.41%，它们的 RQ 值在 0.1～1 之间的比例也很大，说明它们对鱼类具有高等风险；环氧七氯、*p,p'*-DDE 和 *p,p'*-DDD 的 RQ 值在 0.1～1 之间的比例分别为 44.44%、30.56%和 14.81%，表明它们对鱼类具有中等风险；而其余 6 种 OCPs 对鱼类的 RQ 值均低于 0.1，表现为低等风险或可忽略风险。

甲氧滴滴涕、*p,p'*-DDE、*p,p'*-DDT、异狄氏剂和 *p,p'*-DDD 对大型溞的 RQ 值大于 1 的比例分别为 75.93%、67.59%、61.11%、21.30%和 12.04%，它们的 RQ 值在 0.1～1 之间的比例也较高，说明它们对大型溞具有高等风险；七氯和艾氏剂对大型溞的 RQ 值在 0.1～1 之间的比例分别为 68.52%和 36.11%，表明它们对大型溞具有中等风险，其余

8 种 OCPs 对大型溞的 RQ 值基本低于 0.1，表现为低等风险或可忽略风险。

综上所述，会仙岩溶湿地湖泊水中有机氯农药除了 *α*-HCH、*β*-HCH、*δ*-HCH 和 *cis*-氯丹等 4 种单一 OCPs 的生态风险较低，其余 11 种 OCPs 均表现为中高等级的生态风险。

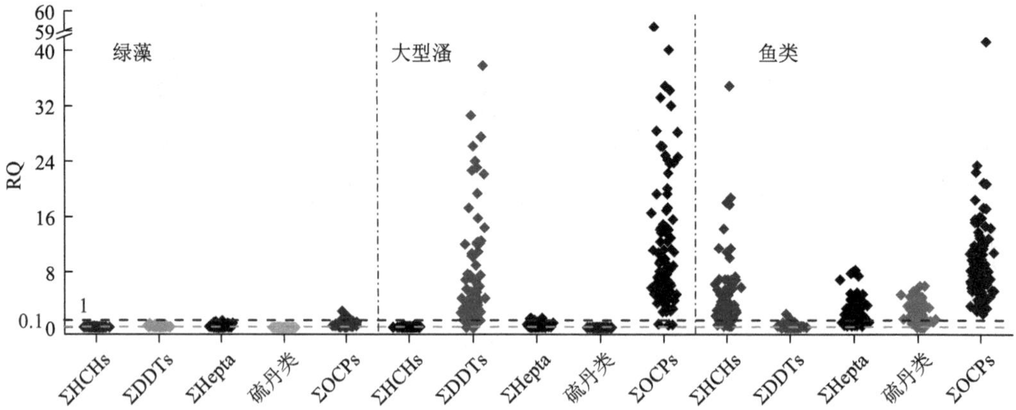

图 6.2 湿地湖泊水中 OCPs 混合物对 3 种水生指示生物的 RQ_{mix} 值分布情况

由图 6.2 可以看出，HCHs 类混合物和硫丹类混合物对绿藻的 RQ_{mix} 值基本小于 0.1，而 DDTs 类混合物、七氯类混合物和 15 种 OCPs 混合物对绿藻的 RQ_{mix} 值在 0.1～1 之间的比例最高，说明它们对绿藻具有中等风险。HCHs 类混合物和硫丹类混合物对大型溞的 RQ_{mix} 值小于 0.1 的比例最大，七氯类混合物对大型溞的 RQ_{mix} 值在 0.1～1 之间的比例最大，而 DDTs 类混合物和 15 种 OCPs 混合物对大型溞的 RQ_{mix} 值大于 1 的比例占绝对优势，表明 OCPs 混合物对大型溞具有高等风险，其中大型溞对 DDTs 类有机氯农药最敏感。DDTs 类混合物对鱼类的 RQ_{mix} 值在 0.1～1 之间的比例最大，而 HCHs 类混合物、七氯类混合物、硫丹类混合物和 15 种 OCPs 混合物对鱼类的 RQ_{mix} 值大于 1 的比例均占绝对优势，反映出 OCPs 混合物对鱼类具有高等风险，鱼类除对 DDTs 类有机氯农药的敏感性稍低外，对其余种类的 OCPs 的敏感性均较高。因此，会仙岩溶湿地湖泊水中不同浓度比的 OCPs 混合物的生态风险均较高，且均明显高于单一 OCPs 的生态风险；OCPs 混合物对鱼类的生态风险较高，对人类的潜在健康风险高，需加强对鱼类中 OCPs 的残留特征和食用安全性的研究，形成预防措施。

为了弄清会仙岩溶湿地湖泊水中 OCPs 混合物的潜在生态风险随时间的变化规律，分别测算统计了不同水期湿地湖泊水中 OCPs 混合物对这 3 种水生指示生物的 RQ_{mix} 值，结果如图 6.3 所示。

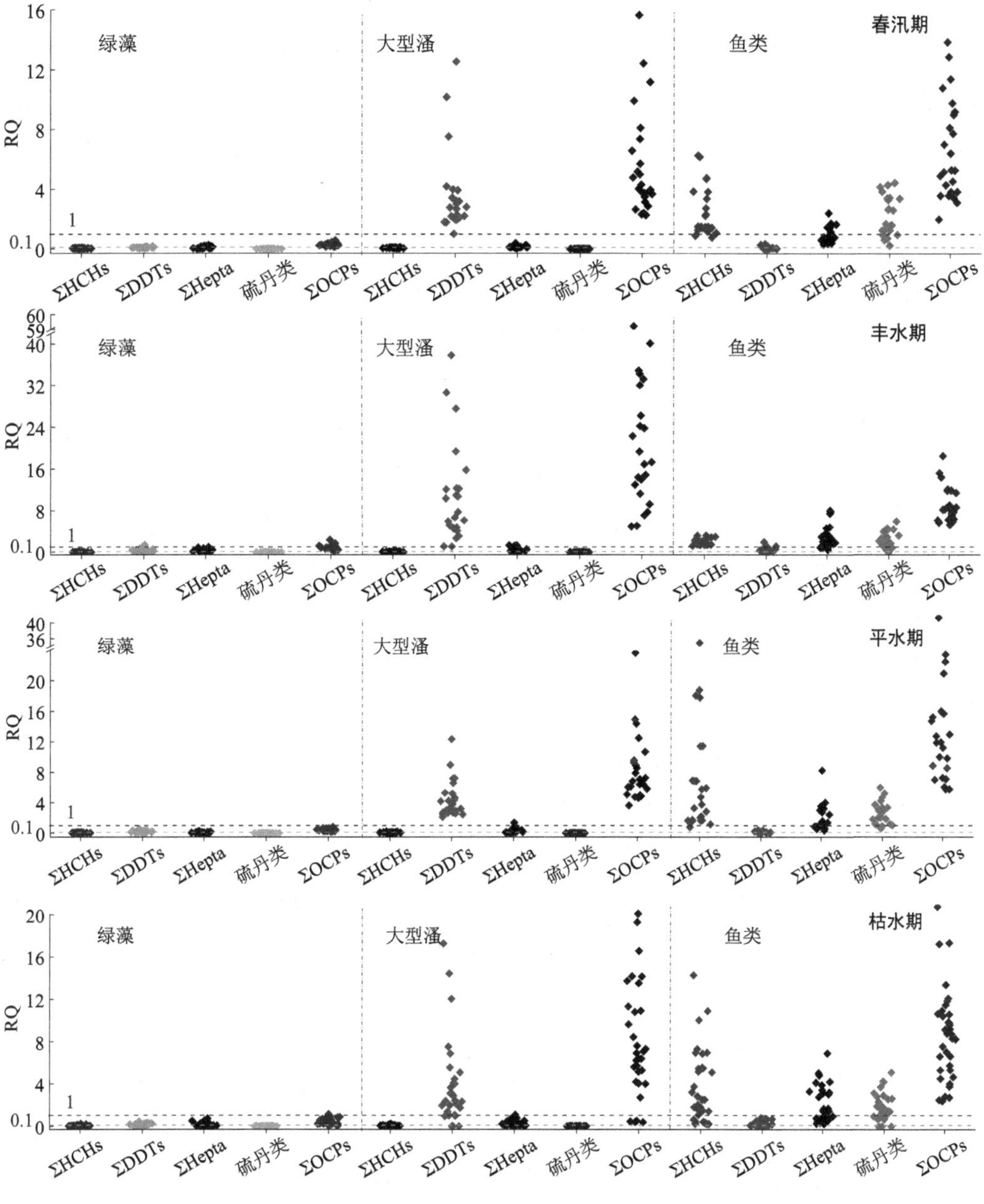

图 6.3　不同水期湿地湖泊水中 OCPs 混合物对 3 种水生指示生物的 RQ_{mix} 值分布情况

在春汛期、丰水期、平水期和枯水期 4 个水期，会仙岩溶湿地湖泊水中 HCHs 类混合物、DDTs 类混合物、七氯类混合物、硫丹类混合物和 15 种 OCPs 混合物对绿藻的 RQ_{mix} 值分别在 0.01～0.1、0.1～1、0.01～1、＜0.01 和 0.1～1 之间，表明它们对绿藻的风险等级分别为低等、中等、中低等、可忽略和中等。另外，丰水期各类 OCPs 混合物对绿藻产生的风险均略高于其他 3 个水期。

在春汛期、丰水期、平水期和枯水期 4 个水期，会仙岩溶湿地湖泊水中 HCHs 类混合物、DDTs 类混合物、七氯类混合物、硫丹类混合物和 15 种 OCPs 混合物对大型溞的 RQ_{mix} 值分别为 0.01～0.1、≥1、0.1～1、<0.01 和≥1，表明它们对大型溞的风险等级分别为低等、高等、中等、可忽略和高等。与绿藻指示生物一样，丰水期各类 OCPs 混合物对大型溞产生的风险均高于其他 3 个水期，而其他 3 个水期产生的风险相当。

在春汛期、丰水期、平水期和枯水期 4 个水期，会仙岩溶湿地湖泊水中 HCHs 类混合物、硫丹类混合物和 15 种 OCPs 混合物对鱼类的 RQ_{mix} 值≥1 的比例占绝对优势，表明它们对鱼类均具有高等风险。春汛期湿地湖泊水中 DDTs 类混合物对鱼类的 RQ_{mix} 值主要为 0.01～0.1，而其他 3 个水期 RQ_{mix} 值主要为 0.1～1，这反映出春汛期 DDTs 类混合物对鱼类产生的风险较低，其他 3 个水期产生的风险增至中等水平。春汛期湿地湖泊水中七氯类混合物对鱼类的 RQ_{mix} 值主要为 0.1～1，而其他 3 个水期 RQ_{mix} 值均以≥1 为主，这反映出春汛期七氯类混合物对鱼类产生中等风险，其他 3 个水期产生的风险增至高等水平。与其他 2 种指示生物一致，丰水期各类 OCPs 混合物对鱼类产生的风险均高于其他 3 个水期。

综上所述，各水期会仙岩溶湿地湖泊水中各类 OCPs 混合物均表现出高等级的生态风险，其中丰水期产生的风险最大。

（2）湿地沟渠水中 OCPs 的潜在生态风险

会仙岩溶湿地沟渠水中检出的 15 种 OCPs 单一组分及各类混合物对绿藻、大型溞和鱼类等 3 种不同营养级的水生生物的 RQ 和 RQ_{mix} 值分布情况分别如图 6.4 和图 6.5 所示。

从图 6.4 中可以看出，沟渠水中 15 种单一 OCPs 对绿藻的 RQ 值均小于 1，其中环氧七氯、*p,p'*-DDD、*p,p'*-DDE、*p,p'*-DDT、*δ*-HCH 和 *cis*-氯丹对绿藻的 RQ 值在 0.1～1 之间的比例分别为 26.66%、33.33%、24.44%、24.44%、4.44%和 4.44%，它们的 RQ 值为 0.01～0.1 的比例也较高，表明它们对绿藻产生的风险以中低等风险为主；*α*-HCH 和 *β*-硫丹对绿藻的 RQ 值均低于 0.01，表现为可忽略风险；而其余 7 种 OCPs 对绿藻的 RQ 值基本低于 0.1，表现为低等风险或可忽略风险。

γ-HCH、七氯、*α*-硫丹、*β*-硫丹和艾氏剂对鱼类的 RQ 值大于 1 的比例分别为 91.11%、51.11%、31.11%、51.11%和 20.00%，它们的 RQ 值在 0.1～1 之间的比例也很大，说明它们对鱼类具有高等风险；环氧七氯、异狄氏剂、*p,p'*-DDE 和 *p,p'*-DDD 的 RQ 值在 0.1～1 之间的比例分别为 35.56%、66.67%、35.56%和 24.44%，表明它们对鱼类具有中等风险；而其余 6 种 OCPs 对鱼类的 RQ 值基本低于 0.1，表现为低等风险或可忽略风险。

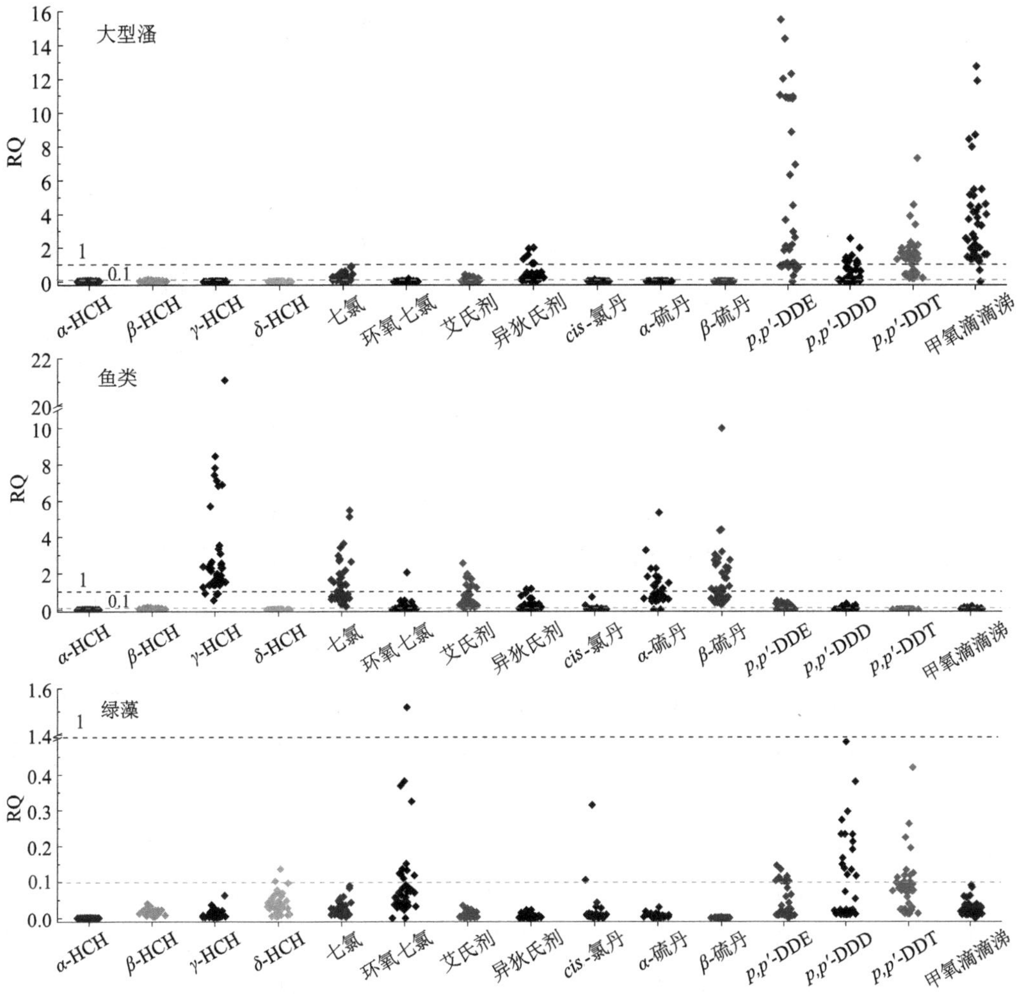

图 6.4　湿地沟渠水中单一 OCPs 对 3 种水生指示生物的 RQ 值分布情况

甲氧滴滴涕、*p,p′*-DDE、*p,p′*-DDT、异狄氏剂和 *p,p′*-DDD 对大型溞的 RQ 值大于 1 的比例分别为 95.56%、66.67%、71.11%、13.33%和 17.78%，它们的 RQ 值在 0.1～1 之间的比例较高，说明它们对大型溞具有高等风险；七氯和艾氏剂对大型溞的 RQ 值在 0.1～1 之间的比例分别为 80%和 33.33%，表明它们对大型溞具有中等风险；其余 8 种 OCPs 对大型溞的 RQ 值基本低于 0.1，表现为低等风险或可忽略风险。

综上所述，与会仙岩溶湿地湖泊水相似，沟渠水中的有机氯农药除 *α*-HCH、*β*-HCH、*δ*-HCH 和 *cis*-氯丹等 4 种单一 OCPs 的生态风险较低外，其余 11 种 OCPs 均表现出中高等级的生态风险。

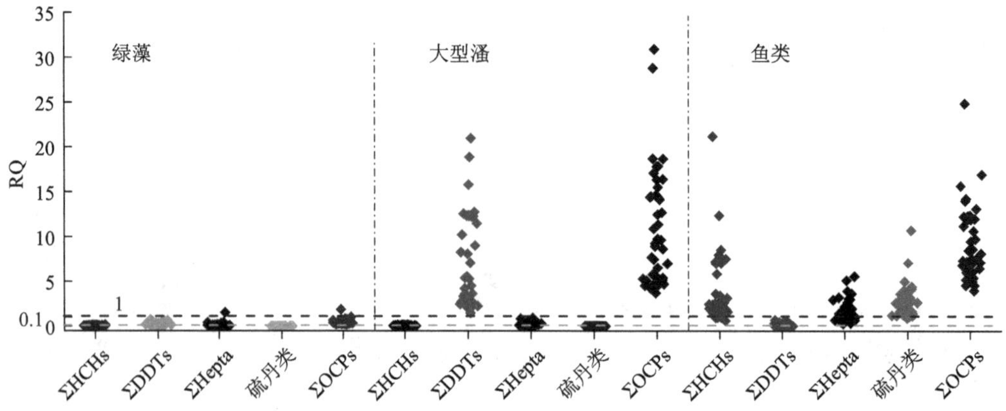

图 6.5 湿地沟渠水中 OCPs 混合物对 3 种水生指示生物的 RQ_{mix} 值分布情况

从图 6.5 中可以看出，沟渠水中 HCHs 类混合物对绿藻的 RQ_{mix} 值在 0.01～0.1 之间的比例为 88.89%，说明 HCHs 类混合物对藻类产生的生态风险较低；硫丹类混合物对绿藻的 RQ_{mix} 值小于 0.01 的比例为 84.44%，表明硫丹类混合物对藻类产生的生态风险基本可忽略不计；而 DDTs 类混合物、七氯类混合物和 15 种 OCPs 混合物对绿藻的 RQ_{mix} 值在 0.1～1 之间的比例分别为 84.44%、31.11%和 95.56%，说明这几类 OCPs 混合物对绿藻均具有中等风险。HCHs 类混合物和硫丹类混合物对大型溞的 RQ_{mix} 值小于 0.1 的比例最大，反映出这两类 OCPs 混合物对大型溞产生的生态风险较低；七氯类混合物对大型溞的 RQ_{mix} 值在 0.1～1 之间的比例最大，表现为中等风险水平；而 DDTs 类混合物和 15 种 OCPs 混合物对大型溞的 RQ_{mix} 值均大于 1，表明 DDTs 类混合物和 15 种 OCPs 混合物对大型溞均具有高等风险。DDTs 类混合物对鱼类的 RQ_{mix} 值在 0.1～1 之间的比例最大，表现为中等风险水平；而 HCHs 类混合物、七氯类混合物、硫丹类混合物和 15 种 OCPs 混合物对鱼类的 RQ_{mix} 值大于 1 的比例均占绝对优势，反映出这几类 OCPs 混合物对鱼类均产生了高等风险。可见，与会仙岩溶湿地湖泊水一样，沟渠水中不同浓度比的 OCPs 混合物的潜在生态风险均较高，且明显高于单一 OCPs 的生态风险。OCPs 混合物对鱼类产生的生态风险较高，可能由于水体中的 OCPs 易于累积在鱼体内，所以需谨防食物链的累积放大风险。

会仙岩溶湿地沟渠水中 OCPs 混合物的潜在生态风险随时间的变化特征如图 6.6 所示。从图 6.6 中可以看出，在春汛期、丰水期、平水期和枯水期 4 个水期，会仙岩溶湿地沟渠水中 HCHs 类混合物、DDTs 类混合物、七氯类混合物、硫丹类混合物和 15 种 OCPs 混合物对绿藻的 RQ_{mix} 值分别为 0.01～0.1、0.1～1、0.01～0.1、<0.01 和 0.1～1，说明它们对绿藻的风险等级分别为低等、中等、低等、可忽略和中等。另外，丰水期各类 OCPs 混合物对绿藻产生的风险会增大，均高于其他 3 个水期；春汛期各类 OCPs 混合物对绿藻产生的潜在生态风险是 4 个水期中最低的。

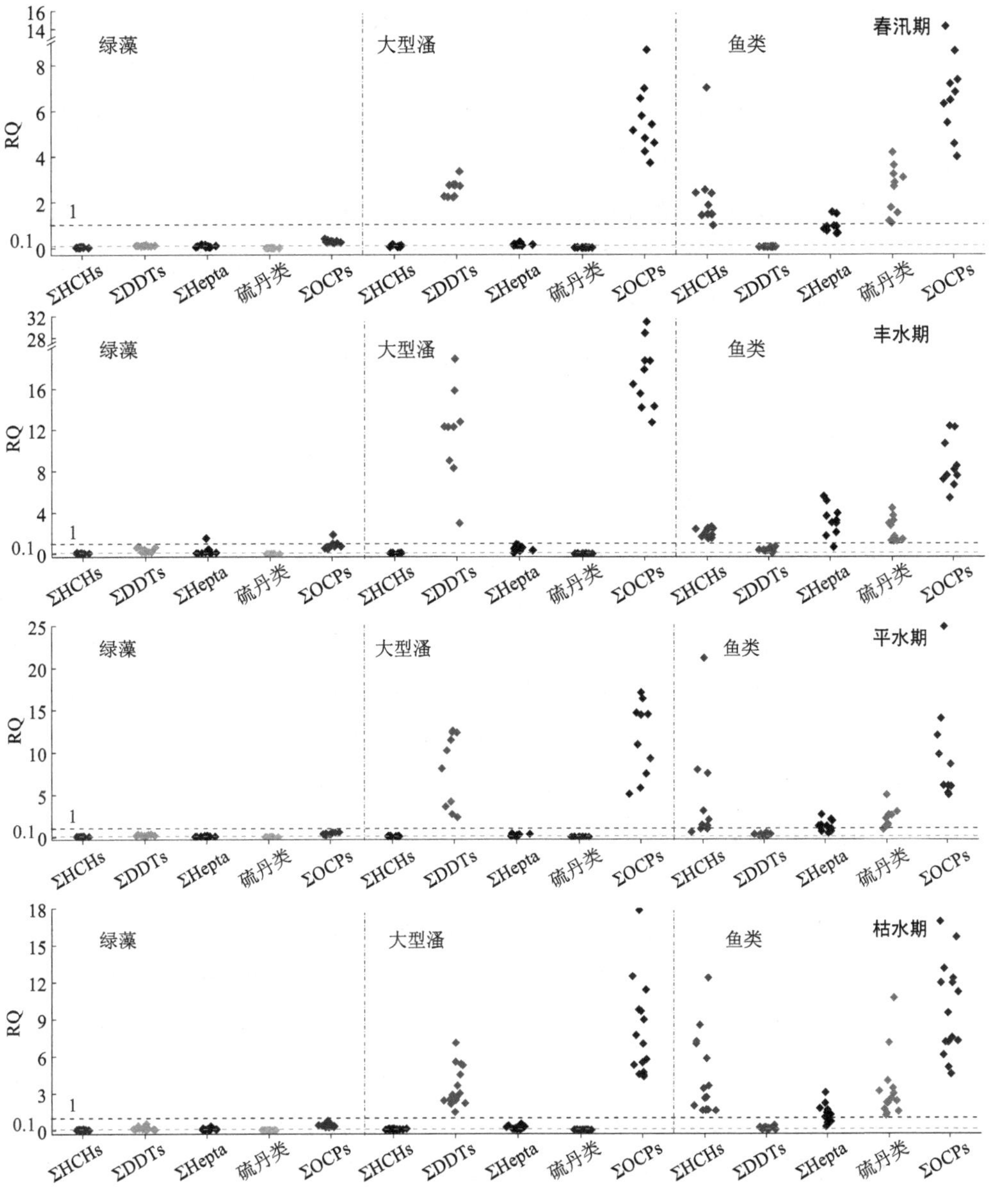

图 6.6　不同水期湿地沟渠水中 OCPs 混合物对 3 种水生指示生物的 RQ_{mix} 值分布情况

在春汛期、丰水期、平水期和枯水期 4 个水期，会仙岩溶湿地沟渠水中 HCHs 类混合物、DDTs 类混合物、七氯类混合物、硫丹类混合物和 15 种 OCPs 混合物对大型溞的 RQ_{mix} 值分别为 0.01～0.1、≥1、0.1～1、<0.01 和≥1，表明它们对大型溞的风险等级分别为低等、高等、中等、可忽略和高等。4 个不同水期各类 OCPs 混合物对大型溞产生的风险相当，无明显差异。

在春汛期、丰水期、平水期和枯水期 4 个水期，会仙岩溶湿地沟渠水中 HCHs 类混合物、硫丹类混合物和 15 种 OCPs 混合物对鱼类的 RQ_{mix} 值≥1 的比例占绝对优势，表明它们对鱼类均具有高等风险。春汛期湿地沟渠水中 DDTs 类混合物对鱼类的 RQ_{mix} 值主要在 0.01～0.1 之间，而其他 3 个水期 RQ_{mix} 值主要在 0.1～1 之间，这反映出春汛期 DDTs 类混合物对鱼类产生的风险较低，其他 3 个水期产生的风险增至中等水平。春汛期湿地沟渠水中七氯类混合物对鱼类的 RQ_{mix} 值主要在 0.1～1 之间，而其他 3 个水期 RQ_{mix} 值均以≥1 为主，这反映出春汛期七氯类混合物对鱼类产生中等风险，其他 3 个水期产生的风险增至高等水平。丰水期各类 OCPs 混合物对鱼类产生的风险略高于其他 3 个水期。

综上所述，虽然各类 OCPs 混合物对各种水生指示生物产生的风险水平不尽相同，但总会对其中一种指示生物产生高风险，因此各水期会仙岩溶湿地沟渠水各类 OCPs 混合物均表现出高等级的生态风险，其中丰水期的产生的风险更大一些。

（3）湿地地下水中 OCPs 的潜在生态风险

会仙岩溶湿地地下水中检出的 15 种 OCPs 单一组分及各类混合物对绿藻（斜生四链藻）、大型溞和鱼类等 3 种不同营养级的水生生物的 RQ 和 RQ_{mix} 值分布情况分别如图 6.7 和图 6.8 所示。从图 6.7 中可以看出，地下水中 15 种单一 OCPs 对绿藻的 RQ 值均远小于 1，其中 *p,p'*-DDD、环氧七氯和 *p,p'*-DDT 对绿藻的 RQ 值在 0.1～1 之间的比例分别为 20%、11.11%和 4.44%，它们的 RQ 值在 0.01～0.1 之间的比例也较高，说明它们对绿藻产生的风险以中低等风险为主；*α*-HCH 和 *β*-硫丹对绿藻的 RQ 值均低于 0.01，表现为可忽略风险；而其余 10 种 OCPs 对绿藻的 RQ 值基本低于 0.1，表现为低等风险或可忽略风险。

γ-HCH、七氯、环氧七氯、艾氏剂、*α*-硫丹和 *β*-硫丹对鱼类的 RQ 值大于 1 的比例分别为 44.44%、28.89%、4.44%、6.67%、17.78%和 11.11%，它们的 RQ 值在 0.1～1 之间的比例也很大，说明它们对鱼类具有中等风险到高等风险；异狄氏剂、*p,p'*-DDE 和 *p,p'*-DDD 的 RQ 值在 0.1～1 之间的比例分别为 31.11%、6.67%和 15.56%，它们的 RQ 值在 0.01～0.1 之间的比例也很大，表明它们对鱼类具有中低等风险；而其余 6 种 OCPs 对鱼类的 RQ 值基本低于 0.1，呈现为低等风险或可忽略风险。

甲氧滴滴涕、*p,p'*-DDE、*p,p'*-DDT、异狄氏剂和 *p,p'*-DDD 对大型溞的 RQ 值大于 1 的比例分别为 55.56%、53.33%、13.33%、2.22%和 13.33%，它们的 RQ 值在 0.1～1 之间的比例也较高，说明它们对大型溞具有中等风险到高等风险；七氯和艾氏剂对大型溞的 RQ 值在 0.1～1 之间的比例分别为 60%和 20%，表明它们对大型溞具有中等风险，其余 8 种 OCPs 对大型溞的 RQ 值基本低于 0.1，呈现为低等风险或可忽略风险。

综上所述，与湿地湖泊水和沟渠水一样，地下水中的有机氯农药除 *α*-HCH、*β*-HCH、*δ*-HCH 和 *cis*-氯丹等 4 种单一 OCPs 的生态风险较低外，其余 11 种 OCPs 均表现出中高等级的生态风险。

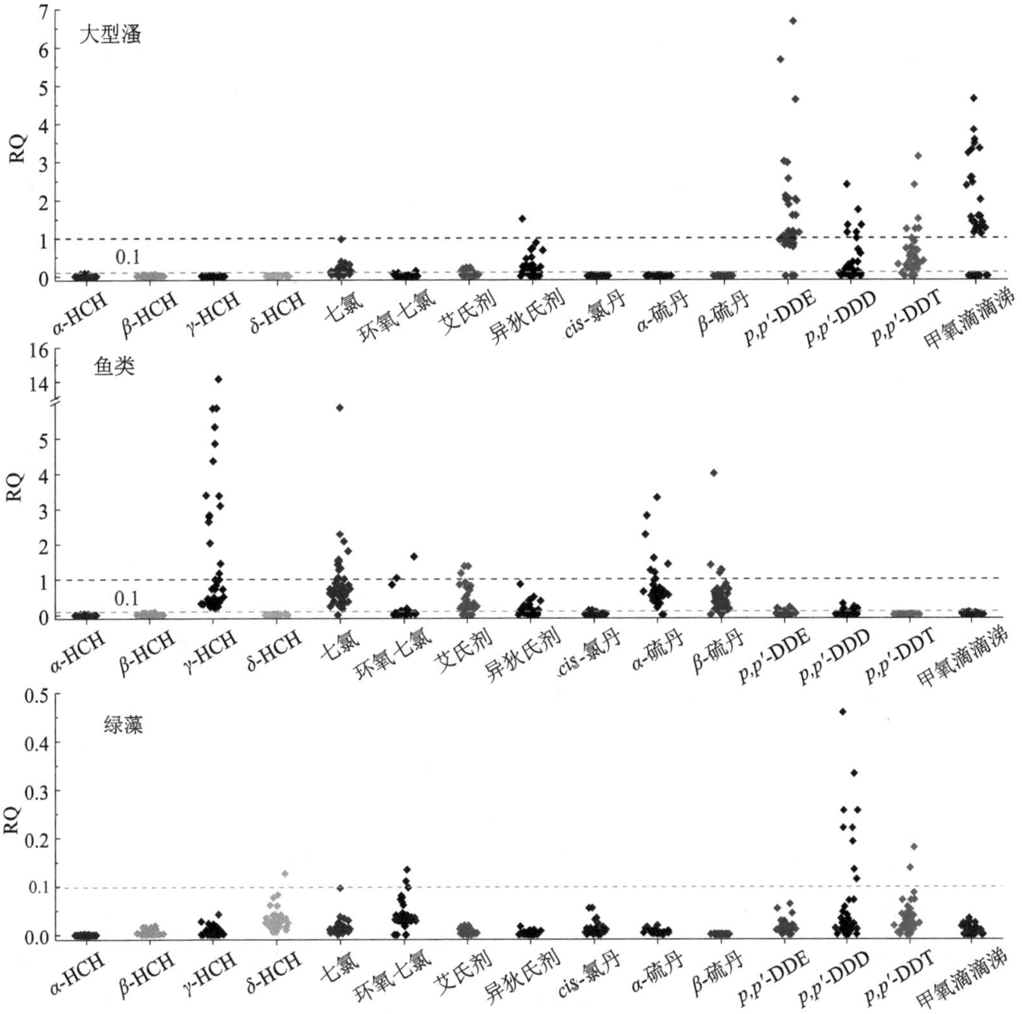

图 6.7 湿地地下水中单一 OCPs 对 3 种水生指示生物的 RQ 值分布情况

从图 6.8 中可以发现，地下水中 HCHs 类混合物对绿藻的 RQ_{mix} 值在 0.01～0.1 之间的比例为 91.11%，说明 HCHs 类混合物对藻类产生的生态风险较低；硫丹类混合物对绿藻的 RQ_{mix} 值小于 0.01 的比例为 93.33%，表明硫丹类混合物对藻类产生的生态风险基本可忽略不计；而 DDTs 类混合物、七氯类混合物和 15 种 OCPs 混合物对绿藻的 RQ_{mix} 值在 0.1～1 之间的比例分别为 28.89%、15.56%和 84.44%，表明这几类 OCPs 混合物对绿藻均具有中等风险。HCHs 类混合物和硫丹类混合物对大型溞的 RQ_{mix} 值小于 0.1 的比例最大，反映出这两类 OCPs 混合物对大型溞产生的生态风险较低；七氯类混合物对大型溞的 RQ_{mix} 值在 0.1～1 之间的比例最大，表现为中等风险水平；而 DDTs 类混合物和 15 种 OCPs 混合物对大型溞的 RQ_{mix} 值≥1 的比例在 91%以上，表明 DDTs 类混合物和 15 种 OCPs

混合物对大型溞均具有高等风险。DDTs 类混合物对鱼类的 RQ_{mix} 值在 0.01～0.1 和 0.1～1 之间的比例分别为 71.11%和 24.44%，呈现出低等风险到中等风险水平；HCHs 类混合物、七氯类混合物、硫丹类混合物对鱼类的 RQ_{mix} 值主要分布在 0.1～1 和≥1 且各约占一半，反映出这 3 类 OCPs 混合物对鱼类产生了中等风险到高等风险；而不同浓度比的 15 种 OCPs 混合物对鱼类的 RQ_{mix} 值均大于 1，说明 OCPs 混合物对鱼类均产生了高等风险。可见，与会仙岩溶湿地湖泊水、沟渠水一致，地下水中不同浓度比的 OCPs 混合物的潜在生态风险均很高，也均明显高于单一 OCPs 的生态风险。

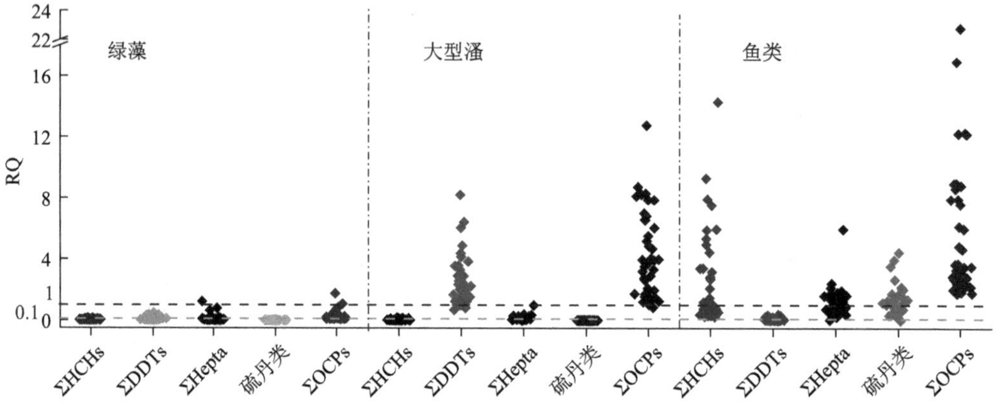

图 6.8　湿地地下水中 OCPs 混合物对 3 种水生指示生物的 RQ_{mix} 值分布情况

会仙岩溶湿地地下水中 OCPs 混合物的潜在生态风险随水期的变化特征如图 6.9 所示。在春汛期、丰水期、平水期和枯水期 4 个水期，会仙岩溶湿地沟渠水中 HCHs 类混合物、DDTs 类混合物、七氯类混合物、硫丹类混合物和 15 种 OCPs 混合物对绿藻的 RQ_{mix} 值分别主要为 0.01～0.1、0.01～0.1、0.01～0.1、<0.01 和 0.1～1，表明它们对绿藻的风险等级分别为低等、低等、低等、可忽略和中等。另外，平水期 DDTs 类混合物、七氯类混合物和 15 种 OCPs 混合物对绿藻产生的风险会增大。

在春汛期、丰水期、平水期和枯水期 4 个水期，会仙岩溶湿地地下水中 HCHs 类混合物、DDTs 类混合物、七氯类混合物、硫丹类混合物和 15 种 OCPs 混合物对大型溞的 RQ_{mix} 值分别为 0.01～0.1、≥1、0.1～1、<0.01 和≥1，表明它们对大型溞的风险等级分别为低等、高等、中等、可忽略和高等。4 个不同水期各类 OCPs 混合物对大型溞产生的风险相当，无明显差异。

在春汛期、丰水期、平水期和枯水期 4 个水期，会仙岩溶湿地地下水中 HCHs 类 OCPs 混合物对鱼类的 RQ_{mix} 值为 0.1～1 和≥1 的比例均为 50%，表明 HCHs 类混合物对鱼类产生中高等级的风险。春汛期湿地地下水中 DDTs 类混合物对鱼类的 RQ_{mix} 值为 0.01～0.1，而其他 3 个水期 RQ_{mix} 值为 0.1～1 的比例增大，这反映出春汛期 DDTs 类混合物对

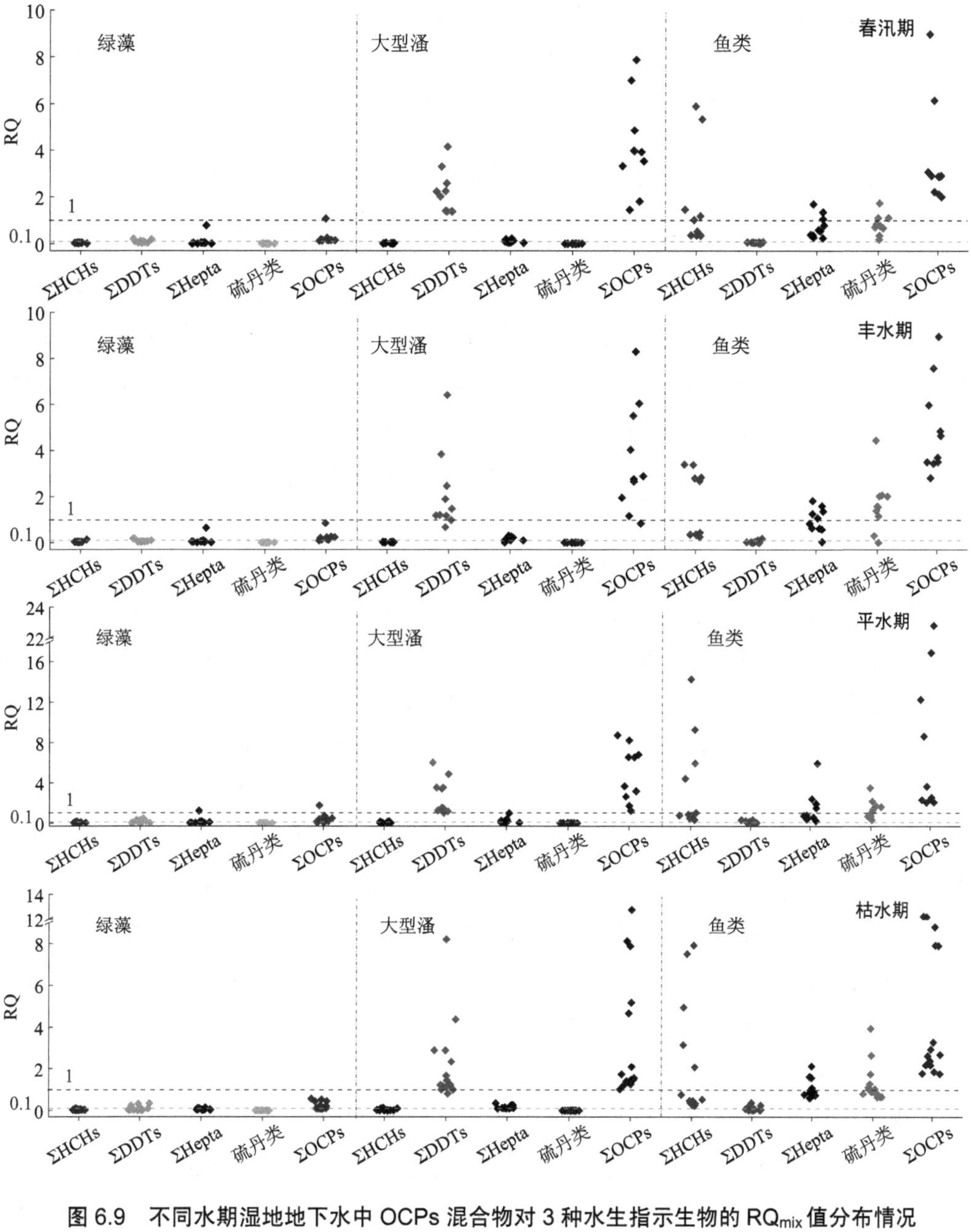

图 6.9　不同水期湿地地下水中 OCPs 混合物对 3 种水生指示生物的 RQ_{mix} 值分布情况

鱼类产生的风险较低，其他 3 个水期产生的风险增大，其中平水期风险最大。4 个水期湿地地下水中七氯类、硫丹类 OCPs 混合物对鱼类的 RQ_{mix} 值基本大于 0.1，且大于 1 的比例占 1/3（含）以上，这反映出这两类混合物对鱼类产生中等风险到高等风险，其中丰水期的风险最大，其次是平水期，而春汛期和枯水期相当。15 种 OCPs 混合物对鱼类的 RQ_{mix} 值均大于 1，表明地下水中不同浓度比的 15 种 OCPs 混合物对鱼类均具有高等风险。

综上所述，虽然各类 OCPs 混合物对各种水生指示生物产生的风险水平不尽相同，但总会对其中一种指示生物产生高风险，因此各水期会仙岩溶湿地地下水中各类 OCPs 混合物均表现出高等级的生态风险，其中丰水期产生的风险总体上更大一些。

6.3.2 会仙岩溶湿地湖泊沉积物中有机氯农药的生态风险评估

水体沉积物中污染物可通过扰动和解吸作用向上覆水体重新释放造成二次污染，对生态环境和水质安全构成了危害，其残留水平决定了对水生生物及食物链的危害程度。鉴于沉积物中污染物的多样性和复合性，生物效应存在很大差异，迄今为止，国内外还未建立相关的风险评价的统一标准。目前开展沉积物中污染物的生态风险评估，普遍采用以下两种沉积物质量标准：Long 等[244]提出的 ERL-ERM 风险评估值和 Macdonald 等[245]引荐的 TEL-PEL 质量基准值。其中，ERL（Effects Range-low）为风险评估低值即当污染物浓度值小于或等于该值时生物效应概率＜10%；ERM（Effects Range-median）为风险评估中值即当污染物浓度值大于或等于该值时生物效应概率＞50%；TEL（Threshold Effects Level）为产生效应的临界浓度值，PEL（Probable Effects Level）为必然产生效应的临界浓度值。一般情况下，当沉积物中某种污染物的浓度值低于 ERL 或 TEL 时，污染物产生负面生物毒性效应的概率较低，即生态风险较小，当该浓度值高于 ERM 或 PEL 时，污染物产生负面生物毒性效应的概率很高，即生态风险较高；而在 ERL-ERM 或 TEL-PEL 之间时，则是偶尔产生负面生物毒性效应，即存在中等生态风险水平。

这两种评估方法被广泛应用于沉积物中 OCPs 的生态风险评估。如林田等[181]、田海珍等[246]和阚可聪等[89]采用 ERL-ERM 风险评估值分别对辽宁大伙房水库、珠江和江苏固城湖沉积物中的 OCPs 进行了生态风险评估，结果表明，辽宁大伙房水库沉积物中 DDTs 含量在 ERL～ERM 的样品占 70%，属于中等生态风险水平；而 γ-HCH 含量均高于 ERL，且有 38%的样品大于 ERM，属于高等生态风险水平；珠江沉积物中 DDT、DDTs 含量在 ERL～ERM 的样品比例分别达到 37%和 47%，存在较高的生态风险；固城湖大多数监测点沉积物的有机氯农药残留量低于 ERL，生态风险水平较低，但也有部分监测点有机氯农药残留量高于 ERM，存在较高的生态风险。蒋豫等[63]采用 TEL-PEL 质量基准法对太湖流域沉积物有机氯农药的生态风险评估结果显示，γ-HCH 和 DDTs 的潜在生物毒性较大，氯丹、狄氏剂、异狄氏剂、环氧七氯、p,p'-DDE 和 p,p'-DDD 的潜在生物毒性较小。还有研究同时采用 ERL-ERM 和 TEL-PEL 两种评估方法分别评估了湛江湾[247]、渤海湾河口湿地[84]和爱琴海东部海岸[174]等区域沉积物中 HCHs、DDTs 有机氯农药的生态风险。

本书应用这两种评估方法评估了会仙岩溶湿地湖泊表层沉积物中 OCPs 的生态风险（表 6.2），结果显示，所有采样点样品中 γ-HCH、环氧七氯、七氯、p,p'-DDT、*cis*-氯丹和 ΣDDTs 的浓度值高于 PEL 的比例分别为 100%、46.43%、77.38%、76.19%、7.14%

和 0.60%，同时七氯、*p,p′*-DDT 和∑DDTs 的浓度值高于 ERM 的比例分别为 58.33%、38.10%和 0.60%，这反映出会仙岩溶湿地湖泊表层沉积物中 *γ*-HCH、环氧七氯、七氯、*p,p′*-DDT 等 4 种 OCPs 对生物造成不利影响的可能性很大，易频繁发生负面生物毒性效应，具有高等生态风险。样品中 *p,p′*-DDE、∑DDTs 和异狄氏剂的浓度值在 ERL～ERM 之间的比例分别为 91.67%、99.40%和 82.74%，该浓度值在 TEL～PEL 之间的比例分别为 91.67%、98.81%和 13.69%，表明它们对生物造成不利影响的可能性较大，负面生物毒性效应时有发生，具有中等生态风险。样品中 *p,p′*-DDD 和 *cis*-氯丹的浓度值低于 TEL 的比例分别为 73.21%和 86.31%，同时样品中 *p,p′*-DDD 的浓度值低于 ERL 的比例为 84.52%，说明这两种 OCPs 对生物造成不利影响的可能性较低，潜在的生物毒性效应很小，属于低等生态风险。综上所述，会仙岩溶湿地湖泊表层沉积物中有多种 OCPs 对湿地生物具有高毒性效应，因此，必须高度重视有机氯农药对该区域生物造成的生态风险，加强对该区域内各环境介质中 OCPs 的监测，为该区域有机氯农药的控制管理提供科学依据。

表 6.2　会仙岩溶湿地湖泊表层沉积物中有机氯农药的生态风险评估

化合物	ERL/（ng/g）	ERM/（ng/g）	TEL/（ng/g）	PEL/（ng/g）	本研究/（ng/g）	< ERL/%	ERL～ERM/%	> ERM/%	< TEL/%	TEL～PEL/%	> PEL/%
p,p′-DDE	2.2	27	2.07	374	ND～14.90	8.33	91.67	0	8.33	91.67	0
p,p′-DDD	2	20	1.22	7.81	ND～7.60	84.52	15.48	0	73.21	26.79	0
p,p′-DDT	1	7	1.19	4.77	0.85～64.44	0.60	61.31	38.10	1.19	22.62	76.19
∑DDTs	1.58	46.1	3.89	51.7	3.40～73.40	0	99.40	0.60	0.60	98.81	0.60
异狄氏剂	0.02	45	2.67	62.4	ND～14.77	17.26	82.74	0	86.31	13.69	0
cis-氯丹	—	—	4.50	8.90	ND～30.04	—	—	—	86.90	5.95	7.14
七氯	0.5	6	2.26	4.79	0.61～53.06	0.00	41.67	58.33	2.38	20.24	77.38
环氧七氯	—	—	0.60	2.74	ND～18.21	—	—	—	7.14	46.43	46.43
γ-HCH	—	—	0.32	0.99	1.86～33.18	—	—	—	0	0	100

注：ND 表示低于检出限而未检出。

为了阐明会仙岩溶湿地湖泊表层沉积物中有机氯农药的生态风险随时间的变化规律，同样采用 ERL-ERM 和 TEL-PEL 两种评估方法分别探讨了不同水期会仙岩溶湿地湖泊表层沉积物中 OCPs 的生态风险（图 6.10）。

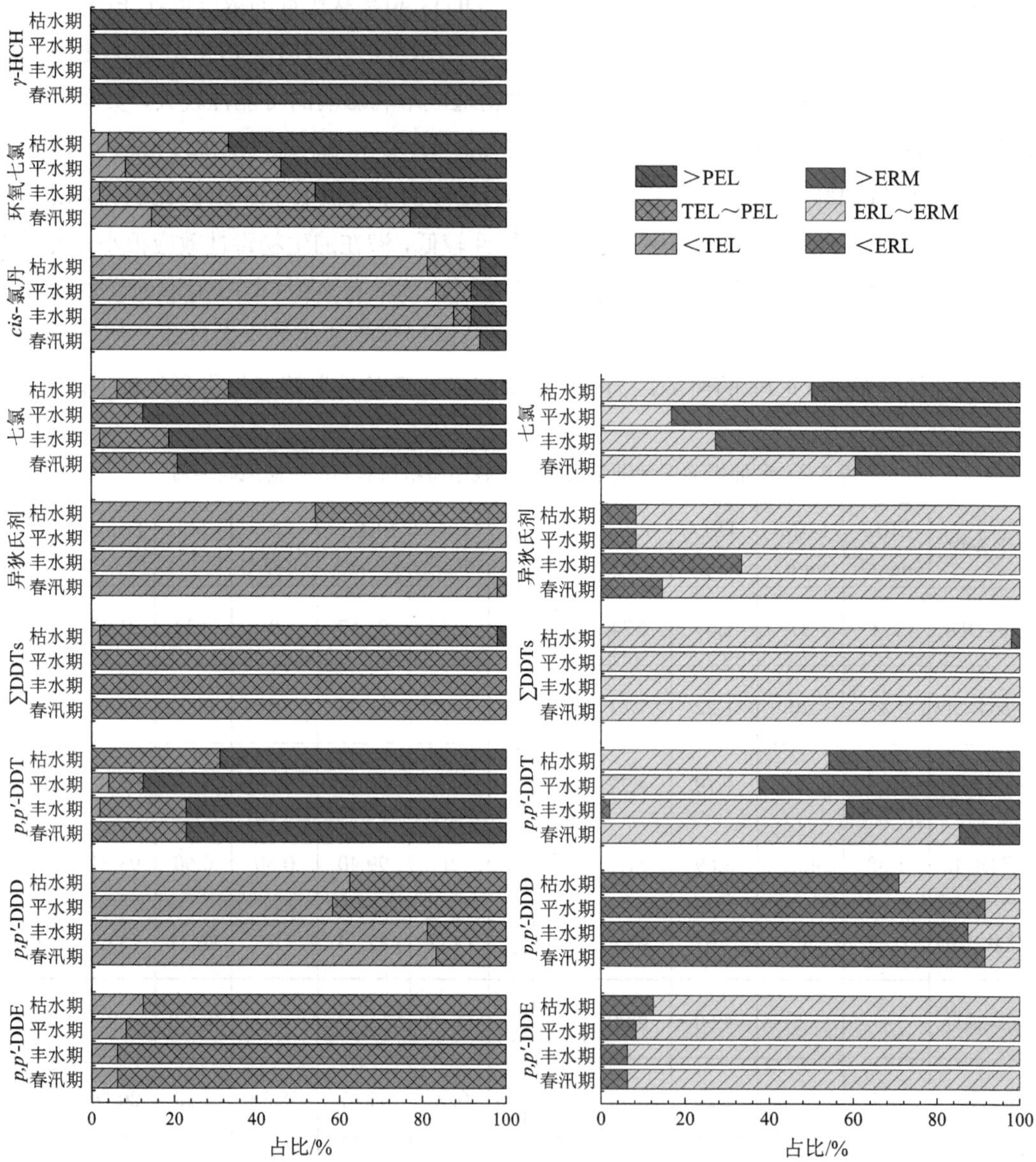

图 6.10 不同水期会仙岩溶湿地湖泊表层沉积物中 OCPs 的生态风险评估

基于各水期沉积物 OCPs 浓度值在 ERL-ERM 和 TEL-PEL 体系中的分布情况，从图 6.10 中可以看出，各水期沉积物中 γ-HCH 均易引发负面生物毒性效应，对湿地生物的生态风险较高。从春汛期→丰水期→平水期→枯水期，环氧七氯的生态风险呈明显递增趋势；各水期 *cis*-氯丹的生态风险均较低；各水期七氯均表现出很高的生态风险，其中平水期为最高，枯水期有较明显降低。异狄氏剂在两种评估体系中评估结果差异较大，在 ERL-ERM 体系中各水期均表现为中等风险，而在 TEL-PEL 体系中各水期均表现为低等风险，这可能是尚未形成统一标准体系的原因之一。各水期 *p,p'*-DDE、ΣDDTs 的生态风险均差异不大，均表现为中等风险水平；各水期 *p,p'*-DDT 在 TEL-PEL 体系中均表现为具有很高的生态风险，而在 ERL-ERM 体系中则表现为中等偏高的生态风险，丰水期的生态风险最大；各水期 *p,p'*-DDE 的生态风险均较低，其中春汛期最低，其他水期的生态风险呈现增大的趋势。可见，会仙岩溶湿地湖泊表层沉积物中不同种类的 OCPs 在各个水期的生态风险可能会发生变化，这可能与介质中 OCPs 的迁移转化有关。

6.4　混合物生态风险评估新方法的构建和应用

6.4.1　混合物生态风险评估新方法（$RQ_{CI\,修正}$）的构建

鉴于现有的混合物风险评估方法均是建立在加和作用假设的基础上，未考虑化学混合物组分间的相互作用，因此可能低估或高估了混合物对环境生物产生的风险。然而，现实环境中的污染物常呈现为多种化学物质共暴露，混合物间也常产生相互作用，但至今仍未建立可准确地评估混合物协同作用或拮抗作用的生态风险。为此，本节建立了基于 CI 修正混合物风险商（$RQ_{CI\,修正}$）模型，其评估流程如图 6.11 所示，该利用方法能够评估协同作用和拮抗作用混合污染物的生态风险。

环境污染混合物的生态风险评估流程具体步骤如下：

（1）单一物质和混合物的浓度-效应曲线（CRC）表征

采用微孔板毒性测试方法测定污染物单一物质和混合物对藻类的浓度-效应数据，再通过 Logit 或 Weibull 非线性函数拟合，Logit 和 Weibull 函数公式分别见式(5.2)和式(5.4)，从而获得函数的关键拟合参数 α（位置参数）和 β（斜率参数）。

（2）污染物的 EC_{50}、PNEC（或 NOEC）等毒性数据推导

基于拟合获得的位置参数 α 和斜率参数 β，利用 Logit 或 Weibull 反函数计算单一物质和混合物的 EC_{50}，Logit 和 Weibull 反函数公式分别见式（5.3）和式（5.5）；然后采用评估因子法推导计算单一物质和混合物的 PNEC 值，$PNEC = EC_{50}/AF$，AF 取值为 1 000。

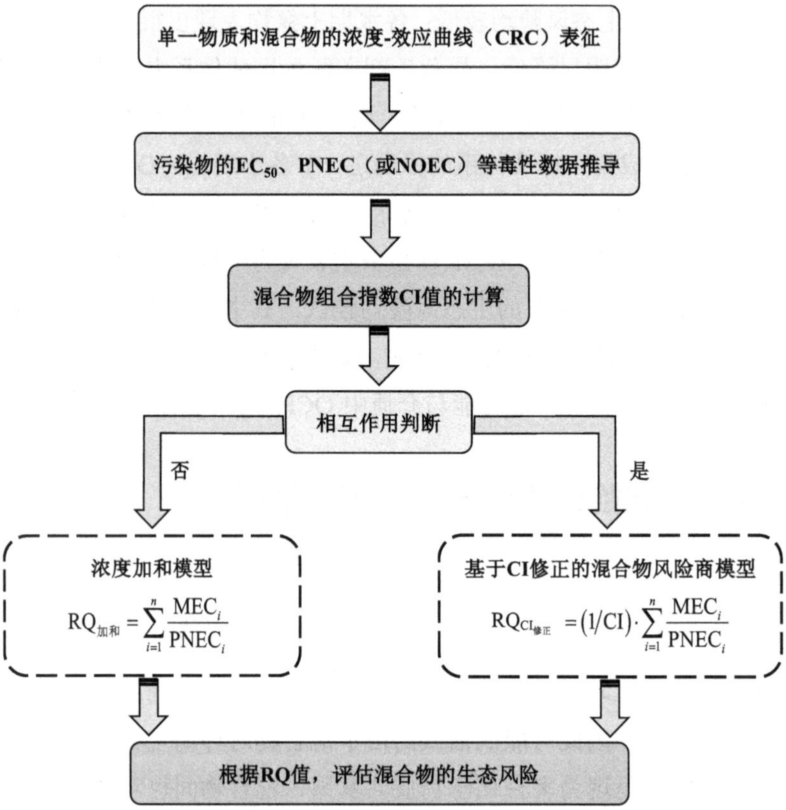

图 6.11　环境污染混合物的生态风险评估流程

污染物的 NOEC 值可通过 Dunnett 检验法，基于污染物处理组平均值与空白控制组平均值之间的差异显著性进行判定[248]。详细计算过程如下：

①将微孔板测定的 12 个浓度梯度污染物处理组和 1 个空白控制组的抑制率数据（共 13 个组，每组 3 个平行样本）构成 Dunnett 检验的数据集 x_{ji}（j=1，2，3，…，13；j =1 时代表空白，则有 $x_{1i}=0$）。

②设组数 $p=13$，各组样本数 $n_j=3$（j=1，2，3，…，13），则总样本数 $N=\Sigma n_j=p\times n_j=13\times3=39$，自由度 $df=p\times(n_j-1)=13\times2=26$。值得注意的是，污染物毒性测试设计的 12 个浓度梯度大多数显著高于空白对照处理组，因此实际处理组浓度应该尽量接近 NOEC 浓度范围，否则可能无法验算确认污染物的 NOEC 值。

③计算样本的组间方差（SSB）

$$SSB=\sum_{j=1}^{p}\frac{T_j^2}{n_j}-\frac{C^2}{N} \tag{6.6}$$

其中：$T_j=\sum_{i=1}^{n_j}x_{ji}$，$C=\sum_{j=1}^{p}T_j=\sum_{j=1}^{p}\sum_{i=1}^{n_j}x_{ji}$　（6.7）

④计算样本总体方差（SST）

$$\mathrm{SST}=\sum_{j=1}^{p}\sum_{i=1}^{n_j}x_{ji}^2-\frac{C^2}{N} \tag{6.8}$$

⑤根据 SST 和 SSB 计算组内方差与组内平均值的标准差（SW）

$$\mathrm{SSW}=\mathrm{SST}-\mathrm{SSB} \tag{6.9}$$

$$\mathrm{SW}=\sqrt{\frac{\mathrm{SSW}}{N-p}} \tag{6.10}$$

⑥计算污染物各处理组与空白控制组之间比较之统计量［t_j（j=2，3，…，13）］

$$t_j=\frac{T_j/n_j-T_1/n_1}{\mathrm{SW}\cdot\sqrt{1/n_j+1/n_1}} \tag{6.11}$$

式中，x_{ji} 为某组处理浓度下某个平行样本的抑制率；T_j 为某组处理浓度下 3 个平行样本的抑制率总和；C 为所有处理组所有平行样本的抑制率总和；n_j 为各处理组的平行处理样本数；N 为所有处理组的样本总数；p 为实验设计的所有处理的组数。

⑦统计量 t_j 的 Dunnett 检验比对

若污染物某处理组的统计量 t_j 大于 Dunnett 检验临界值 t（α，p，df）$=t$（0.05，12，26）=2.98，则达到了显著性差异，该处理组浓度可认为是污染物的 NOEC 值。

（3）基于组合指数 CI 表征混合物的相互作用

基于单一物质和混合物的浓度-效应表征结果，利用 Logit 或 Weibull 反函数推算出混合物各组分单独存在产生 x 效应（混合物环境浓度产生的效应）时的浓度 $\mathrm{EC}_{x,i}$ 值，然后将混合物环境浓度 $\mathrm{EC}_{x,\mathrm{Obs}}$（或混合物中各个组分的浓度 c_i）和各组分 $\mathrm{EC}_{x,i}$ 代入混合物组合指数 CI 计算公式［式（5.6）］，即可算得混合物在实际环境浓度下的组合指数 CI 值。

（4）混合物相互作用判断

在实验实测效应下，根据混合物组合指数 CI 值大小，判定混合物是否存在相互作用，当 CI = 1、CI＜ 1 或 CI＞1 时分别表示混合物存在加和作用、协同作用或拮抗作用。

（5）基于不同效应的混合物生态风险评估模型构建

对于加和效应混合物，根据混合物及其各组分的环境实际浓度、半数效应浓度 EC_{50} 和无观测效应浓度 NOEC（若无法推算获得 NOEC，则以预测无效应浓度 PNEC 代替），采用基于浓度加和模型的混合物风险商，预测多种污染物共暴露的生态风险。具体风险商模型为

$$\mathrm{RQ}_{加和}=\sum_{i=1}^{n}\frac{\mathrm{MEC}_i}{\mathrm{NOEC}_i}=\sum_{i=1}^{n}\frac{\mathrm{MEC}_i}{\mathrm{PNEC}_i} \tag{6.12}$$

或

$$\mathrm{RQ}_{\mathrm{mix}}=\frac{\mathrm{MEC}_{\mathrm{mix}}}{\mathrm{NOEC}_{\mathrm{mix}}}=\frac{\mathrm{MEC}_{\mathrm{mix}}}{\mathrm{PNEC}_{\mathrm{mix}}} \tag{6.13}$$

对于协同作用或拮抗作用混合物，直接采用上述浓度加和模型会低估或高估混合物的生态风险。鉴于组合指数 CI 既可定性又能定量表征混合物的相互作用[140]，提出引入组合指数 CI 进行修正浓度加和模型，考虑协同作用或拮抗作用的影响，以提高具有相互作用混合物风险评估的准确性，建立评估新模型为

$$RQ_{CI_{修正}}=(1/CI)\cdot\sum_{i=1}^{n}\frac{MEC_i}{NOEC_i}=(1/CI)\cdot\sum_{i=1}^{n}\frac{MEC_i}{PNEC_i} \tag{6.14}$$

或

$$RQ_{mix}=\frac{MEC_{mix}}{NOEC_{mix}}=\frac{MEC_{mix}}{PNEC_{mix}} \tag{6.15}$$

（6）混合物生态风险评估

基于上述混合物风险商$RQ_{加和}$或$RQ_{CI_{修正}}$的计算结果，若$RQ_{加和}$或$RQ_{CI_{修正}}<0.01$，视为可忽略风险；若$0.01<RQ_{加和}$或$RQ_{CI_{修正}}<0.1$，视为低等风险；若$0.1<RQ_{加和}$或$RQ_{CI_{修正}}<1$，视为中等风险；若$RQ_{加和}$或$RQ_{CI_{修正}}>1$，视为高等风险。

6.4.2 混合物生态风险评估新方法的应用

以 8 组会仙岩溶湿地湖泊水样品中的 OCPs 混合物为例（混合物的组分构成及其浓度比详见表 5.6），详细阐述本节构建的协同作用和拮抗作用的混合污染物生态风险评估方法的应用过程及评估结果。

（1）OCPs 混合物及其组分毒性数据测试与表征

按表 5.6 所示的 OCPs 混合物的组分及其浓度比配制混合物，以斜生四链藻为指示生物，采用微孔板毒性测试方法测试了 8 组 OCPs 混合物及其所含组分的浓度-效应数据，毒性数据的表征结果、拟合参数 α 和斜率参数 β 详见图 5.7 和表 5.7 以及图 5.2 和表 5.1。

（2）推导 OCPs 污染物的 EC_{50}、PNEC（或 NOEC）等毒性数据

基于 Logit 或 Weibull 反函数推导出 8 组 OCPs 混合物及其组分的 EC_{50}，具体结果详见表 5.1 和表 5.7。

基于上述 Dunnett 检验法原理和 Matlab 软件，编制了 NOEC 的计算和判定程序，程序界面如图 6.12 所示。输入 OCPs 混合物或单一组分的浓度-效应数据，运行程序即可判定所设 12 个浓度梯度 OCPs 处理组是否已达到 NOEC 范围。

运算结果显示，8 组 OCPs 混合物均无法获得其 NOEC 值；*p,p'*-DDE、艾氏剂和 α-硫丹对斜生四链藻的 NOEC 值分别为 1.06×10^{-9}、9.21×10^{-10} 和 8.26×10^{-9} mol/L，其余 12 种 OCPs 均无法获得其 NOEC 值。由于 8 组 OCPs 混合物和 12 种 OCPs 无法判定获得 NOEC 值，因此，采用评估因子法推算了与其对应的 PENC 值。8 组 OCPs 混合物对斜生四链藻的 PENC 值如表 6.3 所示，α-HCH、β-HCH、γ-HCH、δ-HCH、七氯、环氧七氯、异狄氏剂、*cis*-氯丹、β-硫丹、*p,p'*-DDD、*p,p'*-DDT 和甲氧滴滴涕对斜生四链藻的 PENC 值分别

为 4.64×10^{-8} mol/L、1.50×10^{-8} mol/L、3.33×10^{-9} mol/L、8.78×10^{-10} mol/L、1.14×10^{-9} mol/L、6.85×10^{-11} mol/L、9.71×10^{-10} mol/L、4.88×10^{-10} mol/L、2.20×10^{-8} mol/L、1.48×10^{-10} mol/L、2.46×10^{-10} mol/L 和 3.14×10^{-10} mol/L。

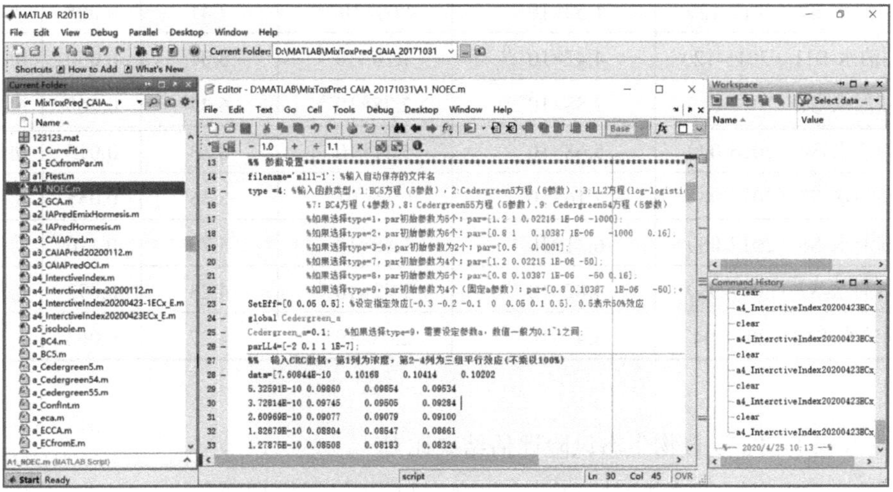

图 6.12　污染物 NOEC 的计算和判定程序界面

（3）计算 OCPs 混合物环境浓度下的组合指数 CI 值及相互作用判断

基于混合物组合指数 CI 计算原理和 Matlab 软件，编制了 Mixture_CI 的计算程序，程序界面如图 6.13 所示。先导入 OCPs 混合物和各单一组分的浓度-效应数据及其拟合参数 α 和斜率参数 β，再输入各组 OCPs 混合物的浓度，运行程序即可算得相应混合物组合指数 CI 值。运算结果显示，8 组 OCPs 混合物的 CI 值在 0.008～0.110 之间，均远小于 1，因此这 8 组 OCPs 混合物均表现为协同作用，具体结果如表 6.3 所示。

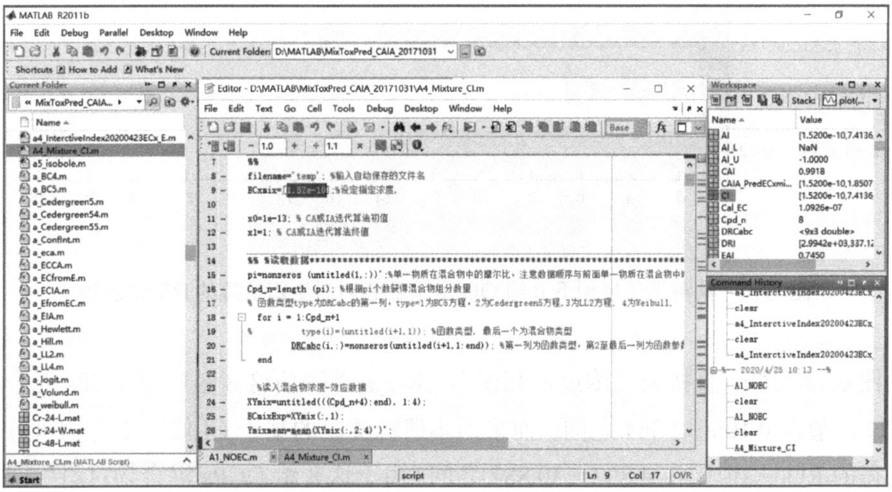

图 6.13　混合物 Mixture_CI 的计算程序界面

表 6.3 湿地湖泊水中 OCPs 混合物对斜生四链藻的联合毒性效应

混合依据	混合物浓度/(mol/L)	PNEC/(mol/L)	抑制效应/%	CI	相互作用类型
湿地湖泊水-S7（2017-12）	1.52×10^{-10}	4.09×10^{-10}	7.41	0.008	协同作用
湿地湖泊水-S11（2015-12）	4.47×10^{-10}	1.10×10^{-8}	5.09	0.050	协同作用
湿地湖泊水-S1（2017-01）	9.88×10^{-10}	2.28×10^{-8}	6.44	0.069	协同作用
湿地湖泊水-S4（2016-04）	5.68×10^{-10}	5.11×10^{-9}	8.83	0.015	协同作用
湿地湖泊水-S8（2017-08）	7.16×10^{-10}	1.92×10^{-10}	8.35	0.055	协同作用
湿地湖泊水-S6（2017-08）	6.41×10^{-10}	7.88×10^{-9}	5.70	0.110	协同作用
湿地湖泊水-S7（2017-08）	4.82×10^{-10}	1.42×10^{-9}	4.23	0.093	协同作用
湿地湖泊水-S12（2016-04）	3.49×10^{-10}	2.48×10^{-8}	4.27	0.064	协同作用

（4）8 组 OCPs 混合物生态风险评估结果比对

采用基于浓度加和模型和新建立的浓度加和 CI 修正模型两种评估方法，分别对会仙岩溶湿地湖泊水的 8 组实测 OCPs 混合物进行生态风险评估，评估结果如图 6.14 所示。

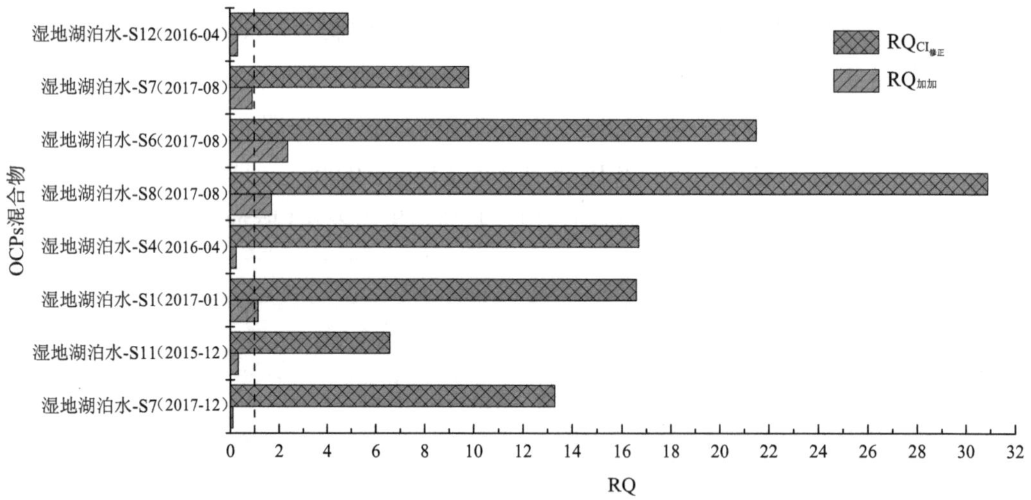

图 6.14 两种评估模型下 8 组 OCPs 混合物对斜生四链藻的 RQ 值差异

由图 6.14 可知，直接采用浓度加和模型（$RQ_{加和}$）评估这 8 组实测 OCPs 混合物的风险商 $RQ_{加和}$值在 0.106～2.364 之间；而采用本研究提出的基于 CI 修正混合物风险商模型评估获得的 $RQ_{CI_{修正}}$值则在 4.892～30.887 之间。由于这 8 组 OCPs 混合物对斜生四链藻均产生了较强烈的协同作用，故经 CI 因子修正后所得的 $RQ_{CI_{修正}}$值均远大于传统加和模型评

估所得的 $RQ_{加和}$值，并且均远大于 1，对生态环境具有高等风险；而原加和模型评估则认为湿地湖泊水-S12（2016-04）、湿地湖泊水-S7（2017-08）、湿地湖泊水-S4（2016-04）、湿地湖泊水-S11（2015-12）和湿地湖泊水-S7（2017-12）等 5 组 OCPs 混合物对生态环境仅产生中等风险，明显低估了混合物的实际风险。因此，生态风险评估模型引入可定性定量表征混合物相互作用的 CI 参数后，充分考虑了混合物之间的协同作用或拮抗作用，能更准确地反映出实际环境中多元混合物的生态风险等级，有利于环境混合污染物的精准防控。

6.5 有机氯农药及其混合物的健康风险评估

地下水是会仙岩溶湿地区域村庄村民的日常生活用水，因此，地下水中的 OCPs 可通过饮水方式进入人体，引发健康风险。为查明直接饮用地下水情况下，地下水中残留的 OCPs 是否会对当地居民健康造成危害，本研究采用健康风险商模型评价单一 OCPs 及其混合物的健康风险。该风险评估模型已广泛应用于生活饮用水（地下水）中抗生素、PPCPs、人工增甜剂、激素等多种类环境微污染物对人体的健康风险评估研究[239,240,249]。风险商评估方法所需的人体重量（BW）、日常饮水量（DWI）和各种 OCPs 的日均允许摄入量（ADI）等参数从相关数据库和文献中收集，具体参数值如表 6.4 和表 6.5 所示。

表 6.4 不同年龄段人群的平均体重（BW）和日常饮水量（DWI）[250,251]

年龄分组	BW/kg	DWI/（L/d）
1～3 个月	5.6	1.15
3～6 个月	7.2	1.14
6～12 个月	9.4	1.18
1～2 岁	12	0.85
2～3 岁	13.8	0.83
3～6 岁	19	1.16
6～11 岁	36	1.55
11～16 岁	56	1.90
16～21 岁	60.7	1.98
≥21 岁	65	2.04

表 6.5 有机氯农药的日均允许摄入量（ADI）

化合物	ADI/［μg/（kg·d）］	ADI 值的数据来源
α-HCH	0.3	[58]
β-HCH	0.3	[58]
δ-HCH	0.3	[58]
p,p′-DDE	10	[58]
p,p′-DDD	10	[58]
γ-HCH	3	http://sitem.herts.ac.uk/aeru/iupac/ index.htm
七氯	0.1	http://sitem.herts.ac.uk/aeru/iupac/ index.htm
环氧七氯	0.1	http://apps.who.int/pesticide-residues-jmpr-database
艾氏剂	0.1	http://sitem.herts.ac.uk/aeru/iupac/ index.htm
异狄氏剂	0.2	http://sitem.herts.ac.uk/aeru/iupac/ index.htm
cis-氯丹	0.5	http://apps.who.int/pesticide-residues-jmpr-database
α-硫丹	6	http://apps.who.int/pesticide-residues-jmpr-database
β-硫丹	6	http://apps.who.int/pesticide-residues-jmpr-database
p,p′-DDT	10	http://apps.who.int/pesticide-residues-jmpr-database
甲氧滴滴涕	100	http://sitem.herts.ac.uk/aeru/iupac/ index.htm

为了更加切合日常生活实际情况，以会仙岩溶湿地地下水中每一种 OCPs 的平均浓度和最大浓度来计算相应的 $DWEL_i$ 及 RQ_i，并基于单一 OCPs 的风险商 RQ_i，按直接叠加求和的方式计算 OCPs 混合物的风险商 RQ_{mix}，进而评估地下水中 OCPs 混合物的健康风险。在会仙岩溶湿地地下水 OCPs 的平均浓度和最大浓度水平下，单一组分及其混合物对不同年龄人群的健康风险评估结果分别如图 6.15 和图 6.16 所示。

从图 6.15 中可以看出，在地下水中 OCPs 平均浓度水平下，15 种 OCPs 的 RQ_{mix} 值在 0.007 2～0.047 2 之间。15 种 OCPs 中 β-HCH 对各类人群的健康风险最大（RQ 值在 0.002 3～0.015 3 之间），其次是七氯（RQ 值为 0.001 9～ 0.012 8），随后依次为 δ-HCH（RQ 值为 0.000 8～0.005 2）、环氧七氯（RQ 值为 0.000 8～0.005 0）、α-HCH（RQ 值为 0.000 5～ 0.003 5）和艾氏剂（RQ 值为 0.000 5～0.003 1），其余 9 种 OCPs 的健康风险均较低。

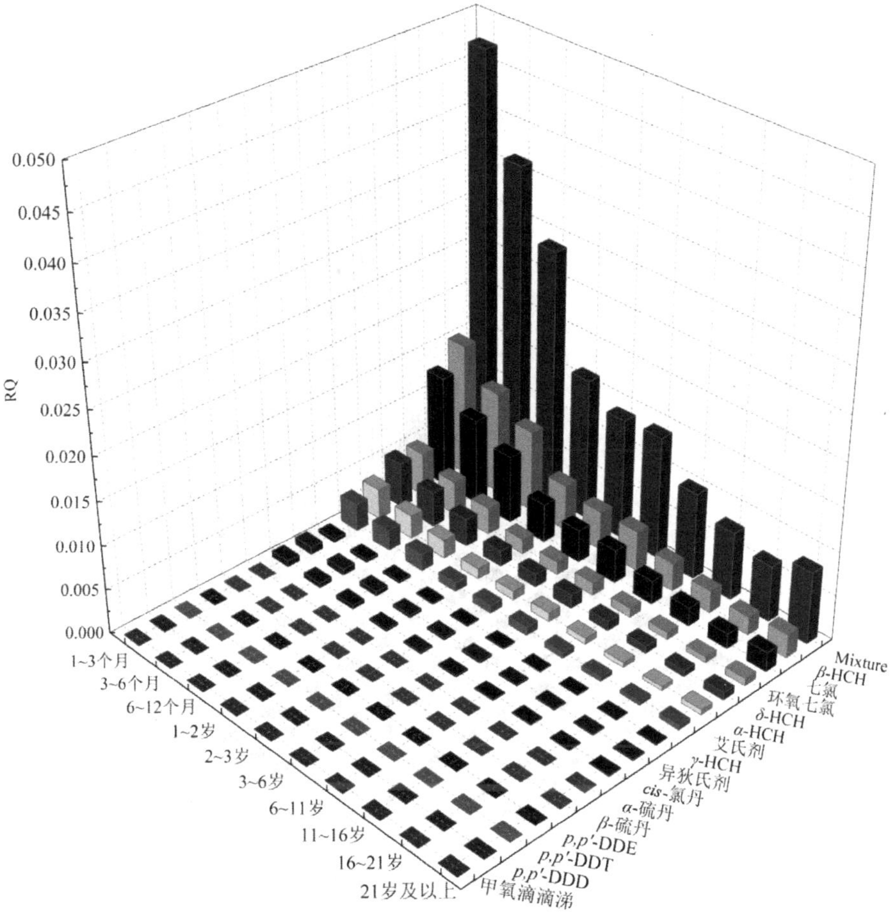

图 6.15　会仙岩溶湿地地下水中 OCPs 平均浓度水平下单一组分及其混合物对不同人群的健康风险

从图 6.16 中可以看出，在地下水中 OCPs 最大浓度水平下，15 种 OCPs 的 RQ_{mix} 值在 0.041 4～0.270 8 之间。15 种 OCPs 中七氯对各类人群的健康风险最大（RQ 值为 0.012 4～ 0.080 9），其次是环氧七氯（RQ 值为 0.009 9～0.065 0），随后依次为 *β*-HCH（RQ 值为 0.008 6～0.056 0）、*δ*-HCH（RQ 值为 0.003 2～0.021 1）、*α*-HCH（RQ 值为 0.003 2～0.020 7）和艾氏剂（RQ 值为 0.001 9～0.012 5），其余 9 种 OCPs 的健康风险均较低。

综观图 6.15 和图 6.16 可知，在地下水中 OCPs 的平均浓度和最大浓度水平下，OCPs 单一组分和 15 种混合物对不同年龄段人群的健康风险商值均远小于 1，总体上表现为随人群年龄增大 RQ 值呈下降趋势，其中对 1～3 个月的婴儿产生的健康风险最高，而对 16～21 岁的人群产生的健康风险最低。因此，会仙岩溶湿地村庄地下水中 OCPs 对该区域不同年龄段人群均不会产生明显的健康风险，但在地下水中 OCPs 最大浓度时，OCPs 混合物对 6 个月以下婴幼儿的健康风险商 RQ_{mix} 值大于 0.2，需引起关注。

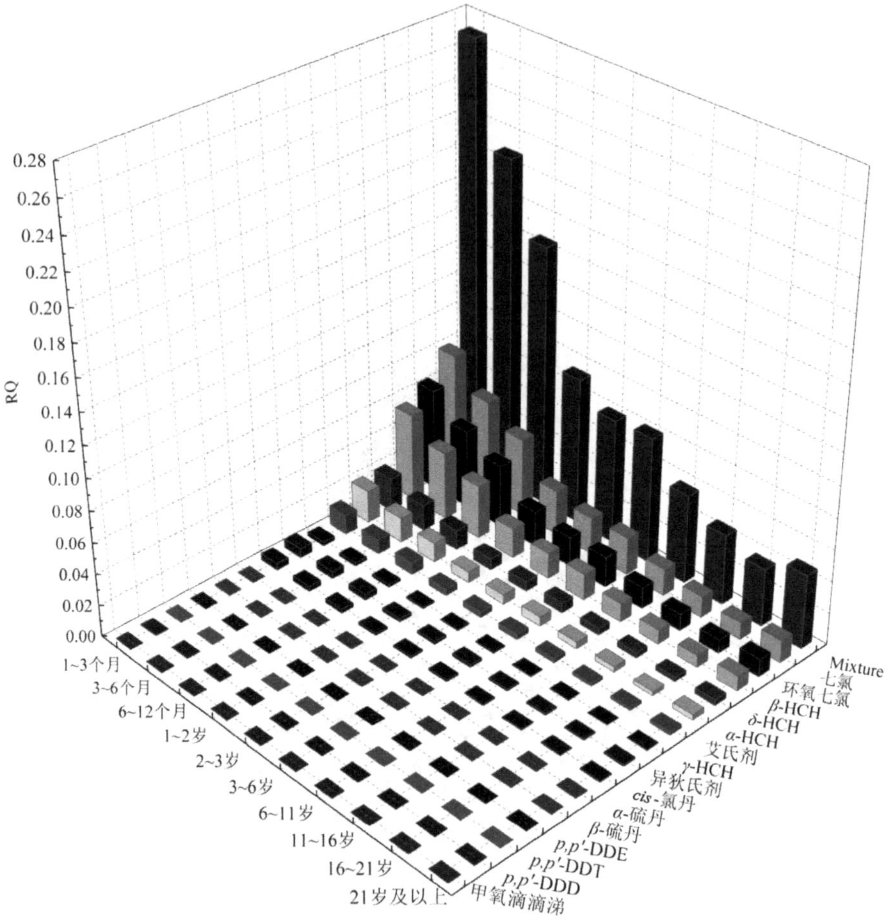

图 6.16 会仙岩溶湿地地下水中 OCPs 最大浓度水平下单一组分及其混合物对不同人群的健康风险

6.6 小 结

本章根据会仙岩溶湿地水体和湖泊沉积物中 OCPs 的残留水平，采用风险商值、沉积物风险评估值和质量基准值，评估了会仙岩溶湿地 OCPs 单一组分及其混合物的生态风险和地下水的饮用健康风险。取得的主要研究结论如下：

（1）各种 OCPs 对斜生四链藻、大型溞和鱼类 3 种不同营养级水生生物的 RQ 值存在明显差异，说明各种水生指示生物对同一种 OCPs 的敏感性有较大区别，大部分 OCPs 对鱼类和大型溞的敏感性明显高于斜生四链藻。

（2）会仙岩溶湿地湖泊水、沟渠水和地下水中除 *α*-HCH、*β*-HCH、*δ*-HCH 和 *cis*-氯丹等 4 种单一 OCPs 的生态风险较低外，其余 11 种 OCPs 均表现出中高等级的生态风险。

会仙岩溶湿地各类水体中不同浓度比的 OCPs 混合物 RQ_{mix} 值均大于 1，因此湿地中残留的 OCPs 混合物对生态系统具有高等生态风险。其中大型溞对 DDTs 类有机氯农药最敏感（其 RQ_{mix} 值＞1 的比例较大），而鱼类除对 DDTs 类有机氯农药的敏感性稍低外，对其余种类 OCPs 的敏感性均较高，对人类的健康风险较高，应重点关注鱼类中 OCPs 的残留特征和食用安全性。各水期会仙岩溶湿地水体中各类 OCPs 混合物均呈现为高等级的生态风险，而丰水期产生的风险更大。

（3）基于沉积物风险评估值和质量基准值的评估结果显示，会仙岩溶湿地湖泊表层沉积物中 γ-HCH、环氧七氯、七氯和 p,p'-DDT 等多种 OCPs 对湿地底栖生物均具有高等毒性效应。不同种类的 OCPs 在不同水期的生态风险可能会发生变化，其中各水期沉积物中 γ-HCH、p,p'-DDT 和七氯均具有高等生态风险，环氧七氯在枯水期的生态风险最高。

（4）运用新建的基于 CI 修正混合物风险商（$RQ_{CI\,修正}$）模型，对会仙岩溶湿地湖泊水中 8 组实测 OCPs 混合物的生态风险评估结果显示，由于引入了相互作用 CI 因子，考虑了这 8 组 OCPs 混合物的协同作用，混合物的 $RQ_{CI\,修正}$值均远大于传统加和模型所得的 $RQ_{加和}$值，说明采用传统加和模型会低估具有协同作用的混合物的生态风险。

（5）采用健康风险商模型对会仙岩溶湿地地下水中单一 OCPs 及其混合物的健康风险评价发现，地下水中残留的 OCPs 无论是平均浓度水平还是最大浓度水平，OCPs 单一组分和 15 种混合物对不同年龄段人群的健康风险商值均远小于 1，因此会仙岩溶湿地地下水中 OCPs 对该地区不同年龄段人群均不会产生明显的健康风险。

第 7 章
结论与展望

7.1 结 论

为阐明会仙岩溶湿地中有机氯农药的残留污染和生态效应，本书采用野外调研和室内实验相结合的方法，于 2015—2017 年系统地研究了湿地环境介质中 OCPs 复合暴露水平、时空分布特征和迁移归宿，利用微孔板毒性分析法测试了 OCPs 单一及混合物毒性效应，基于组合指数法识别了 OCPs 混合物的相互作用，运用风险商和质量基准法评估了会仙岩溶湿地中 OCPs 混合物的生态风险与健康风险，并建立协同作用和拮抗作用的混合物生态风险评估新方法，取得以下主要研究结论：

（1）野外调研采样和室内检测分析研究结果表明，会仙岩溶湿地各环境介质中均可检出 15 种 OCPs，检出率均在 74%以上，其中 β-HCH 检出率为 100%。湖泊水、沟渠水、地下水、沉积物、稻田土壤和水生植物中 ΣOCPs 浓度范围分别为 46.82～305.77 ng/L（平均值为 135.99 ng/L）、77.84～250.65 ng/L（平均值为 147.58 ng/L）、26.01～232.60 ng/L（平均值为 67.27 ng/L）、44.76～345.10 ng/g（平均值为 103.96 ng/g）、57.76～169.76 ng/g（平均值为 96.88 ng/g）和 6.55～100.03 ng/g（平均值为 23.33 ng/g），其中 HCHs、DDTs 和七氯类 OCPs 的浓度和占比均较高，它们是会仙岩溶湿地 OCPs 的主要组分。与国内外其他地区相比，会仙岩溶湿地中 OCPs、HCHs 和 DDTs 的浓度处于中等偏上水平。组分特征分析表明，介质中 HCHs 源于工业 HCHs 和林丹的共同使用，均为早期历史残留；DDTs 主要来源于历史残留，但近期可能有新的输入。

不同介质中的 OCPs 在时间分布上存在明显差异，湖泊水、沟渠水、地下水、沉积物、稻田土壤和水生植物中 ΣOCPs 浓度大小分别呈现为平水期＞丰水期＞春汛期＞枯水期、丰水期＞平水期＞春汛期＞枯水期、平水期＞枯水期＞丰水期＞春汛期、枯水期＞平水期＞丰水期＞春汛期、春汛期＞平水期＞丰水期＞枯水期、枯水期＞丰水期＞春汛期≥平水期。环境介质中 ΣOCPs 的平面空间分布总体均匀，但单一 OCPs 的空间分布并不均匀；垂直分布上，沉积物和稻田土壤中 ΣOCPs 均表现为表层低于下层。

主成分分析（PCA）和多元线性回归（MLRA）分析表明，会仙岩溶湿地湖泊水体和沉积物有机氯农药的关键来源分别为农田面源输入与水相沉降，其相应贡献率分别为 63%和 60%，据 PCA 和 MLRA 计算所得的 OCPs 模拟值与介质实测值呈良好线性，说明该方法较准确地阐释了会仙岩溶湿地环境介质中 OCPs 的来源特征。

（2）对有机氯农药在会仙岩溶湿地系统中迁移和归趋的研究表明，OCPs 在会仙岩溶湿地中的水平迁移路径总体呈现为稻田表层土壤→沟渠水→湿地湖泊水→湿地湖泊沉积物和水生植物。稻田下层土壤中 ∑OCPs 浓度显著高于表层的浓度，说明有机氯农药产生了垂直向下迁移；其中 HCHs 类农药施用进入土壤后，残留在表层土壤的 α-HCH 和 γ-HCH 主要转化为 β-HCH，而迁移至下层后则主要转化为 δ-HCH。受介质理化特性、水分运动和自身理化特性等因素的影响，各种 OCPs 的迁移能力有明显区别，HCHs 呈现为全水期的持续高浓度迁移，而其他种类的 OCPs 则表现为丰水期的爆发式高浓度迁移。采用介质逸度模型分析了 OCPs 在水体和沉积物两相间的交换规律，所有样次和样点 OCPs 两相间的逸度系数均小于 0.5，表明会仙岩溶湿地湖泊水中 OCPs 持续向沉积物相沉积，沉积物是会仙岩溶湿地 OCPs 的主要归宿。会仙岩溶湿地地下水中 OCPs 浓度明显高于其他非岩溶区，说明岩溶区 OCPs 更容易迁移进入浅层地下水。

（3）基于会仙岩溶湿地中 OCPs 的暴露特征，采用微孔板毒性分析法研究了 15 种单一 OCPs 和 44 组混合体系的毒性效应，结果显示，DDTs 类农药对斜生四链藻的毒性明显大于 HCHs 类农药，而混合物的毒性并不完全依赖混合物的浓度，还受混合物组分的 p_i 值及组分间的相互作用影响。几乎所有混合体系混合物的组合指数 CI 值均远小于 1，混合物呈现较强的协同作用；分析混合体系中 OCPs 各组分的 TU_i 值发现，对各混合体系毒性效应贡献的关键组分并不相同，其中出现频率最高的组分为 β-HCH 和环氧七氯。

（4）以斜生四链藻、大型溞和鱼类 3 种不同营养级水生生物为指示生物，采用风险商值法评估了会仙岩溶湿地水体中 OCPs 单一组分及其混合物的生态风险。结果表明，会仙岩溶湿地水体中多数 OCPs 的 RQ 值大于 1 的比例达到 30%及以上，具有中高等水平的生态风险。水体不同浓度比的 OCPs 混合物风险商 RQ_{mix} 值均大于 1，呈现为高等水平的生态风险，其中大型溞对 DDTs 类有机氯农药最敏感，而鱼类则对 DDTs 类以外的有机氯农药更敏感，因此需谨防水体中 OCPs 通过鱼类富集而威胁人体健康风险。不同水期会仙岩溶湿地水体中 OCPs 混合物均具有高等生态风险，丰水期产生的风险最大。基于沉积物风险评估值和质量基准值的评估结果显示，沉积物中 γ-HCH、环氧七氯、七氯、p,p'-DDT 等多种 OCPs 浓度值高于相应 ERM 值或 PEL 值的比例占 46%以上，它们对底栖生物具有高毒性效应。各水期沉积物中 γ-HCH、p,p'-DDT 和七氯均可产生高等生态风险。对会仙岩溶湿地湖泊水 8 组实测 OCPs 混合物的评估结果显示，建立的浓度加和 CI 修正模型（$RQ_{CI\,修正}$）解决了传统评估模型无法准确评估具有协同作用的 OCPs

混合物生态风险的问题。

（5）基于健康风险商模型评估结果显示，地下水 15 种 OCPs 的单一组分 RQ_i 值和混合物 RQ_{mix} 值均随着人群年龄的增大呈现下降趋势，其中对 1～3 个月婴儿产生的健康风险最高，而对 16～21 岁人群产生的健康风险最低。地下水中残留的 OCPs 即使在最大浓度水平下，OCPs 单一组分和 15 种混合物对不同年龄段人群的健康风险商值均远小于 1，因此会仙岩溶湿地地下水中 OCPs 对该区域人群的健康风险处于可接受水平。

7.2 展 望

会仙岩溶湿地是一个多介质、多界面的复杂生态系统，有机氯农药施用进入湿地系统后，会在环境介质间和界面间进行动态的分配、迁移、转化等一系列复杂的环境化学过程。本书通过野外调研和取样研究了有机氯农药在湿地水体、沉积物、稻田土壤和水生植物中的残留特征及迁移转化规律，基于室内毒性测试实验探讨了有机氯农药及其混合物的生物毒性效应，进而采用风险评估模型预测了会仙岩溶湿地中有机氯农药的潜在风险，取得了一定研究成果，但仍有以下几个方面有待深入研究：

（1）本书调查研究了有机氯农药在会仙岩溶湿地环境介质中的残留水平、时空分布特征和迁移规律，对有机氯农药在环境中分布和迁移的影响因素（如环境介质的理化特性、地表径流强度、环境气候变化以及稻田土层的结构特征）未进行系统研究，掌握这些环境介质特性和区域环境气候特点有助于准确认识有机氯农药在该地区的环境地球化学行为。

（2）在有机氯农药环境介质间的交换方面，本书只探讨了湿地湖泊水-沉积物两相间的交换特征，今后可增加该区域大气中有机氯农药监测以研究大气-土壤界面交换以及大气-水体界面交换，从而系统地查明有机氯农药在会仙岩溶湿地系统中的迁移与归趋行为。

（3）在健康风险评估方面，仅考虑了通过饮用地下水途径摄入 OCPs 可能对当地居民造成的健康风险，今后可进一步研究会仙岩溶湿地稻米、蔬菜和鱼类中有机氯农药的残留水平，综合考虑食物链生物累积放大和多种食物摄入途径，才能更准确地评估该区域有机氯农药对人类的健康风险。

参考文献

[1] 刘鹏宇，李宗硕，常青，等. 改性凹凸棒土及粉末活性炭助凝聚硅硫酸铝消除微污染水中有机氯[J]. 环境科学学报，2014，34（1）：85-90.

[2] Hu Y，Yuan L，Qi S，et al. Contamination of organochlorine pesticides in water and sediments from a waterbird-inhabited lake，East Central China[J]. Environmental Science and Pollution Research，2014，21（15）：9376-9384.

[3] 联合国环境规划署. 关于持久性有机污染物的斯德哥尔摩公约[R]. 瑞典斯德哥尔摩:《斯德哥尔摩公约》秘书处，2017.

[4] Shi J，Li P，Li Y，et al. Polychlorinated biphenyls and organochlorine pesticides in surface sediments from Shantou Bay，China：Sources，seasonal variations and inventories[J]. Marine Pollution Bulletin，2016，113（1-2）：585-591.

[5] Shunthirasingham C，Gawor A，Hung H，et al. Atmospheric concentrations and loadings of organochlorine pesticides and polychlorinated biphenyls in the Canadian Great Lakes Basin（GLB）：Spatial and temporal analysis（1992-2012）[J]. Environmental Pollution，2016，217：124-133.

[6] Byrne S，Miller P，Waghiyi V，et al. Persistent organochlorine pesticide exposure related to a formerly used defense site on St. Lawrence Island，Alaska：Data from sentinel fish and human sera[J]. Journal of Toxicology and Environmental Health. Part A，2015，78（15）：976-992.

[7] Nahar N，Shoeb M，Latifa G A，et al. Organochlorine pesticide residues in different fishes and shell fishes collected from the flood plains of Sonargaon upazila，Bangladesh[J]. Bangladesh Journal of Zoology，2019，47（1）：137-148.

[8] Raslan A A，Elbadry S，Darwish W S. Estimation and human health risk assessment of organochlorine pesticides in raw milk marketed in Zagazig City，Egypt[J]. Journal of Toxicology，2018：3821797.

[9] Mahmood A，Malik R N，Li J，et al. Human health risk assessment and dietary intake of organochlorine pesticides through air，soil and food crops（wheat and rice） along two tributaries of river Chenab，Pakistan[J]. Food and Chemical Toxicology，2014，71：17-25.

[10] Bempah C K，Agyekum A A，Akuamoa F，et al. Dietary exposure to chlorinated pesticide residues in

fruits and vegetables from Ghanaian markets[J]. Journal of Food Composition and Analysis，2016，46：103-113.

[11] Sun J，Pan L，Tsang D C W，et al. Phthalate esters and organochlorine pesticides in agricultural soils and vegetables from fast-growing regions：a case study from eastern China[J]. Environmental Science and Pollution Research，2018，25（1）：34-42.

[12] Baqar M，Sadef Y，Ahmad S R，et al. Organochlorine pesticides across the tributaries of River Ravi，Pakistan：Human health risk assessment through dermal exposure，ecological risks，source fingerprints and spatio-temporal distribution[J]. Science of the Total Environment，2018，618：291-305.

[13] 王彬，米娟，潘学军，等. 我国部分水体及沉积物中有机氯农药的污染状况[J]. 昆明理工大学学报（理工版），2010，35（3）：93-99.

[14] 亓学奎，马召辉，王英，等. 有机氯农药在太湖水体-沉积物中的交换特征[J]. 生态环境学报，2014，23（12）：1958-1963.

[15] Zhao Z，Zhang L，Wu J，et al. Distribution and bioaccumulation of organochlorine pesticides in surface sediments and benthic organisms from Taihu Lake，China[J]. Chemosphere，2009，77（9）：1191-1198.

[16] 吴应科，莫源富，邹胜章. 桂林会仙岩溶湿地的生态问题及其保护对策[J]. 中国岩溶，2006，25（1）：85-88.

[17] 蔡德所，马祖陆，赵湘桂，等. 桂林会仙岩溶湿地近40年演变的遥感监测[J]. 广西师范大学学报（自然科学版），2009，27（2）：111-117.

[18] 吴协保. 桂林会仙喀斯特湿地资源现状与保护恢复[J]. 湿地科学与管理，2014，10（2）：20-22.

[19] 靳振江，程亚平，李强，等. 会仙喀斯特溶洞湿地、稻田和旱田土壤有机碳含量及其与养分的关系[J]. 湿地科学与管理，2014，12（4）：485-490.

[20] 邵亚，蔡崇法，赵悦，等. 桂林会仙湿地沉积物中磷形态及分布特征[J]. 环境工程学报，2014，8（12）：5311-5317.

[21] 章程，汪进良，谢运球，等. 桂林会仙岩溶湿地水化学昼夜动态变化及其影响因素[J]. 地质论评，2013，59（6）：1235-1241.

[22] 黄健，胡祎祥，黄亮亮，等. 广西会仙湿地鱼类多样性[J]. 湿地科学，2017，15（2）：256-262.

[23] 徐广平，王静，黄玉清，等. 桂林会仙岩溶湿地不同富营养化水体水葫芦营养成分研究[J]. 中国农学通报，2012，28（26）：262-266.

[24] 李路祥，李金城，韦春满，等. 广西会仙湿地水质现状分析与评价[J]. 桂林理工大学学报，2019，39（3）：693-699.

[25] 马祖陆，蔡德所，蒋忠诚. 岩溶湿地分类系统研究[J]. 广西师范大学学报（自然科学版），2009，27（2）：101-106.

[26] 刘艺凯，钟广财，唐建辉，等. 胶州湾、套子湾及四十里湾表层沉积物中有机氯农药的含量和分

布特征[J]. 环境科学，2013，34（1）：129-136.

[27] 王向琴，祁士华，邢新丽，等. 川西北至重庆市土壤剖面中有机氯农药的组成特征[J]. 中国环境科学，2008，28（6）：548-551.

[28] Willett K L，Ulrich E M，Hites R A. Differential toxicity and environmental fates of hexachlorocyclohexane isomers[J]. Environmental Science & Technology，1998，32（15）：2197-2207.

[29] 葛冬梅，韩宝平，郑曦. 微山湖水体中有机氯农药的分布及风险评价[J]. 安徽农业科学，2010，38（22）：11987-11989，12024.

[30] 胡英. 水鸟在洪湖湿地有机氯农药生物地球化学循环中的作用[D]. 武汉：中国地质大学，2013.

[31] Meijer S N，Halsall C J，Harner T，et al. Organochlorine pesticide residues in archived UK soil[J]. Environmental Science & Technology，2001，35（10）：1989-1995.

[32] 龚香宜. 有机氯农药在湖泊水体和沉积物中的污染特征及动力学研究[D]. 武汉：中国地质大学，2007.

[33] Jiang Y F，Wang X T，Jia Y，et al. Occurrence，distribution and possible sources of organochlorine pesticides in agricultural soil of Shanghai，China[J]. Journal of Hazardous Materials，2009，170（2-3）：989-997.

[34] 李富根，张文君，王以燕. 硫丹的使用风险和管理动态[J]. 农药，2009，48（7）：542-544.

[35] Tanabe S. Contamination and toxic effects of persistent endocrine disrupters in marine mammals and birds[J]. Marine Pollution Bulletin，2002，45（1-12）：69-77.

[36] Covaci A，Tutdaki M，Tsatsakis A M，et al. Hair analysis：another approach for the assessment of human exposure to selected persistent organochlorine pollutants[J]. Chemosphere，2002，46（3）：413-418.

[37] Cai Q Y，Mo C H，Wu Q T，et al. The status of soil contamination by semivolatile organic chemicals（SVOCs） in China：a review[J]. Science of the Total Environment，2008，389（2-3）：209-224.

[38] Alcock R，Bashkin V，Bisson M，et al. Health risks of persistent organic pollutants from long-range transboundary air pollution[M]. Denmark：World Health Organization，2003.

[39] Rauch A E，Kowalsky S F，Lesar T S，et al. Lindane（Kwell）-induced aplastic anemia[J]. Archives of Internal Medicine，1990，150（11）：2393-2395.

[40] ATSDR. Toxicological profile for alpha-，beta-，gamma，and delta-hexachlorocyclohexane[R]. USA：United States Department of Health & Human Services，2005.

[41] Cox S，Niskar A S，Narayan K M V，et al. Prevalence of self-reported diabetes and exposure to organochlorine pesticides among Mexican Americans：Hispanic health and nutrition examination survey，1982-1984[J]. Environmental Health Perspectives，2007，115（12）：1747-1752.

[42] Freire C，Koifman R J，Sarcinelli P N，et al. Association between serum levels of organochlorine pesticides and sex hormones in adults living in a heavily contaminated area in Brazil[J]. International

Journal of Hygiene and Environmental Health，2014，217（2-3）：370-378.

[43] ATSDR. Public health statement for Aldrin/Dieldrin[R]. USA：United States Department of Health & Human Services，2002.

[44] Bella G D，Licata P，Bruzzese A，et al. Levels and congener pattern of polychlorinated biphenyl and organochlorine pesticide residues in bluefin tuna（*Thunnus thynnus*） from the Straits of Messina（Sicily，Italy）[J]. Environment International，2006，32（6）：705-710.

[45] Carpenter D O. Effects of persistent and bioactive organic pollutants on human health[M]. Hoboken，New Jersey：John Wiley and Sons Ltd. ，2013.

[46] ATSDR. Toxicological profile for chlordane[R]. USA：United States Department of Health and Human Services，United States Public Health Service，Agency for Toxic Substances and Disease Registry，1994.

[47] Goerke H，Weber K，Bornemann H，et al. Increasing levels and biomagnification of persistent organic pollutants（POPs） in Antarctic biota[J]. Marine Pollution Bulletin，2004，48（3-4）：295-302.

[48] 徐甫，周志俊. 硫丹的毒理学研究进展[J]. 环境与职业医学，2011，28（5）：319-321.

[49] Voldner E C，Li Y F. Global usage of selected persistent organochlorines[J]. Science of the Total Environment，1995，160-161：201-210.

[50] Li Y F. Global technical hexachlorocyclohexane usage and its contamination consequences in the environment：from 1948 to 1997[J]. Science of the Total Environment，1999，232（3）：121-158.

[51] Bidleman T F，Leone A D. Soil-air exchange of organochlorine pesticides in the Southern United States[J]. Environmental Pollution，2004，128（1-2）：49-57.

[52] Thiombane M，Petrik A，Di Bonito M，et al. Status，sources and contamination levels of organochlorine pesticide residues in urban and agricultural areas：a preliminary review in central-southern Italian soils[J]. Environmental Science and Pollution Research，2018，25（26）：26361-26382.

[53] Núñez-Gastélum J A，Hernández-Carreón S，Delgado-Ríos M，et al. Study of organochlorine pesticides and heavy metals in soils of the Juarez valley：an important agricultural region between Mexico and the USA[J]. Environmental Science and Pollution Research，2019，26（36）：36401-36409.

[54] Sharip Z，Hashim N，Suratman S. Occurrence of organochlorine pesticides in a tropical lake basin[J]. Environmental Monitoring and Assessment，2017，189（11）：560.

[55] Lupi L，Bedmar F，Wunderlin D A，et al. Levels of organochlorine pesticides in soils，mesofauna and streamwater from an agricultural watershed in Argentina[J]. Environmental Earth Sciences，2019，78（18）：569.

[56] Buah-Kwofie A，Humphries M S. The distribution of organochlorine pesticides in sediments from iSimangaliso Wetland Park：ecological risks and implications for conservation in a biodiversity hotspot[J]. Environmental Pollution，2017，229：715-723.

[57] Buah-Kwofie A，Humphries M S，Pillay L. Bioaccumulation and risk assessment of organochlorine pesticides in fish from a global biodiversity hotspot：iSimangaliso Wetland Park，South Africa[J]. Science of the Total Environment，2018，621：273-281.

[58] Buah-Kwofie A，Humphries M S，Pillay L. Dietary exposure and risk assessment of organochlorine pesticide residues in rural communities living within catchment areas of iSimangaliso World Heritage Site，South Africa[J]. Environmental Science and Pollution Research，2019，26（17）：17774-17786.

[59] Chaza C，Sopheak N，Mariam H，et al. Assessment of pesticide contamination in Akkar groundwater，northern Lebanon[J]. Environmental Science and Pollution Research，2018，25（15）：14302-14312.

[60] Samidurai J，Subramanian M，Venugopal D. Levels of organochlorine pesticide residues in fresh water fishes of three bird sanctuaries in Tamil Nadu，India[J]. Environmental Science and Pollution Research，2019，26（2）：1983-1993.

[61] 赵玲，滕应，骆永明. 我国有机氯农药场地污染现状与修复技术研究进展[J]. 土壤，2018，50（3）：435-445.

[62] 王会霞，马玉龙，李光耀，等. 黄河流域有机氯农药的浓度水平及污染特征[J]. 环境科学与技术，2017，40（11）：160-166.

[63] 蒋豫，魏永军，蔡永久，等. 太湖流域沉积物中有机氯农药空间分布特征及风险评价[J]. 长江流域资源与环境，2019，28（2）：387-395.

[64] 梁玉兰. 九龙江流域农田土壤有机氯农药残留污染特征[J]. 水生态学杂志，2019，40（1）：71-78.

[65] 刘佳，丁洋，祁士华，等. 韩江流域土壤中有机氯农药的特征分布[J]. 环境科学，2018，39（11）：5127-5134.

[66] 沈贝贝，吴敬禄，赵中华，等. 新疆开都河流域不同环境介质中的有机氯农药和多环芳烃残留及分布特征[J]. 矿物岩石地球化学通报，2016，35（4）：646-652.

[67] Wang Y，Zhang S，Cui W，et al. Polycyclic aromatic hydrocarbons and organochlorine pesticides in surface water from the Yongding River basin，China：Seasonal distribution，source apportionment，and potential risk assessment[J]. Science of the Total Environment，2018，618：419-429.

[68] 徐昕，孙玉川，王鹏，等. 岩溶区不同水体有机氯农药对比研究[J]. 中国环境科学，2013，33（9）：1630-1637.

[69] 徐昕，孙玉川，Alam M J. 重庆老龙洞地下河流域水体有机氯农药污染及来源初步研究[J]. 中国岩溶，2013，32（2）：189-194.

[70] 谢正兰，孙玉川，张媚，等. 岩溶地下河流域表层土壤有机氯农药分布特征及来源分析[J]. 环境科学，2016，37（3）：900-909.

[71] 师阳，孙玉川，徐昕，等. 重庆老龙洞地下河不同部位水体、表层沉积物有机氯农药含量及组成研究[J]. 中国岩溶，2014，33（2）：238-247.

[72] 张俊鹏，祁士华，胡英，等. 岩溶地下河水体中有机氯农药研究[J]. 科技通报，2012，28（4）：223-225.

[73] 付允，孙玉川，毛海红，等. 地下河流域土壤中有机氯农药分布及来源分析[J]. 中国环境科学，2012，32（3）：517-522.

[74] 贾晓青，王慧婷，周宏. 岩溶农业区水环境中有机氯农药和多环芳烃的分布特征研究[J]. 安全与环境工程，2018，25（3）：61-66.

[75] 肖春艳，邰超，赵同谦，等. 黄河湿地孟津段水体及沉积物中有机氯农药的分布特征[J]. 环境科学，2009，30（6）：1614-1620.

[76] 马楠. 西溪湿地国家公园地表水中有机氯农药残留特征及风险评价[J]. 江苏农业科学，2012，40（6）：363-365.

[77] 黄芳，马楠，王建新. 西溪湿地底泥中有机氯农药分布特征及风险评价[J]. 环境污染与防治，2011，33（11）：63-66，71.

[78] 盖楠，潘静，陈大舟，等. 若尔盖高原湿地地表水与大气湿沉降中有机氯农药和多氯联苯研究[J]. 中国环境科学，2014，34（4）：996-1003.

[79] Yuan L X，Qi S H，Wu X G，et al. Spatial and temporal variations of organochlorine pesticides（OCPs）in water and sediments from Honghu Lake，China[J]. Journal of Geochemical Exploration，2013，132：181-187.

[80] 胡英，祁士华，袁林喜. 洪湖湿地水鸟肝脏中有机氯农药的分布[J]. 中国环境科学，2014，34（8）：2140-2147.

[81] Guo W，Zhang H Y，Huo S L. Organochlorine pesticides in aquatic hydrophyte tissues and surrounding sediments in Baiyangdian wetland，China[J]. Ecological Engineering，2014，67：150-155.

[82] Liu G，Li J，Yin L，et al. Distribution characteristics of organochlorine pesticides in surface and vertical sediments from the Zha Long Wetland，China[J]. Environmental Science and Pollution Research，2012，19（7）：2681-2689.

[83] Zhi H，Zhao Z，Zhang L. The fate of polycyclic aromatic hydrocarbons（PAHs）and organochlorine pesticides（OCPs） in water from Poyang Lake，the largest freshwater lake in China[J]. Chemosphere，2015，119：1134-1140.

[84] Liu Q，Tian S，Jia R，et al. Pollution characteristics and ecological risk assessment of HCHs and DDTs in estuary wetland sediments from the Bohai Bay，North China[J]. Environmental Science and Pollution Research，2017，24（35）：26967-26973.

[85] 丁洋，黄焕芳，李绘，等. 广州南沙红树林湿地水体和沉积物中有机氯农药的残留特征[J]. 环境科学，2017，38（4）：1431-1441.

[86] 马玉霞，虞敏达，唐含英，等. 冀中典型农业区农作物中有机氯农药的生物富集特征与健康风险

评价[J]. 环境污染与防治，2017，39（2）：147-154，158.

[87] 孟媛，刘翠翠，仇雁翎，等. 上海市稻米中有机氯农药残留水平及健康风险评价[J]. 环境科学，2018，39（2）：927-934.

[88] 胡春华，周文斌，肖化云，等. 环鄱阳湖区蔬菜中有机氯农药的分布特征与健康风险评价[J]. 长江蔬菜，2010（16）：68-72.

[89] 阚可聪，谷孝鸿，李红敏，等. 固城湖及出入湖河道表层水体、沉积物和鱼体中有机氯农药分布及风险评估[J]. 环境科学，2020，41（3）：1346-1356.

[90] 王薇，李清波，王晨祥，等. 辽东半岛海域鱼贝中有机氯农药残留及其风险评估[J]. 生态毒理学报，2015，10（3）：135-143.

[91] 张小辉，贾海燕，祁士华，等. 汉江水体和鱼体内有机氯农药残留水平及积累特征分析[J]. 安全与环境工程，2014，21（2）：40-45.

[92] 张敏，张涛，郜志云，等. 保安湖鱼体重金属和有机氯农药污染特征及健康风险评价[J]. 生态毒理学报，2018，13（6）：288-297.

[93] 张春辉，吴永贵，杨少博，等. 广东沿海 3 种食用鱼中有机氯农药的残留特征及风险评价[J]. 贵州农业科学，2015，43（11）：174-178.

[94] 张可欣，劳齐斌，汤清清，等. 泉州湾食用鱼中有机氯农药和多氯联苯污染状况与食用安全性的研究[J]. 海洋环境科学，2019，38（3）：413-419.

[95] Zhang G，Li J，Cheng H，et al. Distribution of organochlorine pesticides in the northern South China Sea：implications for land outflow and air-sea exchange[J]. Environmental Science Technology，2007，41（11）：3884-3890.

[96] Khairy M，Muir D，Teixeira C，et al. Spatial trends，sources，and air-water exchange of organochlorine pesticides in the Great Lakes basin using low density polyethylene passive samplers[J]. Environmental Science & Technology，2014，48（16）：9315-9324.

[97] Ruge B Z，Muir D，Helm P，et al. Concentrations，trends，and air-water exchange of PCBs and organochlorine pesticides derived from passive samplers in Lake Superior in 2011[J]. Environmental Science & Technology，2018，52（24）：14061-14069.

[98] Bigot M，Muir D C，Hawker D W，et al. Air-seawater exchange of organochlorine pesticides in the Southern Ocean between Australia and Antarctica[J]. Environmental Science & Technology，2016，50（15）：8001-8009.

[99] Khuman S N，Chakraborty P. Air-water exchange of pesticidal persistent organic pollutants in the lower stretch of the transboundary river Ganga，India[J]. Chemosphere，2019，233：966-974.

[100] Zhan L，Lin T，Wang Z，et al. Occurrence and air-soil exchange of organochlorine pesticides and polychlorinated biphenyls at a CAWNET background site in central China：Implications for influencing

factors and fate[J]. Chemosphere，2017，186：475-487.

[101] Wang C，Wang X，Ren J，et al. Using a passive air sampler to monitor air-soil exchange of organochlorine pesticides in the pasture of the central Tibetan Plateau[J]. Science of the Total Environment，2017，580：958-965.

[102] Fang Y，Nie Z，Die Q，et al. Organochlorine pesticides in soil and air at and around a compound contaminated site：vertical distribution，soil–air exchange and risk evaluation[J]. Stochastic Environmental Research and Risk Assessment，2017，32（4）：1179-1188.

[103] Wang S Q，Wu X G，Zou J L，et al. Survey of organochlorine pesticides in the atmosphere and soil of two typical landforms of Southern Anhui Province，China：Sources and air-soil exchange[J]. Atmospheric Pollution Research，2017，8（4）：619-627.

[104] Qu C，Albanese S，Li J，et al. Organochlorine pesticides in the soils from Benevento provincial territory，southern Italy：Spatial distribution，air-soil exchange，and implications for environmental health[J]. Science of the Total Environment，2019，674：159-170.

[105] Bajwa A，Ali U，Mahmood A，et al. Organochlorine pesticides（OCPs） in the Indus River catchment area，Pakistan：Status，soil-air exchange and black carbon mediated distribution[J]. Chemosphere，2016，152：292-300.

[106] 戴国华，刘新会. 影响沉积物-水界面持久性有机污染物迁移行为的因素研究[J]. 环境化学，2011，30（1）：224-230.

[107] Kumar R，Mukherji S. Threat posed by persistent organochlorine pesticides and their mobility in the environment[J]. Current Organic Chemistry，2018，22（10）：954-972.

[108] Dai G，Liu X，Liang G，et al. Evaluating the sediment-water exchange of hexachlorocyclohexanes（HCHs）in a major lake in North China[J]. Environmental Science Processes & Impacts，2013，15（2）：423-432.

[109] Liu J，Qi S，Yao J，et al. Contamination characteristics of organochlorine pesticides in multimatrix sampling of the Hanjiang River Basin，southeast China[J]. Chemosphere，2016，163：35-43.

[110] Ali U，Bajwa A，Iqbal Chaudhry M J，et al. Significance of black carbon in the sediment-water partitioning of organochlorine pesticides（OCPs）in the Indus River，Pakistan[J]. Ecotoxicology and Environmental Safety，2016，126：177-185.

[111] Oliveira A H，Cavalcante R M，Duavi W C，et al. The legacy of organochlorine pesticide usage in a tropical semi-arid region（Jaguaribe River，Ceara，Brazil）：Implications of the influence of sediment parameters on occurrence，distribution and fate[J]. Science of the Total Environment，2016，542：254-263.

[112] Li Q，Zhu T，Qiu X，et al. Evaluating the fate of *p,p'*-DDT in Tianjin，China using a non-steady-state

multimedia fugacity model[J]. Ecotoxicology and Environmental Safety，2006，63（2）：196-203.

[113] 任娇，王小萍，王传飞，等. 青藏高原纳木错流域持久性有机污染物的多介质迁移与归趋模拟[J]. 生态毒理学报，2017，12（3）：170-179.

[114] 高梓闻，徐月，亦如瀚. 典型有机氯农药在珠三角地区多介质环境中的归趋模拟[J]. 环境科学，2018，39（4）：1628-1636.

[115] Heys K A，Shore R F，Pereira M G，et al. Risk assessment of environmental mixture effects[J]. Rsc Advances，2016，6（53）：47844-47857.

[116] Cedergreen N. Quantifying synergy：a systematic review of mixture toxicity studies within environmental toxicology[J]. PLoS One，2014，9（5）：e96580.

[117] Coors A，Frische T. Predicting the aquatic toxicity of commercial pesticide mixtures[J]. Environmental Sciences Europe，2011，23（1）：1-18.

[118] Relyea R A. A cocktail of contaminants：how mixtures of pesticides at low concentrations affect aquatic communities[J]. Oecologia，2009，159（2）：363-376.

[119] Hayes T B，Case P，Chui S，et al. Pesticide mixtures，endocrine disruption，and amphibian declines：are we underestimating the impact？[J]. Environmental Health Perspectives，2006，114（S-1）：40-50.

[120] Relyea R A. Growth and survival of five amphibian species exposed to combinations of pesticides[J]. Environmental Toxicology and Chemistry，2004，23（7）：1737-1742.

[121] Rasmussen J J，Wiberg-Larsen P，Baattrup-Pedersen A，et al. The legacy of pesticide pollution：an overlooked factor in current risk assessments of freshwater systems[J]. Water Research，2015，84：25-32.

[122] Choudhury H，Cogliano J，Hertzberg R，et al. Supplementary guidance for conducting health risk assessment of chemical mixtures[R]. Washington：U. S. Environmental Protection Agency，2000.

[123] Thomas Backhaus H B，Faust M. Hazard and risk assessment of chemical mixtures under REACH - state of the art，gaps and options for improvement[R]. Sweden：Swedish Chemicals Agency，2010.

[124] EFSA. International frameworks dealing with human risk assessment of combined exposure to multiple chemicals[J]. EFSA Journal，2013，11（7）：3313.

[125] Frische T，Matezki S，Wogram J. Environmental risk assessment of pesticide mixtures under regulation 1107/2009/EC：a regulatory review by the German Federal Environment Agency（UBA）[J]. Journal für Verbraucherschutz und Lebensmittelsicherheit volume，2014（9）：377-389.

[126] EPAU. Guidance for health risk assessment of chemical mixtures[R]. Washington：United States Environmental Protection Agency，1986.

[127] Teuschler L K. Deciding which chemical mixtures risk assessment methods work best for what mixtures[J]. Toxicology Applied Pharmacology，2007，223（2）：139-147.

[128] Loewe S，Muischnek H. Effect of combinations：Mathematical basis of problem[J].

Naunyn-Schmiedebergs Archiv für experimentelle Pathologie und Pharmakologie，1926，114：313-326.

[129] Bliss C I. The toxicity of poisons applied jointly[J]. Annals of Applied Biology，1939，26（3）：585-615.

[130] Takakura N，Sanders P，Fessard V，et al. In vitro combined cytotoxic effects of pesticide cocktails simultaneously found in the french diet[J]. Food and Chemical Toxicology，2013，52：153-162.

[131] Smith K E C，Schmidt S N，Dom N，et al. Baseline toxic mixtures of non-toxic chemicals："solubility addition" increases exposure for solid hydrophobic chemicals[J]. Environmental Science & Technology，2013，47（4）：2026-2033.

[132] Schäfer R B，Gerner N，Kefford B J，et al. How to characterize chemical exposure to predict ecologic effects on aquatic communities？[J]. Environmental Science & Technology，2013，47（14）：7996-8004.

[133] Liu S S，Wang C L，Zhang J，et al. Combined toxicity of pesticide mixtures on green algae and photobacteria[J]. Ecotoxicology and Environmental Safety，2013，95（1）：98-103.

[134] Gregorio V，Büchi L，Anneville O，et al. Risk of herbicide mixtures as a key parameter to explain phytoplankton fluctuation in a great lake：the case of Lake Geneva，Switzerland[J]. Ecotoxicology，2012，21（8）：2306-2318.

[135] Mo L Y，Liu S S，Zhu Y N，et al. Combined toxicity of the mixtures of phenol and aniline derivatives to *Vibrio qinghaiensis* sp. -Q67[J]. Bulletin of Environmental Contamination and Toxicology，2011，87（4）：473-479.

[136] Shao Y，Chen Z，Hollert H，et al. Toxicity of 10 organic micropollutants and their mixture：Implications for aquatic risk assessment[J]. Science of the Total Environment，2019，666：1273-1282.

[137] 覃礼堂，刘树深，莫凌云. 改进的整合加和模型 INFCIM 及其应用于混合物毒性预测[J]. 中国环境科学，2014，34（7）：1890-1896.

[138] Reffstrup T K，Larsen J C，Meyer O. Risk assessment of mixtures of pesticides. Current approaches and future strategies[J]. Regulatory Toxicology and Pharmacology，2010，56（2）：174-192.

[139] Cedergreen N，Christensen A M，Kamper A，et al. A review of independent action compared to concentration addition as reference models for mixtures of compounds with different molecular target sites[J]. Environmental Toxicology and Chemistry，2008，27（7）：1621-1632.

[140] Chou T-C. Drug combination studies and their synergy quantification using the Chou-Talalay Method[J].Cancer Research，2010，70（2）：440-446.

[141] 李恺，刘树深，屈锐. 组合指数在环境混合物联合毒性研究中的初步应用[J]. 生态毒理学报，2017，12（3）：62-71.

[142] Gonzdlez-Pleiter M，Gonzalo S，Rodea-Palomares I，et al. Toxicity of five antibiotics and their mixtures towards photosynthetic aquatic organisms：Implications for environmental risk assessment[J]. Water Research，2013，47（6）：2050-2064.

[143] Chen C，Wang Y，Zhao X，et al. Combined toxicity of butachlor，atrazine and λ-cyhalothrin on the earthworm Eisenia fetida by combination index（CI）-isobologram method[J]. Chemosphere，2014，112：393-401.

[144] 沈洪艳，胡小敏. 不同环境介质中污染物生态风险评价方法的国内研究进展[J]. 河北科技大学学报，2018，39（2）：176-182.

[145] 雷炳莉，黄圣彪，王子健. 生态风险评价理论和方法[J]. 化学进展，2009，21（2/3）：350-358.

[146] 来有鹏. 农药生态风险评价述评[J]. 农药科学与管理，2012，33（7）：52-56.

[147] 阳宇翔，刘昕宇，詹志薇，等. 粤桂水源地有机氯农药的污染特征及生态风险[J]. 环境科学，2016，37（6）：2131-2140.

[148] Gustavsson M，Kreuger J，Bundschuh M，et al. Pesticide mixtures in the Swedish streams：Environmental risks，contributions of individual compounds and consequences of single-substance oriented risk mitigation[J]. Science of the Total Environment，2017，598：973-983.

[149] Ogbeide O，Tongo I，Ezemonye L. Risk assessment of agricultural pesticides in water，sediment，and fish from Owan River，Edo State，Nigeria[J]. Environmental Monitoring and Assessment，2015，187（10）：654.

[150] Wang H，Cheng Z，Yuan H，et al. Occurrence of banned and commonly used pesticide residues in concentrated leachate：Implications for ecological risk assessment[J]. Science of the Total Environment，2020，710：136287.

[151] Bai Y，Ruan X，van der Hoek J P. Residues of organochlorine pesticides（OCPs）in aquatic environment and risk assessment along Shaying River，China[J]. Environmental Geochemistry and Health，2018，40（6）：2525-2538.

[152] Tang J，An T，Li G，et al. Spatial distributions，source apportionment and ecological risk of SVOCs in water and sediment from Xijiang River，Pearl River Delta[J]. Environmental Geochemistry and Health，2018，40（5）：1853-1865.

[153] 卫亚宁，潘佳钏，宋玉梅，等. 柘林湾表层沉积物中有机氯农药的分布特征及生态风险评价[J]. 环境科学，2016，37（8）：3007-3016.

[154] 赵明，史廷明，黄希骥，等. 持久性有机污染物健康风险评价研究进展[J]. 中国公共卫生，2015，31（11）：1509-1512.

[155] 席北斗，虞敏达，张媛，等. 华北典型污灌区有机氯农药残留特征及健康风险评价[J]. 生态毒理学报，2016，11（2）：453-464.

[156] 唐访良，张明，徐建芬，等. 钱塘江（杭州段）水中有机氯农药残留污染特征及健康风险评价[J]. 环境科学学报，2015，35（11）：3595-3603.

[157] Huang F，Li Z，Zhang C，et al. Pesticides in the typical agricultural groundwater in Songnen plain，

northeast China：occurrence，spatial distribution and health risks[J]. Environmental Geochemistry and Health，2019，41（6）：2681-2695.

[158] Taiwo A M. A review of environmental and health effects of organochlorine pesticide residues in Africa[J]. Chemosphere，2019，220：1126-1140.

[159] Jorfi S，Atashi Z，Akhbarizadeh R，et al. Distribution and health risk assessment of organochlorine pesticides in agricultural soils of the Aghili plain，Southwest Iran[J]. Environmental Earth Sciences，2019，78：603.

[160] Ali S N，Baqar M，Mumtaz M，et al. Organochlorine pesticides in the surrounding soils of POPs destruction facility：source fingerprinting，human health，and ecological risks assessment[J]. Environmental Science and Pollution Research，2020，27（7）：7328-7340.

[161] Robinson T，Ali U，Mahmood A，et al. Concentrations and patterns of organochlorines（OCs）in various fish species from the Indus River，Pakistan：A human health risk assessment[J]. Science of the Total Environment，2016，541：1232-1242.

[162] Wei L，Yang Y，Li Q X，et al. Composition，distribution，and risk assessment of organochlorine pesticides in drinking water sources in South China[J]. Water Quality，Exposure and Health，2015（7）：89-97.

[163] 陈卫平，彭程伟，杨阳，等. 北京市地下水有机氯和有机磷农药健康风险评价[J]. 环境科学，2018，39（1）：117-122.

[164] 邹胜章，周长松，朱丹尼，等. 科学保护“桂林之肾”：会仙岩溶湿地[J]. 中国矿业，2019，28（S1）：353-357.

[165] 姚高峰. 桂林会仙湿地特征与修复的初步研究[D]. 桂林：桂林工学院，2007.

[166] 栗圆圆. 桂林会仙岩溶湿地水文过程初步研究[D]. 桂林：桂林工学院，2008.

[167] 蔡德所，马祖陆，蒋忠诚，等. 会仙岩溶湿地生态系统研究[M]. 北京：地质出版社，2012.

[168] 韦锋. 桂林会仙喀斯特湿地生物多样性及保护研究[D]. 桂林：广西师范大学，2010.

[169] 临桂县人民政府. 临桂县志. http://lib. gxdfz. org. cn/view-c34-61.html.

[170] 曾鸿鹄，覃如琼，莫凌云，等. 有机氯农药对人体健康毒性研究进展[J]. 桂林理工大学学报，2014，34（3）：549-553.

[171] Pan H，Lei H，He X，et al. Spatial distribution of organochlorine and organophosphorus pesticides in soil-groundwater systems and their associated risks in the middle reaches of the Yangtze River Basin[J]. Environmental Geochemistry and Health，2019，41（4）：1833-1845.

[172] Arikan K，Arikan Z Y，Turan S L. Persistent organochlorine contaminant residues in tissues of hedgehogs from Turkey[J]. Bulletin of Environmental Contamination and Toxicology，2018，100（3）：361-368.

[173] Javedankherad I，Esmaili-Sari A，Bahramifar N. Levels and distribution of organochlorine pesticides and polychlorinated biphenyls in water and sediment from the international Anzali Wetland，north of Iran[J]. Bulletin of Environmental Contamination and Toxicology，2013，90（3）：285-290.

[174] Muzyed S K I，Kucuksezgin F，Tuzmen N. Persistent organochlorine residues in fish and sediments collected from Eastern Aegean coast：Levels，occurrence and ecological risk[J]. Marine Pollution Bulletin，2017，119（2）：247-252.

[175] Witczak A，Pohorylo A，Mituniewicz-Malek A. Assessment of health risk from organochlorine xenobiotics in goat milk for consumers in Poland[J]. Chemosphere，2016，148：395-402.

[176] Shoiful A，Fujita H，Watanabe I，et al. Concentrations of organochlorine pesticides（OCPs） residues in foodstuffs collected from traditional markets in Indonesia[J]. Chemosphere，2013，90（5）：1742-1750.

[177] Esfahani A N，Hassani A H，Farshchi P，et al. Assessment and investigation on the fate of organochlorine pesticides in water and sediments of international Amir-kalaye wetland in north of Iran[J]. Bulletin of Environmental Contamination and Toxicology，2012，88（6）：850-857.

[178] Muralidharan S. Organochlorine residues in the waters of Keoladeo National Park，Bharatpur，Rajasthan[J]. Bulletin of Environmental Contamination and Toxicology，2000，65（1）：35-41.

[179] 郑晓燕，刘咸德，刘文杰，等. 卧龙自然保护区土壤中有机氯农药的浓度水平及来源分析[J]. 科学通报，2009，54（1）：33-40.

[180] 万译文，康天放. 官厅水库沉积物表层中的有机氯农药分布特征及风险评价[J]. 环境监测管理与技术，2012，24（3）：35-40.

[181] 林田，秦延文，张雷，等. 辽宁大伙房水库沉积物中有机氯农药和多氯联苯的分布、来源及风险评价[J]. 环境科学，2011，32（11）：3294-3299.

[182] 王英辉，薛瑞，李杰，等. 漓江桂林市区段表层沉积物有机氯农药分布特征[J]. 中国环境科学，2011，31（8）：1361-1365.

[183] 孙玉川，王永啟，梁作兵，等. 有机氯农药在岩溶区上覆土壤中的垂直迁移特征及对地下水的影响[J]. 环境科学，2015，36（5）：1605-1614.

[184] 龚香宜，孙云雷，何炎志，等. 江汉平原地下水中有机氯农药的残留及分布特征[J]. 地质科技情报，2015，34（1）：210-215.

[185] 黄冠星，孙继朝，汪珊，等. 珠江三角洲地下水有机氯农药分布特征的初探[J]. 农业环境科学学报，2008，27（4）：1471-1475.

[186] Pan H W，Lei H J，He X S，et al. Levels and distributions of organochlorine pesticides in the soil-groundwater system of vegetable planting area in Tianjin City，Northern China[J]. Environmental Geochemistry and Health，2017，39（2）：417-429.

[187] Wu C，Luo Y，Gui T，et al. Concentrations and potential health hazards of organochlorine pesticides in

（shallow） groundwater of Taihu Lake region，China[J]. Science of the Total Environment，2014，470-471：1047-1055.

[188] 韦丽丽，郭芳，王健哲，等. 柳州岩溶地下河水体有机氯农药分布特征[J]. 中国岩溶，2011，30（1）：16-21.

[189] Singh K P，Malik A，Mohan D，et al. Persistent organochlorine pesticide residues in alluvial groundwater aquifers of Gangetic Plains，India[J]. Bulletin of Environmental Contamination and Toxicology，2005，74（1）：162-169.

[190] Masih A，Lal J K，Patel D K. Contamination and exposure profiles of persistent organic pollutants（PAHs and OCPs） in groundwater at a Terai Belt of North India[J]. Water Quality，Exposure and Health，2014，6（4）：187-198.

[191] Grondona S I，Gonzalez M，Martínez D E，et al. Assessment of organochlorine pesticides in phreatic aquifer of pampean region，Argentina[J]. Bulletin of Environmental Contamination and Toxicology，2019，102（4）：544-549.

[192] Sarkar S K，Binelli A，Riva C，et al. Organochlorine pesticide residues in sediment cores of sunderban wetland，northeastern part of Bay of Bengal，India，and their ecotoxicological significance[J]. Archives of Environmental Contamination and Toxicology，2008，55（3）：358-371.

[193] Mishra K，Sharma R C，Kumar S. Contamination profile of DDT and HCH in surface sediments and their spatial distribution from North-East India[J]. Ecotoxicology and Environmental Safety，2013，95：113-122.

[194] 林祖斌，唐莉娜，陈建斌，等. 闽西北水稻土有机氯农药残留特征[J]. 中国农学通报，2013，29（23）：158-160.

[195] 范钊. 黄河流域农田土壤有机氯农药残留污染特征研究[J]. 江苏农业科学，2016，45（5）：414-419.

[196] Teng M，Zhang H J，Fu Q，et al. Irrigation-induced pollution of organochlorine pesticides and polychlorinated biphenyls in paddy field ecosystem of Liaohe River Plain，China[J]. Chinese Science Bulletin，2013，58（15）：1751-1759.

[197] Yu H Y，Li F B，Yu W M，et al. Assessment of organochlorine pesticide contamination in relation to soil properties in the Pearl River Delta，China[J]. Science of the Total Environment，2013，447：160-168.

[198] 胡春华，陈禄禄，李艳红，等. 环鄱阳湖区水稻-土壤有机氯农药污染及健康风险评价[J]. 环境化学，2016，35（2）：355-363.

[199] Sun J，Pan L，Zhan Y，et al. Contamination of phthalate esters，organochlorine pesticides and polybrominated diphenyl ethers in agricultural soils from the Yangtze River Delta of China[J]. Science of the Total Environment，2016，544：670-676.

[200] 刘宝林，李明，董炜华，等. 吉林省中北部农田土壤有机氯农药的残留特征[J]. 吉林大学学报（理

学版），2013，51（6）：1187-1192.

[201] 高晶晶，赵海泉. 巢湖地区农田土壤中有机氯农药的残留及其分布特征[J]. 安徽农业大学学报，2012，39（4）：613-618.

[202] Shahbazi A，Bahramifar N，Smolders E. Elevated concentrations of pesticides and PCBs in soils at the southern caspian sea（Iran）are related to land use[J]. Soil and Sediment Contamination，2012，21（2）：160-175.

[203] Rissato S R，Galhiane M S，Ximenes V F，et al. Organochlorine pesticides and polychlorinated biphenyls in soil and water samples in the Northeastern part of Sao Paulo State，Brazil[J]. Chemosphere，2006，65（11）：1949-1958.

[204] Manz M，Wenzel K D，Dietze U，et al. Persistent organic pollutants in agricultural soils of central Germany[J]. Science of the Total Environment，2001，277（1-3）：187-198.

[205] Mishra K，Sharma R C，Kumar S. Contamination levels and spatial distribution of organochlorine pesticides in soils from India[J]. Ecotoxicology and Environmental Safety，2012，76：215-225.

[206] 黄焕芳. 青藏高原有机氯农药的大气长距离迁移转化研究[D]. 武汉：中国地质大学，2018.

[207] Larsen R K，Baker J E. Source apportionment of polycyclic aromatic hydrocarbons in the urban atmosphere： a comparison of three methods[J]. Environmental Science & Technology，2003，37（9）：1873-1881.

[208] Huang H，Ding Y，Chen W，et al. Two-way long-range atmospheric transport of organochlorine pesticides（OCPs）between the Yellow River source and the Sichuan Basin，Western China[J]. Science of the Total Environment，2019，651：3230-3240.

[209] 张晓涛，陆愈实，杨丹. 福建泉州湾有机氯农药的多介质迁移与归趋[J]. 中国环境科学，2016，36（7）：2146-2153.

[210] 陈华林. 沉积物对有机污染物的不可逆吸附行为[D]. 杭州：浙江大学，2003.

[211] 杨丹. 福建晋江流域对泉州湾有机氯农药的传输通量研究[D]. 武汉：中国地质大学，2012.

[212] Mackay D. Finding fugacity feasible[J]. Environmental Science Technology，1979，13（10）：1218-1223.

[213] Dyck R，Sadiq R，Rodriguez M J，et al. Trihalomethane exposures in indoor swimming pools：a level Ⅲ fugacity model[J]. Water Research，2011，45（16）：5084-5098.

[214] 陈春丽，杨洋，戴星照，等. 鄱阳湖区 PAHs 的多介质迁移和归趋模拟[J]. 环境科学研究，2016，29（2）：218-226.

[215] 王荦. 大凌河口地区有机氯农药污染特征研究[D]. 辽宁：大连海事大学，2013.

[216] 笪春年. 黄河入海口环境介质中有机氯农药环境地球化学行为研究[D]. 合肥：中国科学技术大学，2014.

[217] Nørgaard K B，Cedergreen N. Pesticide cocktails can interact synergistically on aquatic crustaceans[J].

Environmental Science and Pollution Research，2010，17（4）：957-967.

[218] 杨华云，高勤芬. 两种典型手性有机氯农药对大型蚤的对映体选择性毒性[J]. 杭州师范大学学报（自然科学版），2017，16（3）：273-277，283.

[219] 于瑞莲，林承奇，林喜燕，等. 3 种典型有机氯农药对锦鲤幼鱼的雌激素效应及其体内富集[J]. 生态毒理学报，2016，11（2）：374-379.

[220] Sharma H，Zhang P，Barber D S，et al. Organochlorine pesticides dieldrin and lindane induce cooperative toxicity in dopaminergic neurons：role of oxidative stress[J]. Neurotoxicology，2010，31（2）：215-222.

[221] Goldoni M，Johansson C. A mathematical approach to study combined effects of toxicants in vitro：evaluation of the Bliss independence criterion and the Loewe additivity model[J]. Toxicology in Vitro，2007，21（5）：759-769.

[222] Barata C，Alanon P，Gutierrez-Alonso S，et al. A *Daphnia magna* feeding bioassay as a cost effective and ecological relevant sublethal toxicity test for environmental risk assessment of toxic effluents[J]. Science of the Total Environment，2008，405（1-3）：78-86.

[223] Groten J P，Feron V J，Sühnel J. Toxicology of simple and complex mixtures[J]. Trends in Pharmacological Sciences，2001，22（6）：316-322.

[224] Rajapakse N，Silva E，Kortenkamp A. Combining xenoestrogens at levels below individual no-observed-effect concentrations dramatically enhances steroid hormone action[J]. Environmental Health Perspectives，2002，110（9）：917-921.

[225] Walter H，Consolaro F，Gramatica P，et al. Mixture toxicity of priority pollutants at no observed effect concentrations（NOECs）[J]. Ecotoxicology，2002，11（5）：299-310.

[226] Breitholtz M，Nyholm J R，Karlsson J，et al. Are individual NOEC levels safe for mixtures？ A study on mixture toxicity of brominated flame-retardants in the copepod Nitocra spinipes[J]. Chemosphere，2008，72（9）：1242-1249.

[227] Boobis A，Budinsky R，Collie S，et al. Critical analysis of literature on low-dose synergy for use in screening chemical mixtures for risk assessment[J]. Critical Reviews in Toxicology，2011，41（5）：369-383.

[228] Boobis A. Critical analysis of literature on low dose synergy for use of TTC in screening chemical mixtures for risk assessment[J]. Toxicology Letters，2009，189：S37-S56.

[229] Coors A，Vollmar P，Heim J，et al. Environmental risk assessment of biocidal products：identification of relevant components and reliability of a component-based mixture assessment[J]. Environmental Sciences Europe，2018，30（1）：3.

[230] Belden J B，Brain R A. Incorporating the joint toxicity of co-applied pesticides into the ecological risk

assessment process[J]. Integrated Environmental Assessment and Management，2018，14（1）：79-91.

[231] Heys K A，Shore R F，Pereira M G，et al. Risk assessment of environmental mixture effects[J]. Rsc Advances，2016，6（53）：47844-47857.

[232] Guo J，Selby K，Boxall A B. Assessment of the risks of mixtures of major use veterinary antibiotics in european surface waters[J]. Environmental Science & Technology，2016，50（15）：8282-8289.

[233] Silva E，Cerejeira M J. Concentration addition-based approach for aquatic risk assessment of realistic pesticide mixtures in Portuguese river basins[J]. Environmental Science and Pollution Research，2015，22（9）：6756-6765.

[234] 杨蓉，李娜，饶凯锋，等. 环境混合物的联合毒性研究方法[J]. 生态毒理学报，2016，11（1）：1-13.

[235] Backhaus T，Faust M. Predictive environmental risk assessment of chemical mixtures：a conceptual framework[J]. Environmental Science & Technology，2012，46（5）：2564-2573.

[236] EU. Technical guidance document（TGD）on risk assessment of chemical substances following European regulation and directives[R]. Italy：European Union，2003.

[237] Hernando M D，Mezcua M，Fernández-Alba A R，et al. Environmental risk assessment of pharmaceutical residues in wastewater effluents，surface waters and sediments[J]. Talanta，2006，69（2）：334-342.

[238] Sánchez-Bayo F，Baskaran S，Kennedy I R. Ecological relative risk（EcoRR）：another approach for risk assessment of pesticides in agriculture[J]. Agriculture，Ecosystems and Environment，2002，91（1-3）：37-57.

[239] de Jesus Gaffney V，Almeida C M，Rodrigues A，et al. Occurrence of pharmaceuticals in a water supply system and related human health risk assessment[J]. Water Research，2015，72：199-208.

[240] Yang Y Y，Toor G S，Wilson P C，et al. Micropollutants in groundwater from septic systems：Transformations，transport mechanisms，and human health risk assessment[J]. Water Research，2017，123：258-267.

[241] Schriks M，Heringa M B，van der Kooi M M E，et al. Toxicological relevance of emerging contaminants for drinking water quality[J]. Water Research，2010，44（2）：461-476.

[242] Oliveira-Filho E C，Paumgartten F J R. Comparative study on the acute toxicities of α，β，γ，and δ isomers of hexachlorocyclohexane to freshwater fishes[J]. Bulletin of Environmental Contamination and Toxicology，1997，59（6）：984-988.

[243] Wan M T，Kuo J N，Buday C，et al. Toxicity of α－，β－，（α+β）－endosulfan and their formulated and degradation products to *Daphnia magna*，*Hyalella azteca*，*Oncophynchus mykiss*，*Oncophynchus kisutch*，and biological implications in streams[J]. Environmental Toxicology and Chemistry，2005，

24（5）：1146-1154.

[244] Long E R，Field L J，Macdonald D D. Predicting toxicity in marine sediments with numerical sediment quality guidelines[J]. Environmental Toxicology and Chemistry，1998，17（4）：714-727.

[245] Macdonald D D，Ingersoll C G，Berger T A. Development and evaluation of consensus-based sediment quality guidelines for freshwater ecosystems[J]. Archives of Environmental Contamination and Toxicology，2000，39（1）：20-31.

[246] 田海珍，王玲，高丽荣，等. 珠江表层沉积物中有机氯农药含量及分布[J]. 环境化学，2013，32（2）：225-231.

[247] 彭诗云，彭平安，孔德明，等. 湛江湾沉积物中六六六（HCHs）、滴滴涕（DDTs）有机氯农药的分布特征与风险评估[J]. 环境科学，2019，40（4）：1734-1741.

[248] 刘树深. 化学混合物毒性评估与预测方法[M]. 北京：科学出版社，2017.

[249] Sharma B M，Becanova J，Scheringer M，et al. Health and ecological risk assessment of emerging contaminants（pharmaceuticals，personal care products，and artificial sweeteners）in surface and groundwater（drinking water）in the Ganges River Basin，India[J]. Science of the Total Environment，2019，646：1459-1467.

[250] USEPA. Guidance on selecting age groups for monitoring and assessing childhood exposures to environmental contaminants [R]. Washington：National Center for Environmental Assessment，2005.

[251] 唐娜，张圣虎，陈玫宏，等. 长江南京段表层水体中 12 种磺胺类抗生素的污染水平及风险评价[J]. 环境化学，2018，37（3）：505-512.